英国軍艦勇者列伝2

Legend of British Fighting Ships 2

Written by Isaku OKABE

岡部いさく

◆ギルバート&サリバンのコミックオペラ『HMSピナフォア』のポスターより(部分を模写)

大日本絵画

ステファーノー「――ええい、くたばりやがれ、俺たちは船乗り、海へ行く」

――シェイクスピア『あらし』Ⅱ幕２場（福田恒存訳）

「エッフィンガム、グレンヴィル、ローリー、ドレイク、
大胆で自由な者たちよ！
ベンボウ、コリングウッド、バイロン、ブレイク、
海の王者たちに敬礼！
全ての提督たちよ、イングランドのために
名誉と名声があなたたちのものとなるように！
そして波が砕け続ける限り、
並ぶものなきネルソンの名に名誉あるように！」

――ヘンリー・ニューボルト『全ての提督たちよ』より

序

いつか岡部さんには英国艦の第二の人生のことも……――――菊池雅之

僕が初めて「軍事評論家・岡部いさく」と出会ったのは、１９９７年9月21日の事でした――。

その日の朝、アメリカ海軍原子力空母「ニミッツ」が米海軍横須賀基地へと入港するため、その様子を取材しようと多くのメディアがゲート前に詰めかけました。まだハタチそこそこの新米カメラマンだった私もその中にいました。

この日は雨がしとしと降っていました。雨合羽のフードを深めにかぶり、集合がかかるまでボーッと歩道沿いの植え込みに寄りかかって立っていました。するとこちらに向かって歩いてくるジャケット姿の男性が目に入りました。それが岡部さんでした。何度となくブラウン管越しに見てきた顔です。学生のとき、愛してやまなかった軍事雑誌『シーパワー』の編集長です。見間違うはずはありません。「岡部いさくだ！」私は心の中で叫びました。憧れの先輩に会えた女子高生の気分です。

報道受付を済ませ、岡部さんも待機列へとやってきます。私はすぐさま近づき緊張しながらも挨拶をしました。すると、「せっかくの取材なのに僕が来たばっかりに雨になっちゃって、すみませんね」とニコリと笑ってくれました。

これが僕と岡部さんとの初めての会話です。

当時から、岡部さんは安定の雨男ぶりを発揮されていました。空母しかり、潜水艦しかり、横須賀での取材で雨予報が出ている日は、必ずそこに岡部さんがいました。横須賀取材連続9回雨という前人未到(?)の記録も打ち立てられており、もはや軍事業界の伝説です。

しかしながら、私にとってこのときの雨は素晴らしく良い思い出です。今回この原稿を書くにあたり、岡部さんと出会ったシーンはしっかりと覚えているのに、実は肝心の取材した空母が「カールビンソン」だったか「ニミッツ」だったか、記憶があいまいでした……。過去の取材資料をひっくり返して、原稿や写真を探しながら、「雨の取材、という事実の方が鮮明に残っているなんて」と、なんか可笑しくて、一人で声を出して笑ってしまいました。普段はウザったい雨ですが、どのような気持ちでその雨の中を過ごしたのかで、素敵な思い出にもなるものなのですね。

そして遂に仕事をご一緒する機会に恵まれました。それが、１９９９年にリリースされたＤＶＤ『フリートパワーズ』(バンダイビジュアル/当時)です。海上自衛隊を題材としたドキュメントで、あの庵野秀明監督が映像監修を務めました。そして岡部さんが軍事監修、私もアドバイザー&スチール撮影として制作に携わりました。副音声として、庵野監督と岡部さんと鼎談もさせて頂きました。この3人の共通項は〝軍艦が好き〟という点にあり、その後も、顔を合わすたびに軍艦談義をしたものです。岡部さんというと飛行機の専門家、と考える人も多いですが、私にとっては、誰が何と言おうと〝フネ〟の専門家です。

さて、この本のテーマである英国軍艦と私の接点についてもお話させて下さい。私は１９９５年以降、米英仏をはじめとし、世界中で多くの国の艦艇を取材しています。

英国軍艦もいろいろ見てきました。同国で行われた観艦式を取材したこともあります。中でも、ドーバー海峡で、波を切りながらすすむインヴィンシブル級軽空母の2番艦「イラストリアス」から、ハリアーがバンバンと発艦する姿が、カッコよすぎて鳥肌が立ちました。

ですが、今でも時折思い出すくらいに印象深いのは、バングラデシュ海軍の「ウマル・ファルーク」を取材したときのことです。この艦は、もともと1958年4月に「ソールズベリー」級とも言われる61型フリゲイトの3番艦F61「ランダフ」として就役し、英艦隊に名を連ねていましたが、1976年にバングラデシュ海軍へと売却されました。このように売却され、他国で主力艦となっている英国軍艦は多いのです。

甲板に上がると、香辛料の匂いが漂います。船体に錆が浮き、決してきれいな姿ではありませんでしたが、乗員らの愛着を感じました。私は、中古艦の第2の人生がどんなものなのか興味津々で、艦内を細かく見ていきました。逆に乗員らは自分たちの船にやたらと興味を示す日本人の姿が珍しく、私を見るために、遠巻きに人が増えてきました。甲板に野菜がそのまま山積みになっている光景が面白くてカメラを向けると、その私の姿を見て、みんななぜか大ウケでした。

お互い探り探り始まった取材でしたが、そんなこんなですぐに打ち解けました。仕事以外の会話も盛り上がります。私は「お土産なるようなものはあるだろうか?」と尋ねると、乗員らはいくつか私に見せてくれました。帽子、Tシャツ、パッチ、シール、マグカップといろいろありました。ただし、私はタカ(現地通貨)をもっていなかったので、困っていると、乗員の一人が電卓をたたいて、ドルに換算してくれました。こうして私は、帽子を5ドル、Tシャツを3ドルで買いました。

翌日、「ウマル・ファルーク」の隣に艦名は忘れましたが米海軍の艦艇が入港しました。私は、当然、こちらも取材しました。すると、ヘリ甲板で土産物を売っていました。艦名の入った帽子が25ドル、Tシャツが30ドルでした。せっかくなので帽子を買いました。ついでに、「ウマル・ファルーク」のグッズももう少し買っていこうと再び艦を訪れました。すると、机を出して、しっかりと土産物屋が出ていました。米軍の真似をしたのでしょう。店主として、昨日電卓をたたいていた乗員がいましたが、なんかバツが悪そうです。よく見ると、彼は米兵に、帽子を20ドル、Tシャツを25ドルで販売していました。彼は唇に人差し指を当て、「シーッ」という動作をしてきたので、私はウインクで返しました――。

ごめんなさい、本の趣旨とは全く異なりますが、これが私の英国軍艦の思い出です。いずれ、岡部さんにはこの61型フリゲイトの記事も書いていただきたいものです。

さて、紅茶でも入れて、アフタヌーンティーを楽しみながら、本を開いていくことにしましょう。……あ、今の私の頭の中はバングラデシュでいっぱいなので、チャイの方が適しているかもしれませんね。

菊池雅之●きくちまさゆき
１９７５年東京生まれ。フォトジャーナリスト。海上自衛隊新聞社特派カメラマンとして平成7年度遠洋練習航海に6ヶ月間完全同行。その後、講談社『フライデー』編集部契約カメラマンを経てフリーフォトジャーナリストとなる。現在、世界中を飛び回って精力的に軍事情勢を取材している。

目次

CONTENTS

File no. 01

補助対空艦
――およびスコッチのシングルモルトについて

補助対空艦スプリングバンク
Auxiliary Anti-Aircraft Ship HMS Springbank

1941年〜1942年

総トン数：5155総トン
全長：132.3m
全幅：16.5m
喫水：8.9m
機関：ディーゼル2軸、2500hp
速力：12ノット
兵装：4インチ連装高角砲×4基
2ポンド4連装機関砲"ポンポン砲"×2基
12.7㎜4連装機関銃×2基
20㎜単装機関砲×6門
フェアリー・フルマー戦闘機×1機

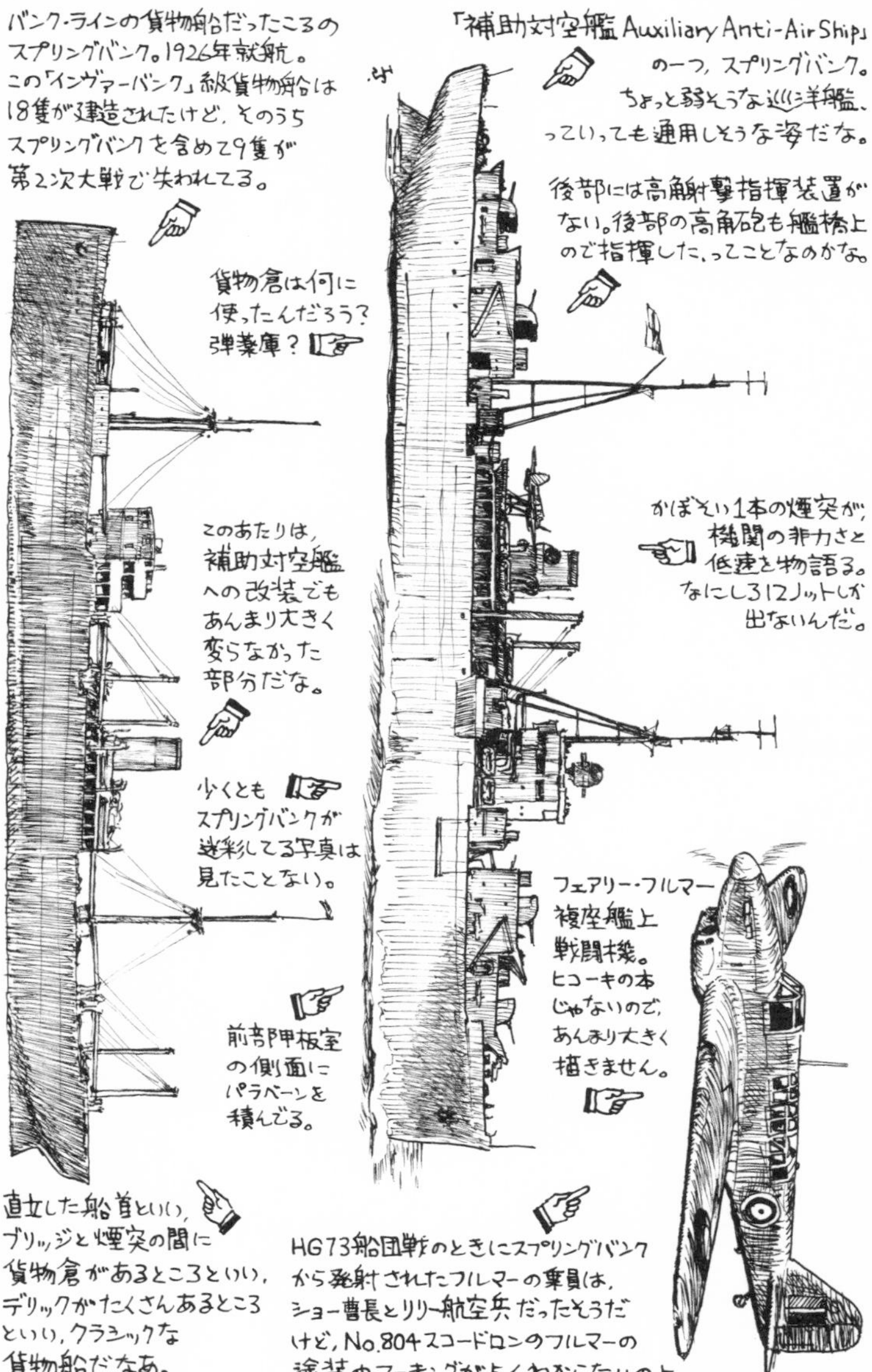
バンク・ラインの貨物船だったころのスプリングバンク。1926年就航。この「インヴァーバンク」級貨物船は18隻が建造されたけど、そのうちスプリングバンクを含めて9隻が第2次大戦で失われてる。

「補助対空艦 Auxiliary Anti-Air Ship」の一つ、スプリングバンク。ちょっと弱そうな巡洋艦、っていっても通用しそうな姿だな。

後部には高角射撃指揮装置がない。後部の高角砲も艦橋上ので指揮した、ってことなのかな。

貨物倉は何に使ったんだろう？弾薬庫？

かぼそい1本の煙突が、機関の非力さと低速を物語る。なにしろ12ノットしか出ないんだ。

このあたりは、補助対空艦への改装でもあんまり大きく変らなかった部分だな。

少くともスプリングバンクが迷彩してる写真は見たことない。

フェアリー・フルマー複座艦上戦闘機。ヒコーキの本じゃないので、あんまり大きく描きません。

前部甲板室の側面にパラベーンを積んでる。

直立した船首といい、ブリッジと煙突の間に貨物倉があるところといい、デリックがたくさんあるところといい、クラシックな貨物船だなあ。

HG73船団戦のときにスプリングバンクから発射されたフルマーの乗員は、ショー曹長とリリー航空兵だったそうだけど、No.804スコードロンのフルマーの塗装やマーキングがよくわからないのよ。

輸送船団vsドイツ空軍

第２次世界大戦、イギリスの輸送船団にとってはドイツの飛行機が大きな脅威だった。ドイツの占領地に近い海域だったら船団の上にやってきて爆撃とかをしてくるし、もっと外洋でもフォッケウルフＦｗ２００長距離偵察機がつきまとってＵボートに船団の位置や針路を通報するから、ドイツの飛行機は厄介だった。かといって第２次世界大戦が始まった１９３９年には、まだ護衛空母なんかできてないし、高角砲や対空機関砲を備えた巡洋艦や駆逐艦を船団の護衛につけてやれるほど、イギリス海軍の戦力に余裕は無かった。

１９４０年夏、フランスがドイツに敗北した頃、イギリス海軍は船団に対空防御力を与えるために、商船に火薬ロケット推進式のカタパルトを装備して、そこに中古のホーカー・ハリケーンＭｋ.Ⅰ戦闘機１機を搭載することにした。これでドイツ機が船団を襲ってきたり、うるさく触接してきたりしたら、ハリケーンを射出して撃墜、または撃退する。

でももちろん着艦なんかできないから、戦闘が終わったらハリケーンは使い捨てだ。パイロットは船団の近くで脱出して、船にすくい上げてもらう。機体がもったいないし、冷たい海に降下しなくちゃならないパイロットの命が心配だが、とりあえずそれしか方法がないから仕方がない。

カタパルトとハリケーンを装備した商船はＣＡＭシップ（「カタパルト航空機商船」）と呼ばれて、１９４１年５月から航海に就き始め、護衛空母が戦力化して必要がなくなった１９４３年夏までに、35隻の商船がＣＡ

Ｍシップに改造され、大西洋や北極海などに１７０回の航海を行い、12隻が沈没した。

実際にＣＡＭシップからハリケーンが発射されてドイツ機と交戦したのは９回。８機のドイツ機を撃墜、１機を撃破、３機を撃退している。ハリケーンは１機がロシアに着陸したが、８機が予定どおり失われ、脱出したパイロット８人のうち１人が脱出時に負傷して後に死亡した。他に１人が溺死しそうになったりした。

一見巡洋艦風

そんなＣＡＭシップとは別に、船団の対空防御力強化策として、イギリス海軍はもっと正気な方法も考えた。商船を改造して「補助対空艦」を作るのだ。改造といっても、商船の甲板に高角砲や機関砲を並べるなんて簡単なもんじゃなくて、もっと本格的な改造を施す。高角砲は新しい４インチ連装Ｍｋ．ＸⅥ砲を本物の軍艦みたいに背負い式に装備して、ちゃんと射撃指揮装置も付ける。艦橋や上部構造物もほぼ全面的に作り直す、という大改装だ。

とはいえ、戦争になると海軍は商船を徴用したり購入したりしていろんな補助艦に改造しなくちゃならないから、補助対空艦にできる船もそうそう思いどおりの大きさや性能ってわけにもいかない。とにかく手に入る商船に合わせて、兵装や改装要領も各艦ごとに異なってくるのもしょうがない。

イギリス海軍は第２次世界大戦開戦からまだ間もない１９３９年11月に補助対空艦にするべく商船の徴用を

始めた。最初に徴用したのは、イギリスの船会社バンク・ラインの貨物船、スプリングバンクだった。スプリングバンクは、バンク・ラインが１９２４～１９２６年にかけて18隻建造したインヴァーバンク級貨物船の１隻で、１９２６年に就航した。

貨物船としては平甲板で、ブリッジ前に２ヵ所、ブリッジと煙突の中間に１ヵ所、後部に３ヵ所の貨物倉を配していた。総トン数は約５０００トンだから、当時の貨物船としてはまあまあの大きさ。全長は１３２・３m、全幅16・５m、喫水８・９m、機関は８気筒ディーゼル２基２５００hpで２軸、速力は12ノットだった。ずいぶん低速のように聞こえるけど、当時の貨物船はたいていこんなもの。ということは船団の商船といっしょに行動するには、これで充分ということでもある。

スプリングバンクは補助対空艦への改装に際して、ブリッジと前後のマストとデリック、後部のデリックポストを撤去、前部と後部の貨物倉の上に大きな甲板室を設けて、その上に前後それぞれ２基ずつ、４インチ連装高角砲Mk.XVIを搭載した。ブリッジは新しく箱型のものが設けられて、高角射撃指揮装置１基が装備された。一見、巡洋艦風。

中央部のデリックポストは、おそらくボート類の揚収のために残されて、煙突の側面には探照灯が装備された。マストは前後に新しく三脚型のものが立てられた。前部マスト付け根の左右には２ポンド４連装対空機関砲、いわゆる〝ポンポン砲〟が置かれた。資料によると、他に12・７㎜４連装機関銃２基も装備されたことになってるんだけど、写真を見てもその位置がよくわからない。また20㎜単装機関砲６門も装備されたように書いてあるが、この１９３９～１９４０年の時期だったら、まだ12・7㎜４連装が多用されてたはずだから、20㎜機関砲を本当に装備したんだろうか、っていう疑問があるし、装備位置も不明なのよ。

スプリングバンクの改装には１９４０年の11月までかかった。バトル・オブ・ブリテンの危機とかもあったし、イギリスが必死な時期だったから、改装工事に時間がかかったのもあるだろうけど、やっぱりそれなりの大工事ではあったんだろうな。他の補助対空護衛艦の中には、この頃にはすでに就役して、戦没したものもあった。

改装が終わって補助対空護衛艦になったスプリングバンクは、その後の訓練を経て、たぶん１９４１年の初め頃には作戦可能になってたんだろう。ちょうど大西洋でのＵボートによる船団攻撃が激しくなり始める時期だ。しかしスプリングバンクには、ここでもう一度改造が加えられることとなった。煙突と後部マストの中間に、左舷向きに火薬カタパルトが装備されたのだ。ＣＡＭシップのカタパルトが前甲板に艦首に向けて装備されてたのとは、装備位置も方向も違う。しかも搭載されてるのはハリケーンじゃなくて、フェアリー・フルマー複座艦上戦闘機なのだ。

かくしてスプリングバンクは、補助対空艦であるとともに「戦闘機カタパルト母艦」とでもいったらいいような艦ともなった。高射砲はあるし、戦闘機は積んでるし、この頃は護衛空母がまだなかったから、スプリングバンクは非常に強力な対空艦、ってことになったんじゃないだろうか。

フルマー発進！

それから半年ほど後のこと、スプリングバンクはジブラルタルからイギリス本国リバプールに向かうＨＧ73船団の護衛任務に就いていた。ＨＧ73は25隻の商船に、普通ならフラワー級コルヴェットがせいぜいなところに、コルヴェット８隻に駆逐艦１隻（ヴィミー、ダンカンなどが交代）とスプリングバンクが加わるという異例の強力な護衛がついて、１９４１年９月17日にジブラルタルを出港した。

ジブラルタル〜イギリスのＨＧシリーズの船団の航路は、ドイツ占領下の北フランスから出撃するＦｗ２００偵察機の作戦行動半径の中に入っちゃうんで危険が大きかった。スプリングバンクが投入されたのも、その戦闘機と対空火力でなんとか船団を守ろうとしたんだろうな。

しかしなにしろジブラルタルは、ナチス・ドイツ寄りの中立国スペインの一角にあるイギリス領、イギリス船団の出港やその規模はドイツ側に筒抜けになるのだった。ＨＧ73は午後に出港すると、いったんジブラルタルから東に針路を取り、地中海に向かうように見せかけて、夜になってから西に引き返すことでドイツ側の監視の目をかわそうとしたが、もちろんそんな単純な欺瞞が効かないことは双方とも承知だった。

出港の翌日の18日、さっそく１機のＦｗ２００が船団に接近してきた。そのままにしておくと、Ｆｗ２００の通信でＵボートが船団に寄ってくるんで、これは早く始末しなくちゃいけない。このＦｗ２００はＫＧ40の所属機だったようだ。

スプリングバンクはここでフルマーを発進させた。フルマーは海軍航空隊№８０４スコードロンから分遣されていたもので、Ｆｗ２００を撃墜することはできなかったが、とりあえず撃退することができた。フルマーはそのままジブラルタルへ飛んで、そこへ着陸した。まだ船団が遠くへ離れる前だったし、フルマーは航続距離がそれなりにあって、しかも複座で航法手が乗ってるから、陸地に帰りつくことができたのだった。ところがジブラルタルに着いて調べてみると、弾薬がおかしくてフルマーの８門の７・７㎜機銃のうち発射できたのは１門だけだった。Ｆｗ２００を撃墜できなかったのも無理ないな。これでスプリングバンクはなけなしの戦闘機を使っちゃったんだが、それでも翌日には高角砲でしつこく触接してくるドイツ偵察機を船団に寄せ付けずにいた。ここまではスプリングバンクは対空艦としてちゃんと働いていたんだが、実は時すでに遅しだった。ドイツ潜水艦Ｕ３７１とイタリア潜水艦３隻が船団を追跡しはじめてたのだった。しばらくは事もなくＨＧ73は航行を続けたが、24日になってまた新たなＦｗ２００が飛来して船団に触接、これが地獄の先触れだった。

このＦｗ２００の誘導でＵ１２４とＵ２０３がアゾレス諸島近海でＨＧ73を捉え、25日夜から攻撃を開始、まず貨物船エンパイア・ストリームが撃沈された。これを皮切りに、２隻のＵボートは26日未明と深夜にかけて船団の商船５隻を撃沈、さらに26日深夜にはＵ２０１も船団攻撃に加わって2隻を沈めた。

ＨＧ73の護衛部隊は寄せ集めのままで、組織的な訓練をほとんど行わずに任務に就いていて、そのためにＵボートの猛攻を防ぎきれずに多くの商船を失うことになった。この時期はイギリス海軍も船団護衛のドクトリンや戦術、装備や訓練も確立してなかったから、こういう悲惨なことになっちゃうのだった。

そしてスプリングバンクもその犠牲になる。９月27日の午前２時過ぎ、暗夜と強風の中でスプリングバンクはＵ２０１の放った魚雷２発を左舷に受けた。艦はたちまち傾斜、フラワー級コルヴェットのジャスミンがスプリングバンクに横付けして乗員を救助したが、荒波の中に放り出され、あるいは飛び降りた乗員も少なくなかった。結局スプリングバンクの乗員２３３名のうち、艦長Ｃ．Ｈ．ゴッドウィン大佐を含む２０１名が救助された。スプリングバンクはすぐには沈まず、ジャスミンが爆雷で処分しようとしたがうまくいかなかった。結局、ジャスミンは４インチ砲でスプリングバンクを沈めたのだった。

ＨＧ73船団はスプリングバンク被雷の直後にもう１隻の商船をＵ２０１に沈められ、25隻の商船中９隻とスプリングバンクを失うという甚大な損失を被った末に、なんとかイギリス本土からの空軍コースタルコマンドの哨戒機の行動範囲に入り、リバプールにたどりついたのだった。Ｕボート側の戦果は、Ｕ１２４とＵ２０３が商船３隻ずつ、Ｕ２０１が商船３隻とスプリングバンクだった。

ＨＧ73はイギリス海軍の船団護衛部隊の敗北だったが、それより少し前の１９４１年９月上旬には、カナダからのＳＣ42船団が同じく大きな損害を出していて、この頃の対Ｕボートの船団護衛戦はイギリス海軍にとっちゃ非常に苦しい戦いになっていたんだな。

その戦況を変える兆しは、それから少し後の１９４１年12月にやはりジブラルタルからイギリスに向かうＨＧ76船団だった。ＨＧ76は初の護衛空母オーダシティと、訓練された護衛部隊の組織的な働きで、商船２隻とオーダシティ、駆逐艦スタンレー（旧アメリカ海軍〝フォー・スタッカー〟型改装艦）を失っただけで、逆に

Ｕボート４隻を撃沈して、本国に到着した。しかし連合軍が大西洋でＵボートの脅威を制圧するにはまだまだ長い時間と多くの犠牲が必要だった。

８隻中４隻戦没

さて、スプリングバンクとほぼ同時期の１９３９年11月に、イギリス海軍はカナダの客船プリンス・ロバート（５６７５総トン）を徴用して、補助対空艦にした。速力22・25ノットの優良船だったが、改装に時間がかかり、就役したのは１９４３年になった。

さらにスプリングバンクの姉妹船で、バンク・ラインの貨物船アリンバンクとフォイルバンクも同じ頃に徴用されて、補助対空艦になった。フォイルバンクは改装を終えて１９４０年６月に就役したが、それから間もない１９４０年７月、ポートランド港に停泊中に26機のドイツ空軍Ｊｕ87の攻撃を受けて、フォイルバンクは２機を撃墜したものの、22発の爆弾を受けて沈没した。乗員２９２名中72名が戦死した。そのうちの一人、ジャック・マントル１等水兵は、爆弾で致命傷を負いながらも、電力を失った右舷ポンポン砲を手動で撃ち続け、最後まで戦い、その勇気と自己犠牲にヴィクトリア十字章を追贈されている。アリンバンクは１９４０年４月に就役、１９４４年６月９日にノルマンディー海岸の防波堤として沈められた。

１９４０年４月には、開戦直後に兵員輸送船として徴用された（後に購入に切り替え）マン島航路客船タイ補助対空艦プリンス・ロバート。この種の艦の中じゃ最も高速で，連装高角砲×5基の最も強力な兵装で，ほとんど巡洋艦。とくに後部には高角砲が3基も並んでる。

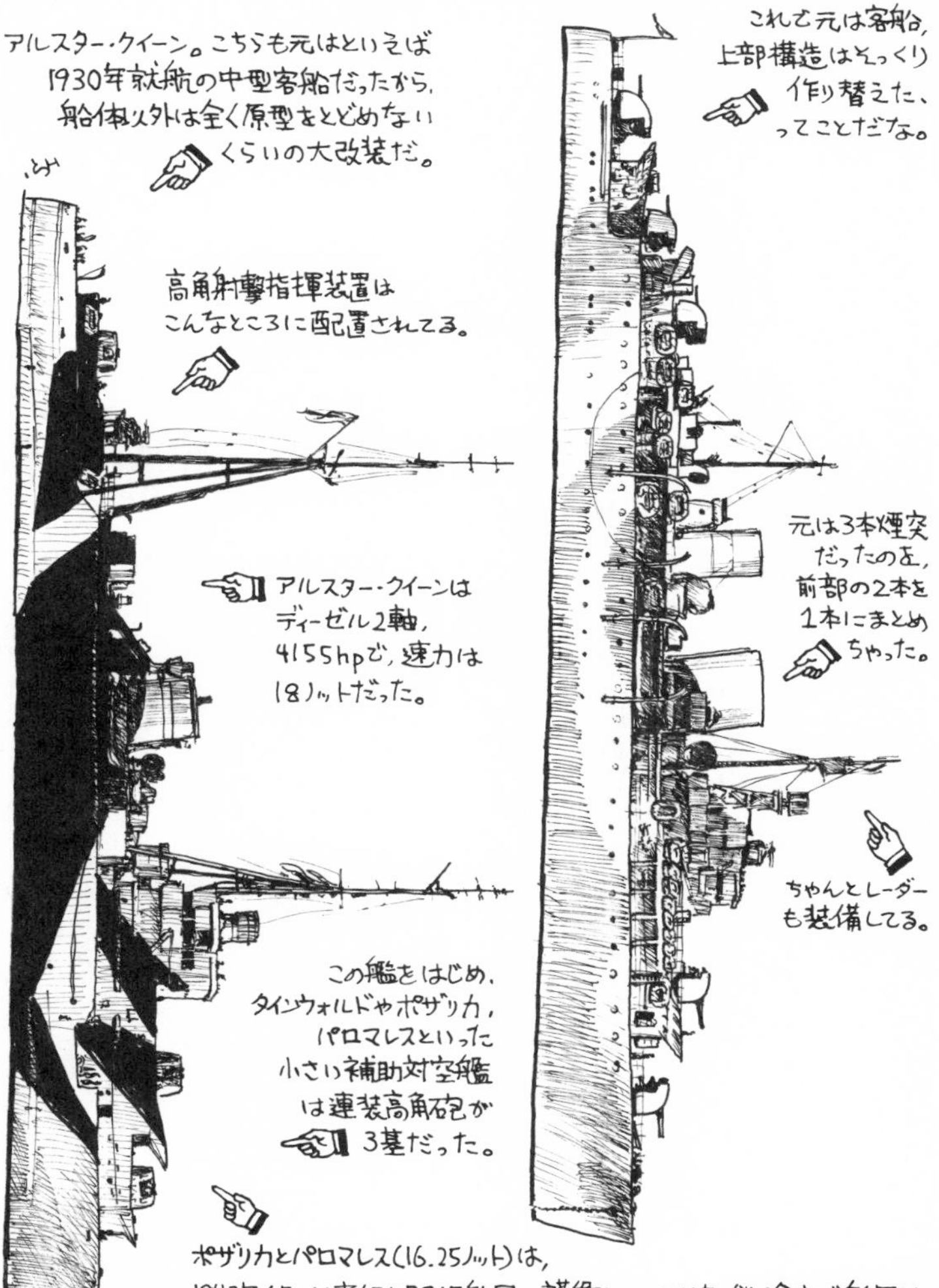

ポザリカとパロマレス(16.25ノット)は，
1942年6月のソ連行きPQ17船団の護衛についていたが，途中で船団は解散，護衛が離れて，多くの商船が沈められてしまった。その次のPQ18船団の護衛にあったアルスター・クイーンは見事な働きを見せたのだった。

ンウォルド（２３７６総トン）が改装を終えて補助対空艦となった。タインウォルドは北アフリカ上陸作戦に投入され、１９４２年11月に、アルジェリアのブージ沖でイタリア潜水艦アルゴの雷撃で撃沈された。

１９４０年６月に購入された果物輸送船ポザリカ（１８９３総トン）は、１９４３年１月に北アフリカの沿岸航路の輸送船団ＴＦ14を護衛中、ドイツ空軍のＨｅ１１１、Ｊｕ88、イタリア空軍のＳＭ79の攻撃を受け、艦尾に魚雷が命中、沈没した。

ポザリカの姉妹船パロマレス（１８９１総トン）も１９４０年８月に海軍が徴用して、１９４１年に補助対空艦となった。パロマレスは１９４２年６月に北極海航路の護送船団ＰＱ17の護衛任務につき、１９４２年11月の北アフリカ上陸作戦に参加、損傷を受けて、１９４３年には「戦闘機指揮艦」となった。

ポザリカと同時期に徴用された、北アイルランド航路の客船アルスター・クイーン（３７９１総トン）は１９４２年９月に、ソ連に向かう北極海航路のＰＱ18船団の護衛に就き、護衛空母アヴェンジャーとともにドイツ機の攻撃をはねのける活躍を示し、１９４３年には戦闘機指揮艦になった。タインウォルドやポザリカ、パロマレス、アルスター・クイーンは比較的小さいんで、４インチ連装砲は３基装備だったみたいだ。

イギリス海軍の補助対空艦のうち、大型の外洋型のものはこの８隻だけだった。徴用・購入された民間商船はさまざまな補助艦に改造されて、隻数はいつも不充分だったし、対空艦は改装に手間がかかるため、そんなにたくさんは作れなかったのだ。

８隻の補助対空艦のうち４隻までが戦闘で沈没してる、っていうのはこの種の対空艦がしばしば激戦に投入されたことを示してるし、しかもそれだけ対空艦が必要とされてたことの証明でもあるんだろうな。それとともに、補助対空艦が所詮は補助艦、消耗品だったってことなのかもしれない。補助対空艦が実際に何機の敵機を撃墜したか明らかじゃないんだけど、少なくともイギリスとしては作って良かった、あるいは作らなくちゃならなかった艦種だったんじゃないだろうか。

さて、スプリングバンクという名前で、シングルモルトのスコッチの好きな人は反応したかもしれない。もちろん元の船会社バンク・ラインの伝統の船名といえばそれまでのことだけど、スコットランド西部キンタイア半島のキャンベルタウンの町にあるウィスキーの蒸留所にスプリングバンクっていうのがあるのね。昔はキャンベルタウンにはたくさん蒸留所があったんだけど、過当競争と粗製乱造で衰退、今じゃ２つしか残ってないんだそうだ。

そしてキャンベルタウンという名前でイギリス軍艦好きの人は反応したかもしれない。１９４２年３月、フランスのサン・ナゼール港の大型ドックがドイツ戦艦ティルピッツの整備に使われるのを防ぐため、イギリス海軍は駆逐艦キャンベルタウン（旧アメリカ海軍〝フォー・スタッカー〟のブキャナン）に爆薬を搭載、ドックに突入させ、時限装置でドックを爆破した。キャンベルタウンの名前は、１９８９年就役のタイプ22バッチ３フリゲイトにも受け継がれてる。スプリングバンク蒸留所じゃ、このタイプ22キャンベルタウンのラベルの付いたスペシャルボトルのウィスキーを作ったそうだ。

COLUMN イギリス海軍の歴史① そのそもの始まりは……？

ロイアル・ネイヴィー、つまりイギリス海軍のそもそもの始まりは、ブリテン島を囲む海霧と歴史の霧に包まれて、定かに見定めることはできない。少なくとも中世前期の９世紀、スカンジナヴィアからのヴァイキングがしばしばブリテン島を襲っていた時代、まだイングランドが統一されず、小さな王国に分かれていた時代、ケントの王アセルスタンは851年に洋上で戦ってヴァイキングの軍勢を破り、軍船６隻を捉えたと伝えられている。さらに今のデンマークあたりからデーン人が襲来してイングランドを席巻していた９世紀末に、ウェセックスのアルフレッド王が櫂60丁を並べる大型の軍船を作って、896年にソレントでデーン人を打ち負かしている。どうやらこのあたりをイギリスが「海で戦う軍勢」とそのための「軍船」を揃えた始まり、とする向きもあるようだ。

13世紀のイングランドのジョン王は、海上での王権を主張して、王に属する士官の乗った船に出会った場合には帆を降ろすように、という布告を出した。今日でもイギリスの商船が軍艦と行き会ったときに商船旗をちょっと降ろすことになっているが、これはその名残なんだそうだ。

そのジョン王がフランスで負けて領土を失ったことから14～15世紀にかけてイギリスとフランスは百年戦争を戦うことになる。14世紀にイギリス王エドワードⅢ世（皇太子の“ブラックプリンス”エドワードの父）は1340年のスロイスの海戦でフランス艦隊を壊滅させ、1350年にはエスパニョル・スール・メールの戦いでスペイン艦隊を破ってる。

しかしエドワードⅢ世やこの時代のイングランド国王にとっては、海軍や軍船はあくまでも軍隊を送り込むための手段であって、戦争は陸上の戦いで決着をつけるもので、海軍は兵員輸送の船団とそれを守る船で構成されていたのだった。例えば1346年のクレシーの戦いでは、エドワードⅢ世は大型軍船約1100隻、小型船500隻に弓兵や歩兵、騎士など１万4000人を乗せてイギリス海峡を押し渡ってフランスに上陸している。

さらに時代が下って15世紀初めの1415年8月にはヘンリーⅤ世がやはり1400隻の軍船を集めて、兵員数千人を乗せて８月にフランスに侵攻して、10月にアジャンクールでフランス軍を打ち破ってる。この出港前にヘンリーⅤ世は軍船の船団を謁見して、これが歴史に残るイギリス海軍最初の観艦式だそうだ。ヘンリーⅤ世とその勝利はシェイクスピアの戯曲にもなってるくらいだ。

アジャンクールを英語読みするとエジンコート、イギリス史の中の赫々たる勝ち戦で、第１次世界大戦の戦艦や今日のアステュート級原潜の艦名の由来だ。もちろんエジンコートの戦いは陸上で行なわれたんだが、それも海軍が輸送船団をフランスに送り込むことができたから可能となった戦いだった。

この時代からイギリスは、海が国を守る防壁であり、また外国との戦いへと軍隊を運ぶ、今でいう「力の投射」、「パワープロジェクション」の通路であることを認識していたんだろう。しかし軍船の維持にはお金もかかり、ヘンリーⅤ世の死後、幼いヘンリーⅥ世が王座に就くと、イギリスの国内では薔薇戦争で乱れ、軍船のほとんどは売却されて、しばらくイギリスには艦隊らしい艦隊はなくなってしまった。

中古駆逐艦引き取ります、
いや、むしろください

“タウン”級駆逐艦

"Town" class destroyers

1940年～1945年

基準排水量：1090トン
満載排水量：1530トン
全長：95.8m
全幅：9.7m
喫水：2.7m
機関：ギアードタービン2軸、2万6000shp
速力：35ノット
兵装：4インチ単装砲×4門
3インチ高角砲×1門
12.7㎜機関銃×3門
3連装魚雷発射管×4基
（データはキャンベルタウンなど第2グループ、改装前）

こちらはイギリス海軍のブロードウェイ。
元はクレムソン級のハント。艦橋は
波除けの張り出しと窓のあるアメリカ型
だけど、その上に露天艦橋が設けられてる。
その後に、タイプ271レーダーの"ランタン"が
ある。艦橋前の甲板には、ヘッジホッグの
発射機があるように
見えるんだが……。

カナダ海軍の
所属になった、
セント・フランシス。
元はクレムソン級の
バンクロフト。
艦橋はイギリス型
に改造されてる。

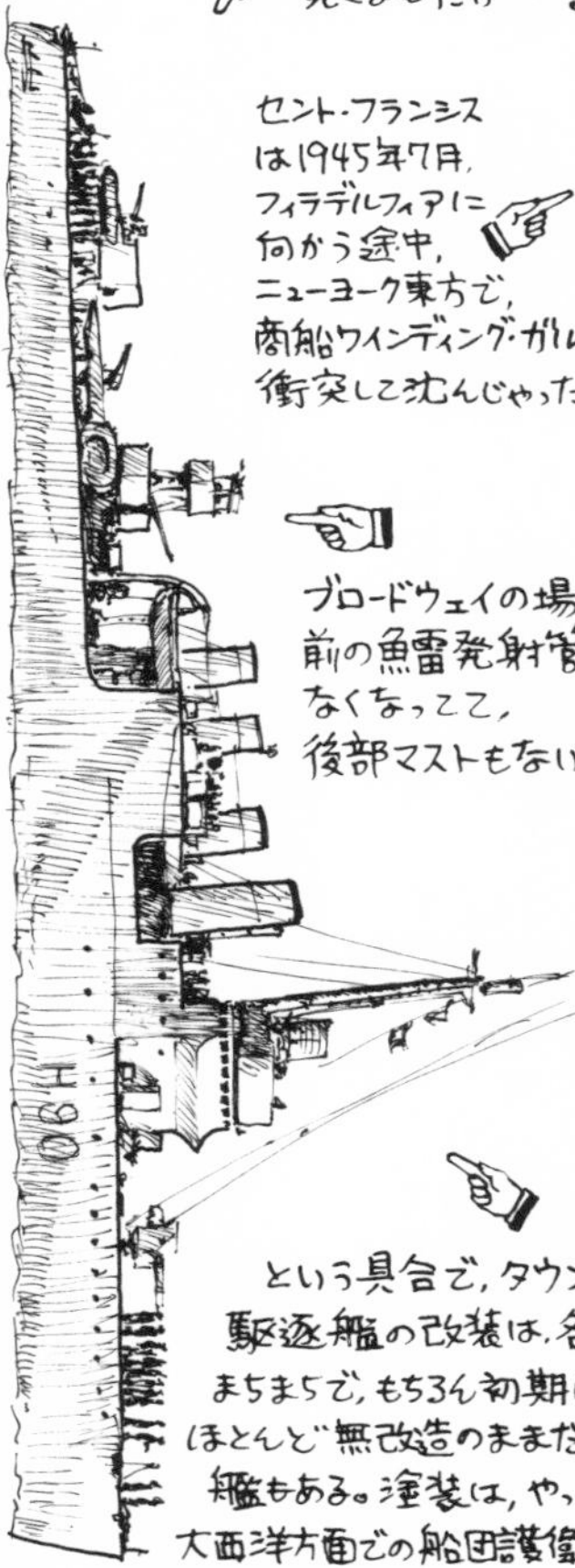

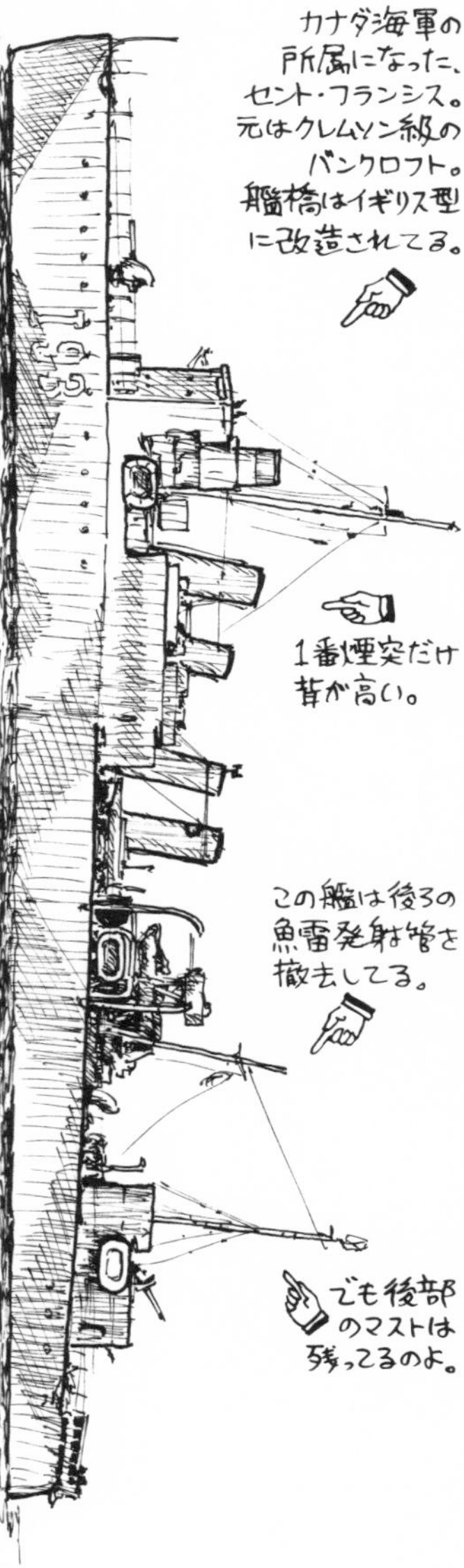

セント・フランシス
は1945年7月、
フィラデルフィアに
向かう途中、
ニューヨーク東方で、
商船ウインディング・ガルフと
衝突して沈んじゃった。

1番煙突だけ
背が高い。

ブロードウェイの場合は、
前の魚雷発射管が
なくなってて、
後部マストもない。

この艦は後ろの
魚雷発射管を
撤去してる。

でも後部
のマストは
残ってるのよ。

という具合で、タウン級
駆逐艦の改装は、各艦
まちまちで、もちろん初期には
ほとんど無改造のままだった
艦もある。塗装は、やっぱり
大西洋方面での船団護衛が
主な任務だっただけに、いわゆる
「ウェスタン・アプローチ・スキーム」が多かったみたい。

50隻、大放出

補助防空艦スプリングバンクは、バンク・ラインっていう船会社の貨物船スプリングバンクを改装した船、っていうことを前稿で書いたんだよね。で、スプリングバンクっていうのは、スコットランドのウィスキー蒸留所の名前で、その所在地がキンタイア半島にあるキャンベルタウンっていう町だ、ってことも書いた。で、キャンベルタウンといえば１９４２年のサン・ナゼール港強襲作戦で、爆薬を搭載してドライドックに突入、自爆した駆逐艦の名前だったよね、ってことも書いた。ちなみに書くと、スコッチのシングルモルト・ウィスキーにはその名もスカパっていうのがある。

で、その駆逐艦ＨＭＳキャンベルタウンなんだけど、これは１９４０年にイギリス海軍がアメリカから譲ってもらった50隻の駆逐艦のひとつだった。

１９４０年夏、イギリス海軍の駆逐艦勢力は大変な状況だった。開戦以来ノルウェー戦とダンケルク撤退戦までで24隻が失われて、ダンケルクで損傷して修理中の艦が20隻あまり、ドイツ軍のイギリス本土侵攻の脅威が迫る中、北海とイギリス海峡方面に40隻ぐらいは貼りつけておかなきゃならなかったし、もちろん定常の修理や整備に入らなくちゃならない艦もかなりの数がある。それで動ける艦と動かせる艦のうちから艦隊任務にあてる艦を除くと、船団護衛に割ける駆逐艦なんか、ほんのひと握りしかなかった。

そこにアメリカから、カリブ海方面のイギリス軍施設を使わせてくれるなら、古い駆逐艦を50隻まとめて譲ってあげるよ、という提案が来た。イギリス海軍にとっちゃ、当面カリブ海方面の軍事的な危機はあんまり考えられないし、どうせ手も回らない。護衛用の艦艇が早く手に入るなら背に腹は代えられないどころか、願ったりかなったりだった。

この提案は、アメリカとしてもずいぶん踏み込んだもので、当時はアメリカはまだヨーロッパでの戦争に対しては中立の立場にあった。そりゃもちろん航空機メーカーが軍用機をイギリスに売るのを認めたりして、イギリス寄りの姿勢は明らかだったけど、アメリカ政府が直接イギリスの軍備を明確に援助するのはこれが初めてのことだったのだ。

駆逐艦50隻を差し出すっていうのは、ずいぶん太っ腹なようだが、実はアメリカは第１次世界大戦時から戦後にかけて、駆逐艦を大量建造して、それが予備艦としてたくさん残っていたのだ。イギリスに提供するのは、その古い駆逐艦だった。

フォー・スタッカーの群れ

そのアメリカ駆逐艦、平甲板で煙突が４本あることから、「フラッシュデッカー」とか「フォー・スタッカー」とかひとまとめに呼ばれてたんだけど、本当はほとんど違いのない３つのクラスだった。６隻が建造されたコールドウェル級、１１１隻のウィックス級、１５６隻のクレムソン級の計２７３隻が、１９１７年から１

９２２年にかけて就役した。まあつまり、クレムソン級はだいたいが第1次世界大戦に間に合わなかったんだけど、アメリカの大量急速建造は第1次世界大戦からすでに始まってたわけだ。そしてこれら4本煙突の駆逐艦が、白っぽい塗装で艦首に番号を大きく書いて、１９２０年代のアメリカ艦隊で籠マストの戦艦群とともに波を蹴立ててたんだな。

この3クラス、基準排水量は１０２０～１１９０トン、全長は約96ｍ、機関はボイラー4基（だから煙突も4本だ）にタービン2基2軸、出力がコールドウェル級が２００００ｓｈｐで他の2クラスが２６０００ｓｈｐ、速力は32～35ノットだった。建造時期も艦の大きさも、イギリス海軍のＶ／Ｗ級駆逐艦とほぼ同じようなもんだが、艦の配置は全然違ってるのが面白い。コールドウェル級とウィックス級、クレムソン級の兵装は4インチ単装砲4門（艦首と艦尾甲板室上に各1門、中央部甲板室上左右に各1門）、艦尾に3インチ単装砲1門、3連装魚雷発射管4基（後半部左右に各2基）で、魚雷が多いのが特徴だった。アメリカ海軍が考えてたのは、魚雷をジャイロで発射後に変針させる「前方偏差雷撃」で、左右両舷前後から12本の魚雷をひとつの目標に向けて、一斉に発射するつもりだったようだ。敵戦艦めがけて伸びていく12本の白い魚雷の航跡、っていうのを思い描いてたみたいだけど、第2次世界大戦初期のアメリカの魚雷の信頼性を考えると、そううまくいくとは到底思えないな。

アメリカ海軍はこの設計にいちおう満足してたから２７３隻も建造したんだが、この3クラスの駆逐艦にはそれなりに欠点もあった。ひとつには航続距離が足りないこと。最後のクレムソン級の改良点は、燃料搭載量の増加だった。もうひとつは旋回半径が大きいこと。どうやら艦尾の設計がまずくて、旋回しようとすると艦尾が沈みこんじゃって抵抗が増えて小回りができないのだった。それと艦首が波をかぶること。だからシールドもない艦首の４インチ砲は波が荒いと使い物にならなかったらしい。艦橋の前面に波除けの張り出しが付いてるのも、ここまで波が来るからだな。

このシリーズの駆逐艦で有名な話が１９２３年のホンダ・ポイント事件で、クレムソン級駆逐艦14隻からなる戦隊が、霧の中で航法を誤って、カリフォルニア州南部のホンダ・ポイントの海岸に突っ込んで、９隻が座礁、うち７隻が沈没しちゃったのだった。

少々サビあり、機関良

イギリス海軍がもらったアメリカ中古駆逐艦は、新旧取り混ぜてのコールドウェル級３隻、ウィックス級20隻、クレムソン級27隻で、１９４０年９月から12月にかけてカナダのハリファックスでイギリス側に引き渡された。艦名はイギリスとアメリカ、カナダに共通する町の名前が付けられた。だからイギリス海軍じゃ「タウン級駆逐艦」とも呼ぶんだけど、同じように「タウン級軽巡」ってのもあって紛らわしい。軽巡の方はマンチエスターとかシェフィールド、ベルファストみたいに結構な都市の名前なのに対して、駆逐艦の方はほとんどがあんまり聞いたことのない小さな町だから、区別がつくって言えば確かに区別はつくけど。

しかもアメリカ海軍時代の艦名は、駆逐艦だから人名がついてる。それがイギリス海軍で町の名前に変わるんだけど、人名、特に名字と町名がまた大して違いがないから、非英語国民にはややこしい。例えばコールドウェル級駆逐艦があると思えば、ウィックス級のヘイルはカナダ海軍駆逐艦コールドウェルに改名されてる。アメリカ海軍のクレムソン級駆逐艦ウェルズ（Welles）はイギリス海軍のキャメロンになったけど、イギリス海軍のウェルズ（Wells）は元アメリカ海軍のウィックス級ティルマンだったりする。あー、もうッ！

　これら駆逐艦はイギリスに引き渡されたものの、どの艦もアメリカ海軍で予備艦として保管してあったもんで、状態があんまり良くなかった。船体のリベット周りが腐食して、燃料タンクには海水が漏ってきてたし、配管類や電線も修理しなくちゃならなくて、補機類も整備が必要だった。それにいろいろアメリカ海軍とイギリス海軍じゃ流儀が違う点があって、そういう部分も改修が必要だった。

　たとえば艦橋での操舵指令を舵機室に伝えるのに、アメリカ海軍はチェーンを使ってたけど、イギリスじゃそんなのは１９０５年に廃止しちゃってた。ただでさえこのシリーズの駆逐艦は旋回半径が大きいのに、こんな操舵指令の伝え方をしてるもんだから、余計に運動性が鈍くなってたんだな。イギリス海軍でも旋回半径が大きいのは不満な点となったんだけど、機関は信頼性が高くて好評だったそうだ。

　それにイギリス海軍としては、この中古アメリカ駆逐艦をはなから船団護衛用に使うつもりで、兵装や装備も替えなくちゃならなかった。同世代のＶ／Ｗ級駆逐艦の方は、まだ本来の駆逐艦として使えないこともなさそうだったんで、まずこの中古アメリカ駆逐艦の方から護衛艦に改装することにしたのだった。

それにアメリカ製の兵装や装備はイギリス海軍にとって使いづらかったりするんで、それらも換装する必要があった。そうはいってもイギリスの造船所だって手一杯だし、装備や兵装も生産の都合もあってすぐに手に入るもんじゃない。だからアメリカ駆逐艦の改装もいっぺんに完了させるわけにはいかなくて、いろいろ段階的に進めなくちゃならなかった。

イギリス仕様への改修

イギリス海軍がこれらの中古駆逐艦で気に入らなかったのは艦橋だった。アメリカ海軍時代は、艦橋は操舵室といっしょになっていて窓付きの密閉型だったけど、イギリス海軍から見るとそれじゃ視界が狭くて不便だった。そこで元の艦橋の上に露天艦橋を設けて、1番煙突からの煙が高くなった艦橋に来ないように、1番煙突を延長した艦もあった。また艦橋を改設計して、窓部分を無くして、波除けの張り出しを廃止した艦もある。

それとイギリス海軍が求めたのは、大西洋の荒海での航行能力だった。イギリス海軍はアメリカ中古駆逐艦はトップヘビーだと考えて、トップウェイトの軽減を図った。そもそもアメリカの21インチ魚雷をイギリス海軍は信用してなくて、魚雷発射管は左右各1基に半減して、後には中央線上にイギリス製の3連装発射管1基のみにした。後部マストは撤去されたけど、これは対空射撃の射界を広げる目的もあったそうだ。

砲も波をかぶりやすい艦首砲は浮上した潜水艦との戦闘に必要だろうと考えられて残されたけど、もちろん背の高いイギリス型の艦橋と、後ろの2本だけになった煙突。タウン級の中じゃ、最も大きく姿を変えたのが、このグループだな。

長距離護衛型改装艦
3隻のうちの1隻、スタンレー。元はクレムソン級のマッカラだった。スタンレーは1941年12月に戦没してる。この3隻以外にも、1943年に残ってるタウン級の一部をこういう長距離護衛型に改装するアイデアが持ち上ったが、具体化しなかった。

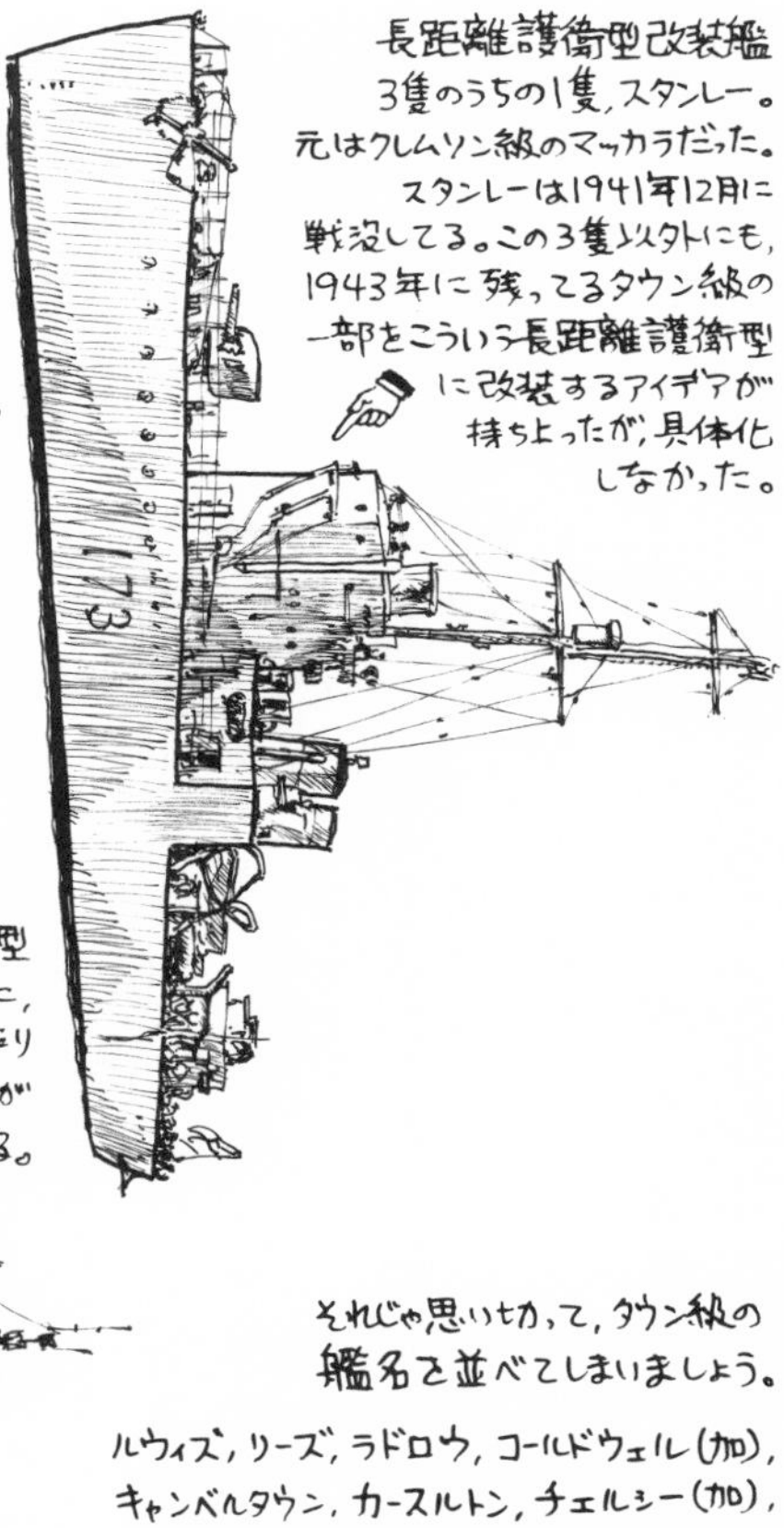

元アメリカ海軍コールドウェル級ストックトン改め、イギリス海軍ラドロウ。煙突は中央の2本をまとめて、3本になってる。

アメリカ型艦橋の上に、がっしりした作りの露天艦橋が設けられてる。

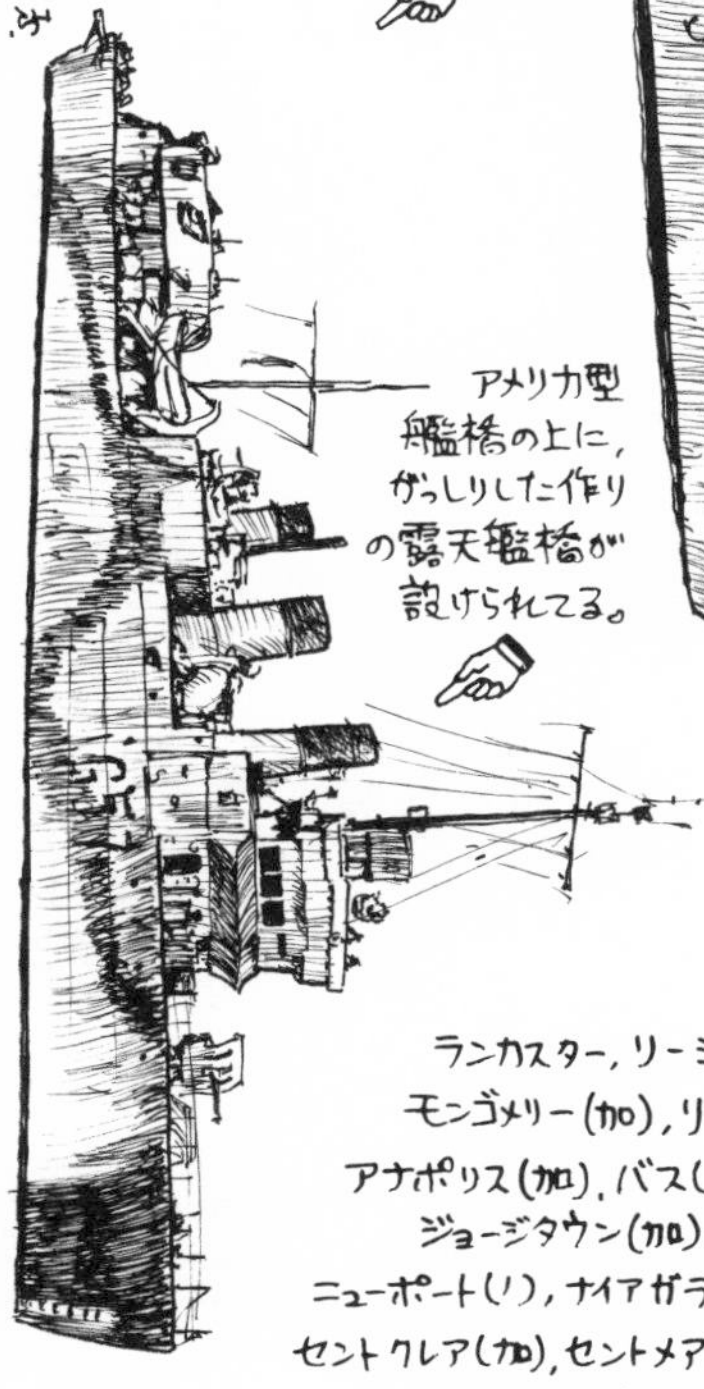

それじゃ思い切って、タウン級の艦名を並べてしまいましょう。

ルウィズ，リーズ，ラドロウ，コールドウェル(加)，キャンベルタウン，カースルトン，チェルシー(加)，ランカスター，リーミントン(加)，リンカーン(ノ)，マンスフィールド(ノ)，モンゴメリー(加)，リッチモンド(加)，ソールズベリー(加)，ウェルズ，アナポリス(加)，バス(ノ)，ブライトン，チャールズタウン，コロンビア(加)，ジョージタウン(加)，ハミルトン(加)，ニューアーク，ニューマーケット，ニューポート(ノ)，ナイアガラ(加)，ロックスバーグ，セント・オールバンズ(ノ)，セントクレア(加)，セントメアリーズ、ベルモント，ビヴァリー、ブロードウォーター，ブロードウェイ，チェスターフィールド，チャーチル，クレア，ブラドフォード、バーナム，バーウェル，バクストン(加)、キャメロン，ラムゼイ，レディング，リプリー、ロッキンガム，サンクロワ(加)，セント・フランシス(加)，シャーウッド，スタンレー。

※(加)はカナダ海軍，(ノ)はノルウェー海軍ね。

シールドが付いた。艦尾の3インチ砲はすっかり旧式化してたんで撤去して、後部甲板室上の4インチ砲を12ポンド砲か3インチ高角砲に換装した艦もあった。中央部両舷の4インチ砲を撤去して、対空機関銃や20㎜エリコン機関砲、あるいは3インチ高角砲に替えた艦もあるけど、一部の艦はイギリス海軍に就役した時点では4インチ砲を4門全部残してた艦もあったらしい。

またコールドウェル級の3隻、ルウィスとリーズ、ラドロウは東海岸の船団護衛任務に就いたんで、ドイツ魚雷艇を撃退するために艦首4インチ砲の代わりに2ポンド単装機関砲2門を艦橋前左右に並べて装備した。中央部と艦尾にはアメリカ製の3インチ高角砲を装備、後部の魚雷発射管の代わりに20㎜単装機関砲を2門装備して、対空護衛艦となった。この3隻は中央の2本の煙突を1本にまとめたんで、3本煙突になってる。

爆雷兵装も、アメリカは左右に2発の爆雷を投射する「Ｙガン」投射装置を使ってたけど、イギリス海軍は1発を発射する「Ｋガン」を主用したんで、それも換装された。艦尾には爆雷投下軌条2本があって、爆雷搭載数は50発だった。

タウン級駆逐艦にはレーダーと電波方位探知装置ＨＦ／ＤＦも装備されて、艦橋上には例のタイプ271の〝ランタン〟型ケーシングが置かれ、マスト頂部にはタイプ286のアンテナが装備された。

最も大規模に改装されたのは、クレアとブラドフォード、スタンレーの3隻で、長距離護衛艦として、前部のボイラー2基を撤去して燃料タンクと居住区を増設、煙突は後部の2本だけになって、艦橋はイギリス式の大型のものになった。艦首にはシールド付き4インチ砲、後部甲板室には12ポンド高角砲、中央部両舷に2ポンド単装機関砲、他に後部に2ポンド機関砲を2門配置して、爆雷投射機8基に投下軌条2本、爆雷搭載数88発というものだった。V／W級駆逐艦にも、機関を減らして航続距離を伸ばした長距離護衛用改装艦があったから、それと同じようなところを目指したんだな。

まあ、これらの改装は改修は、各艦によって時期によっていろいろ違ってるんで、艦名が書いてある艦以外は、どんな姿でどんな装備だったかはそれぞれの写真を見つけて確かめるしかないんだよね。

タウン級駆逐艦の改装としては、沿岸砲撃艦にする案もあった。１９４３年春に、将来の上陸作戦で陸上部隊に近接火力支援を行なうために、いろいろな既存の艦の改装案が検討された中に、タウン級駆逐艦も入ってたのだ。その案じゃ6インチ砲単装を2門を装備して、対潜兵装は全て撤去、ボイラーは1基のみにして、艦橋も改設計することが考えられたけど、さすがにタウン級改装案は安定は悪くなりそうなんで、実現はしないで終わった。

ひたすら護衛任務に

タウン級駆逐艦は、キャンベルタウンがサン・ナゼール港強襲作戦に使われたけど、それ以外には、大西洋や北海での護衛任務に就いてたんで、他のイギリス駆逐艦みたいに地中海や北極海で激しい戦闘には投入されず、あんまり華々しい武勇伝はない。

タウン級の戦没艦は、キャメロンが１９４０年12月に改装工事中に爆撃を受けて炎上、全損になって、正式にイギリス海軍に就役する前に失われてる。バスは１９４１年にノルウェー海軍に移籍したけど、同年８月にアイルランド南方でＵ２０１の雷撃で沈没した。ブロードウォーターが１９４１年10月にアイルランド南方でＵ１０１により、スタンレーは１９４１年12月にポルトガル南西でＵ５７４により、ベルモントは１９４２年１月にハリファックス沖でＵ82により、ビヴァリーは１９４３年４月にグリーンランド南方でＵ１８８により、サン・クロワは１９４３年９月にアイスランド南方でＵ３０５により、それぞれ雷撃で沈没してる。チャーチルはソヴィエト海軍に移籍した後、１９４５年１月に北極海でＵ９５６の魚雷で沈められた。

他にロッキンガムは１９４４年にアバディーン沖で触雷で沈んでて、シャーウッドは１９４３年５月に、ラドロウは１９４５年６月に航空機の標的として沈められてる。９隻の戦没艦のうち、６隻が大西洋でＵボートの魚雷で沈められてるわけだ。

タウン級のうちかなりの数がカナダ海軍で使われてて、ノルウェー海軍に移籍したものも何隻かある。１９４４年には数隻がソヴィエト海軍に引き渡されてる。イギリス海軍のタウン級も、第２次世界大戦の末期には終戦を待たずに退役していく艦もあった。

タウン級駆逐艦はキャンベルタウン以外は勇名をとどろかせることもなかったけど、イギリス海軍が苦しかった時期にやってきて、いろいろ不満な点もあったけど、地味な任務を果たした艦だった。アメリカ海軍じゃ、クレムソン級のルーベン・ジェイムズが参戦前の１９４１年10月31日に、イギリスに向かう船団を護衛してたときに、Ｕ５５２の雷撃で撃沈されてる。まだアメリカは中立国だったんだけど、アメリカ～カナダからの船団をアイスランドまで護衛させてたのだ。

それにウィックス級のウォードは１９４１年12月７日、パールハーバーの湾口を哨戒していて、日本の特殊潜航艇の潜望鏡を発見、砲撃して撃沈してる。これが第２次世界大戦でのアメリカの最初の攻撃となった。またクレムソン級のスチュワートは１９４２年２月にスラバヤで日本軍に捕獲されて、日本海軍の哨戒艇１０２号になって、終戦まで残存してた。４本煙突駆逐艦は、数奇な運命も含めて、けっこう第２次世界大戦史に足跡を残してるのだ。まあ２７３隻も作れば、そういう艦も出てくるんだろうけど。

COLUMN

イギリス海軍の歴史② 女王陛下の海賊たち

薔薇戦争がリチャードⅢ世の死で終わって、チューダー王朝が始まると、ヘンリーⅦ世王は海軍の再建に乗り出す。イングランド南西部のポーツマスの地の利に目をつけて、ここを恒久的な軍港にしたのがヘンリーⅦ世だったけど、実はこの人はケチで、自国で軍船を揃えるよりはスペインの船を雇った方が安いんで、あんまり軍船の建造には熱心じゃなかった。その息子、ヘンリーⅧ世の方がよっぽど軍船に熱心で、大型の軍船を建造したのをはじめ、海軍を単なる軍隊の輸送手段から海上で戦う軍隊と考え、一人の貴族の指揮と支配によるものから複数の船長や士官などから成る一種の委員会で統制するようにした。この委員会が後の海軍省の遠い源流にあたり、その意味ではヘンリーⅧ世がイギリス海軍の基礎を作ったともいえる。

ヘンリーⅧ世は1536年に当時としては強力な軍船メアリー・ローズを作った。1545年、フランス艦隊がイングランド南部ワイト島に攻めてきたとき、迎え撃つイギリス艦隊の主力としてメアリー・ローズも出撃したんだけど、メアリー・ローズは士官の経験不足や不注意で砲門から浸水、ヘンリーⅧ世王の見ている前で沈没してしまった。

このころからイギリスの船乗りたちは遠く外洋に航海するようになり、貿易だけじゃなくて、しばしばスペイン船を襲ったりして、イギリスに多くの富をもたらした。つまりそれは当時の世界の海洋に進出していたスペインから見れば海賊であり、スペインの縄張りを荒らすことでもあった。イギリスはヘンリーⅧ世が国教会を作って、カソリック国のスペインにとっては宗教的にも敵だし、当時スペイン領で反乱が起きていたオランダをイギリスが支援していたし、イギリスとスペインの衝突の理由はいくつもあった。

ヘンリーⅧ世の娘、エリザベス女王は有力な航海者にスペイン船を襲う「私掠船」免許を与えた。いわば公認の海賊だな。その1人がジョン・ホーキンスで、1560年代にカリブ海方面に航海した。その従兄弟のフランシス・ドレイクは艦隊を率いて世界一周航海を完遂、その旗艦がゴールデン・ハインド、旧名ペリカンだ。彼らは貿易や海賊行為でスポンサーのエリザベス女王に大きな利益をもたらした。他にもチャールス・エッフィンガムや、リヴェンジ単艦でスペイン艦隊と最後まで戦って敗れたウィリアム・グレンヴィルといった高名な船長がいた。

そして1588年、スペインはイギリスとの戦いに130隻の大艦隊「アルマダ」を送り出す。スペインから北上してイギリス海峡を抜け、オランダで現地兵力を乗船させてイギリスに攻め込むのだ。これを迎え撃ったのがイギリスの150隻、そのうち40隻が女王の持ち船だった。

エッフィンガムを司令官に、ドレイクやホーキンス、フロビッシャーといった船長たちが1588年7月、イングランド西部プリマス沖から4度にわたってアルマダを攻撃、最後にはカレー沖でドレイクの火船攻撃でアルマダに大打撃を与えた。アルマダはブリテン島を北に回って帰ろうとするが、その途中で嵐に遭って壊滅してしまう。この戦いでスペインは無敵の海軍国の座を失い、イギリスは海軍力によって当時のヨーロッパの強国の一つにのしあがったのだった。

エンタープライズ、発進！

E級軽巡洋艦HMSエンタープライズ

E-class cruiser HMS Enterprise

1926年～1946年

基準排水量：7580トン
満載排水量：9350トン
全長：174m
全幅：16.6m
喫水：5.0m
機関：ギアードタービン4軸、8000shp
速力：33ノット
兵装：6インチ連装砲塔×1基
6インチ単装砲×5門
4インチ単装高角砲×3門
2ポンド単装機関砲×2門
4連装魚雷発射管×4基
カタパルト×1基
（データは竣工時）

1943年12月のエンタープライズ。戦時改装後の姿。おそらくこれから間もなく、ビスケー湾でドイツ水雷部隊と戦って、勝利をおさめることになる。

HMSエンタープライズ，改装直後の1936年の姿。竣工時からあんまり大きく変ってない。砲は砲塔とシールドのみが混在してて，前後の砲の配置は対称じゃないし，煙突の形も間隔もばらばらだし，艦橋は唐突に箱形だし，たしかに妙な艦容だな。イギリス人から見てもカッコいい軍艦じゃなかったんじゃないかな。

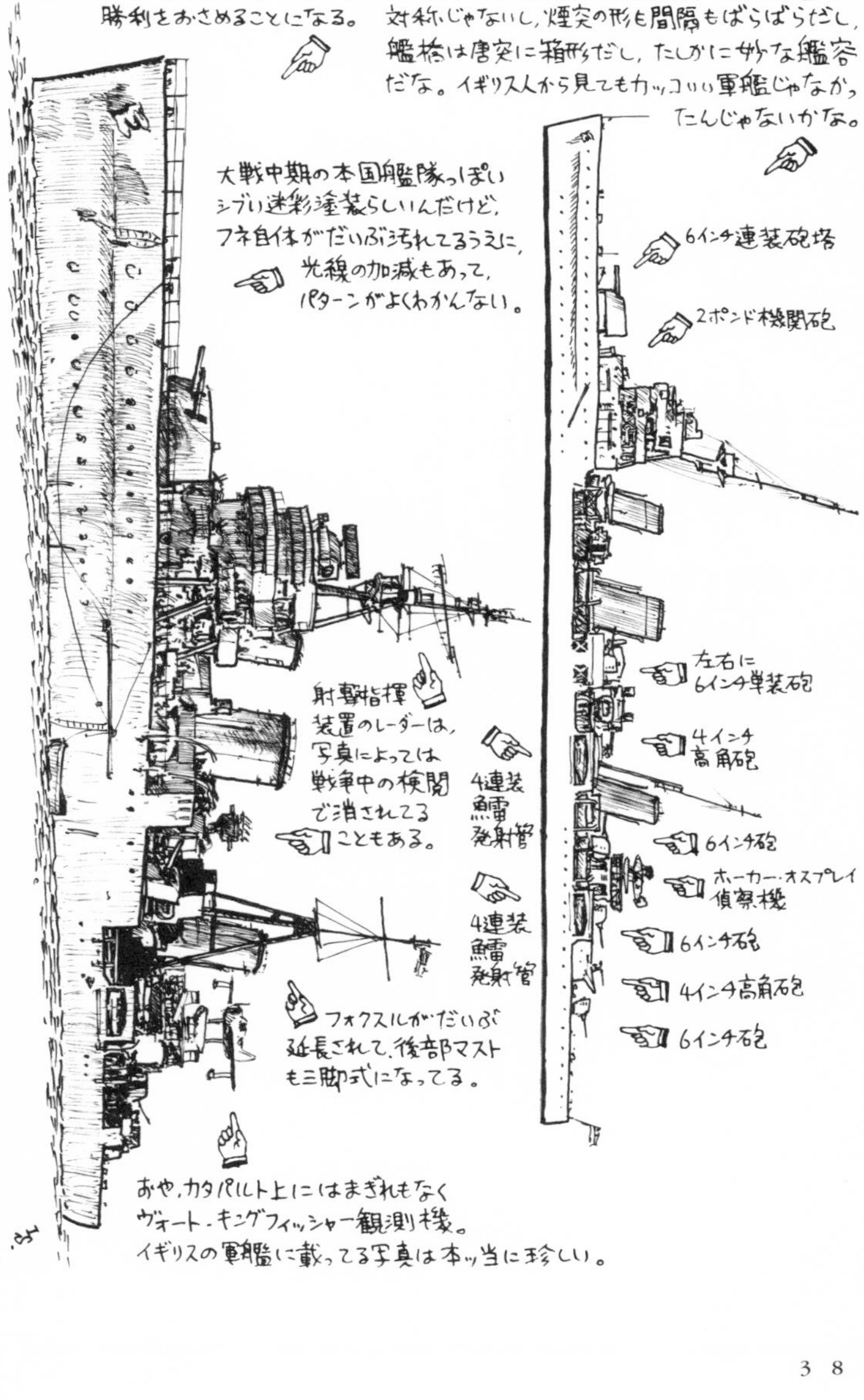

その名はエンタープライズ

どの海軍にもたいてい特別に由緒ある艦名があるんじゃないだろうか。イギリス海軍ならドレッドノートやアークロイアル、日本なら「大和」（「ヤマト」でもいいのかな）、「あきづき」がそんなところだ。アメリカ海軍だとやっぱりエンタープライズだ。それぞれの海軍で格別の武勲があったり、技術的な革新や頂点を象徴する名前なんだな。

特にエンタープライズは、アメリカ海軍じゃ独立以前からの艦名で、アメリカ海軍が創設されてからも初代の帆船が北アフリカの海賊をトリポリで破り、さらに１８１２年のイギリスとの戦争で敵艦ボクサーを拿捕するという働きを見せてる。アメリカ海軍じゃ空母には歴史上の戦場や功績のあった軍艦の名前を付けるから、６代目エンタープライズの名前はヨークタウン級空母の２番艦に与えられて、太平洋戦争の開戦から終戦まで戦い抜き、〝ビッグＥ〟とあだ名された殊勲艦となった。そして７代目がご存知世界初の原子力空母だ。もちろん『スタートレック』の主役宇宙船の名前にもなったし、スペースシャトル・オービターの実験機の名前にもなった。

一方、イギリス海軍じゃ勇ましさや強さを現わす抽象的な名詞とか形容詞を軍艦の名前にすることが多いんで、エンタープライズは「大壮途」みたいな意味だから当然、軍艦の名前にも使われる。イギリス海軍には１７０５年にフランスのフリゲイト、ラントルプリーズをぶん捕った初代エンタープライズ以来、今の海洋観測艦エンタープライズで14代目と、たくさんのエンタープライズがある。それらのエンタープライズたちの中で、第2次世界大戦を戦ったエンタープライズは13代目、エメラルド級軽巡の2番艦だ。

高速を求めて

エメラルド級軽巡っていうのは、その名のとおり頭文字Eの艦名の巡洋艦のクラスで、第１次世界大戦の末期に計画された。どうも敵のドイツ海軍が高速の軽巡を建造するみたいだから、それに負けない速力の巡洋艦を作らなくちゃ、というのがE級の構想だった。まあ、実際にはドイツ海軍はそんな高速軽巡は考えてなかったから結果的にはイギリス海軍の懸念は杞憂に終わったんだけど、とにかくとりあえず3隻を発注しちゃった。

それまでのイギリス軽巡は、お察しのとおりE級の前にD級とかC級とかがあって、C級は速力が29ノットで、６インチ単装砲が中心線上に5門並んでた。D級はその拡大強化型で６インチ砲が6門になったけど、６門のうち２門は煙突の間の中心線上に配置してたもんだから射界が狭くてしょうがなかった。

で、高速軽巡E級は、基本的にはC～D級の配置を基に、まず船体を延長してボイラーをD級の6基から8基に増やして、機関出力は4万ｓｈｐから一気に2倍の8万ｓｈｐに強化、軸数も2軸から4軸にした。船体の長さは、C級が全長１３８ｍ、D級が１４４ｍだったのがE級じゃ１７４ｍと長くなった。ボイラーが増えたんで煙突は真ん中の4基分をまとめて太い（前後長の長い）煙突になって、さらに後部に１本の、ずいぶん間の空いた３本煙突になった。こんなに機関を大きくしただけあって、Ｅ級の速力は33ノットに達した。荒海を高速で走ることもあるから、艦首が波をかぶらないように、艦首甲板にはシアーがついて、舷側にはナックルがついた。艦首のナックルはこのクラス以後、イギリス巡洋艦の特徴にもなってくる。

基準排水量もＣ級４１８０トン、Ｄ級４８５０トンからＥ級じゃ７５５０トンに増えてる。イギリス海軍はＣ級とＤ級の間に、９８００トンで全長１８４ｍの大型巡洋艦キャヴェンディッシュ級５隻を建造してるんだけど、Ｅ級はそれに迫る大きさだったんだな。大きくなっただけに兵装は６インチ砲がＤ級から１門増えて７門、前部の２門と後部の３門に加えて、中央部の２番煙突の後の両舷に並べてた。Ｄ級よりは射界が広くなったけど、片舷斉射のできる大砲の数６門のままだ。あとは３連装魚雷発射管が４基っていうのが主な兵装だった。

Ｅ級はまず３隻が１９１８年に発注されて、６月にエンタープライズがクライドバンクのジョン・ブラウン社で起工、９月にエメラルドが起工された。と思ったら11月には、長くて意味不明で残酷な第１次世界大戦が終わっちゃった。３番艦のユーフレイティーズは起工前の11月にさっさと建造が中止されて、Ｅ級は２隻だけが建造されることになったのだった。その工事も大戦後の軍備縮小と予算難で緩々と進められて、エンタープライズが進水したのは１９１９年の末だった。

そこから先の工事はさらにゆっくりだったんだが、そのおかげでエンタープライズは大きな設計変更を受けることになる。ちょうどイギリス海軍は、新型のＭｋ.ⅩⅧ ６インチ連装砲塔を試作していて、それをエンタープライズに装備して試してみることにした。エンタープライズは前部の背負い式の６インチ単装砲と甲板室をやめて、この新型６インチ連装砲塔を搭載、スペースが空いたんで艦橋を前進させて、ついでに大型にした。測距儀と射撃方位盤は、それまでのイギリス巡洋艦だと前部マストに載ってたのを、エンタープライズでは艦橋の上に配置して、軽い３脚マストが艦橋後部に立つことになった。結局エンタープライズが竣工したのは１９２６年３月、起工から８年も経ったときだった。前後の砲の配置が全然違うし、煙突の太さも間隔もばらばら。

　姉妹艦のエメラルドの方は改設計なしで、Ｃ級～Ｄ級を引きのばして煙突を３本にしたような姿でエンタープライズよりちょっと早く１９２６年１月に竣工してる。つまりエンタープライズの建造が長引いたのは改設計のせいじゃなくて、予算不足とか他の事情のせいだった、ってことなんだろうな。でもエンタープライズの建造経費は予定よりもだいぶ膨らんじゃった。

　エンタープライズで試験装備された６インチ連装砲塔は、なにしろそれまでのシールドだけの６インチ砲に比べれば、天候や波の影響を受けにくいし、なかなか性能も良かったんで、同系のものが後のネルソン級戦艦の副砲や、リアンダー級軽巡とアレスーザ級軽巡にも装備されることになった。エンタープライズのその他の兵装は、４インチ単装高角砲が３門、２ポンド単装機関砲が２門だった。

皇太子のお召し艦

就役したエンタープライズは、１９２８年まで地中海～中東～インド洋～香港へと派遣されて、その間にエドワード皇太子（１９３６年に即位してエドワード８世、同年退位してウィンザー公となる人）のお召し艦となって、タンザニアのダルエスサラームからイタリアまで航海したりしてる。平和な時代の大英帝国海軍の軍艦、特に巡洋艦はこういう風に植民地や影響下の国や地域にホワイト・エンサインをはためかせて、プレゼンスを誇示するのが仕事だったんだな。

エンタープライズは１９３４～１９３５年にかけて改造を受けた。主な改良点は旧式の水上機滑走台をカタパルトに替えたことで、そのため後部マストはＸ砲の前あたりにあったのが、後部煙突の前に移された。その前方には高角射撃指揮装置も追加されて、３連装だった魚雷発射管が４連装になった。あと煙突もそれぞれ高さが１・５ｍぐらい高くなって、Ｈ．Ｔ．レントンの『第２次世界大戦イギリスおよび連邦諸国軍艦』によると「奇妙な煙突配置がいっそう強調されることとなった」んだそうだ。

改造後のエンタープライズは中近東～アジア方面に配属されて、１９３８年に本国に帰還、整備のためにいったん予備役となったけど、戦争の気配がいよいよ濃くなった１９３９年８月に現役に復帰、大戦が勃発すると本国艦隊に所属して大西洋での船団護衛や哨戒任務についた。古い艦だったけど、イギリス巡洋艦中じゃ最速だったし、航続距離も長かったんで、それなりに有力な艦だったんだな。大戦初期の段階でエンタープライズは両舷中央部の６インチ砲に代わって４連装ポンポン砲が装備されたらしい。

１９４０年４～５月のノルウェー戦ではエンタープライズはスコットランド近衛兵を上陸させたり、砲撃支援を行なったりして、その間にドイツ潜水艦Ｕ65の雷撃を受けたものの、魚雷の不調で事なきを得た。またドイツ機の空襲にさらされたりもしたけど、幸いなことに命中弾は無かった。ノルウェー侵攻が失敗に終わると、ノルウェー政府の要人や金塊20トンをイギリスに輸送した。１９４０年６月のフランスの敗北後、エンタープライズはジブラルタルの新編「Ｈ部隊」に編入されて、北アフリカのメルゼルケビルのフランス艦隊攻撃作戦に参加、このときも航空攻撃を受けたけど、エンタープライズに怪我はなかった。８月にはエンタープライズは南大西洋でのドイツ通商破壊船捜索や船団護衛、航路哨戒の任務について、１９４１年に入るとさらにインド洋～中近東方面で行動した。

この年の12月に日本が参戦すると　エンタープライズはビルマ（現在のミャンマー）のヤンゴンやシンガポールへの兵員輸送任務についた。１９４２年４月、日本の空母機動部隊がインド洋に進出すると、エンタープライズを含むイギリス艦隊はその捜索に出撃した。これに合流しようとした重巡ドーセットシャーとコーンウォールが日本空母の搭載機につかまって撃沈されちゃう。エンタープライズは駆逐艦パラディンとパンサーを連れてその乗員の救助にあたり、１１２２人を救助した。さらにイギリス海軍は旧式空母ハーミズを日本機の爆撃で失うんだけど、それ以外のイギリス艦隊は日本空母部隊に発見されるのを免れて、エンタープライズも九九艦爆に襲われずに済んだ。

その後、エンタープライズは主にインド洋西部で哨戒や船団護衛に働いて、１９４２年12月にイギリスに戻って改装が施された。

この改装で水上捜索レーダーや各種射撃指揮レーダーが装備されて、後部マストがポール型から三脚になり、後部の魚雷発射管を撤去、20㎜連装機関砲が艦橋と後部マスト基部、カタパルト下の両舷に装備された。

ビスケー湾海戦

１９４３年11月に改装を終えたエンタープライズは本国艦隊に配備された。12月、ドイツの貨物船アルステルーファーが海上封鎖を突破してドイツに帰還しようとすると、その掩護にドイツ海軍はフランスのジロンド基地から駆逐艦Ｚ24、27、32、37と水雷艇Ｔ25と27を、さらにブレストから水雷艇Ｔ22、23、24、26をビスケー湾に出撃させた。イギリス海軍もアルステルーファー迎撃のために、各所に巡洋艦を配置し、エンタープライズも出撃、タウン級軽巡のグラスゴーと合流してビスケー湾に向かった。

アルステルーファーは大西洋でイギリス空軍コースタルコマンドのチェコスロヴァキア人部隊№３１１スコードロンのリベレーターに撃沈されちゃったけど、グラスゴーとエンタープライズは航空機からの偵察情報をもとに、ドイツ駆逐艦と水雷艇を捕捉しようとした。12月８日の昼、グラスゴーはドイツ部隊をとらえて砲撃を開始、間もなくエンタープライズも射撃を始めて、双方が高速で航行しながらの戦闘となった。

イギリス側は巡洋艦2隻とはいえ、ドイツ駆逐艦も15㎝砲を装備してたから砲の威力はほぼ互角、砲の数ではイギリス側17門に対してドイツ側25門、魚雷の数はもちろんドイツ側が多かった。ところがこの日は風が強くて波も荒く、ドイツ側の砲撃も雷撃も風波に妨げられることになっちゃった。こういうときはフネが大きい方が有利だぞ。

ドイツ側は何度か魚雷を発射したものの、どれも命中せず、なんとか15㎝砲弾1発をグラスゴーに命中させるのが精いっぱいだった。イギリス側の砲撃もなかなか命中しなかったが、とうとうエンタープライズの6インチ砲弾が駆逐艦Ｚ27の機関部に命中、その速力を低下させた。グラスゴーも水雷艇Ｔ26とＴ25を砲撃で大破させた。結局、Ｚ27はグラスゴーの砲撃でとどめを刺され、Ｔ25も沈没、エンタープライズは6インチ連装砲塔が故障したので、Ｔ26を魚雷で沈めた。他のドイツ艦は逃走した。

このビスケー湾の戦いでも、海戦の経験の豊かなイギリス海軍が、火力に勝るドイツ側を一方的に破ることになった。イギリス側の被害はグラスゴーが小破して若干名の戦死者を出し、エンタープライズは至近弾の破片が多少当たっただけで被弾なしだった。エンタープライズはノルウェー戦でもインド洋でも難を逃れてるし、このビスケー湾じゃ敵の水上艦と交戦して、戦果をあげることができたうえに無傷だったし、エンタープライズって幸運な艦だったみたいだ。

エンタープライズはノルマンディー上陸作戦じゃ火力支援を行なった。担当海岸は〝ユタ・ビーチ〟で、巡洋艦ブラックプリンス（ダイドー級後期）、ホーキンス（エッフィンガム級）、モニターのエレバス、それにアメリカの戦艦ネヴァダ、巡洋艦タスカルーサとクインシーといっしょで、１９４４年６月６日からの９日間にエンタープライズは４０００発の６インチ砲弾を発射したんだそうだ。その後もエンタープライズは地上部隊の前進を支援するためにカーン周辺などに艦砲射撃を行なって、ときには陸上のドイツ軍から激しい砲撃を受けたりもしたけど被害なしに切りぬけて、８月には酷使した６インチ砲の砲身を交換している。

９月にはオランダ沿岸での艦砲射撃のために出撃したけど、このときは出番なしに終わった。この頃になるとイギリス海軍の旧式艦はそろそろ使い道がなくなってきたんで、エンタープライズも練習艦としてカナダにやっちゃおうか、なんて話も出てきたが、これは立ち消えになって10月には現役を退いて予備役になっちゃった。

１９４５年になると、エンタープライズは兵員輸送任務に改装されることになって、６インチ砲３門を撤去した。たぶん後部の３門だろうな。エンタープライズは６月からこの年いっぱいインド方面や南アフリカからの兵員復員輸送に就いて、１９４６年１月に退役、４月にはスクラップとして売却された。

これが軽巡エンタープライズの長い生涯。イギリスの旧式軽巡の多くは第２次世界大戦を見せ場のないまま終えてるんだけど、エンタープライズは少なくともビスケー湾で勝ち戦を飾ってるんだから、まあイギリス軍艦としては良い生涯だったんじゃないだろうか。

エンタープライズを始め、イギリスとアメリカで重複する艦名がいろいろある。イントレピッドはアメリカ海軍じゃエセックス級空母の名前で、イギリスじゃＬＳＤ型の強襲揚陸艦の名前だった。ヴィクトリアスっていえばイギリスじゃ空母だけど、アメリカじゃ半水没双胴形式の音響測定艦の名前だ。

　地名でもイギリスとアメリカで同じ名前の町があったりするから、第２次世界大戦のイギリスのタウン級軽巡とアメリカのクリーヴランド級軽巡のどちらにもバーミンガムがある。さすがに人名でイギリスとアメリカ共通の艦名は無いだろうと思ったら、実はそれがある。イギリスには原潜チャーチル、アメリカにはアーレイ・バーク級イージス駆逐艦にウィンストン・Ｓ．チャーチルがある。でも原潜チャーチルは１９９１年に退役、駆逐艦チャーチルは２００１年就役だから、時期は重なってないんだけどな。ちなみにＨＭＳエンタープライズの艦名は、今日では海洋観測艦に引き継がれてる。この14代目エンタープライズは２０１９年には日本に来て、東京の晴海埠頭に入港している。

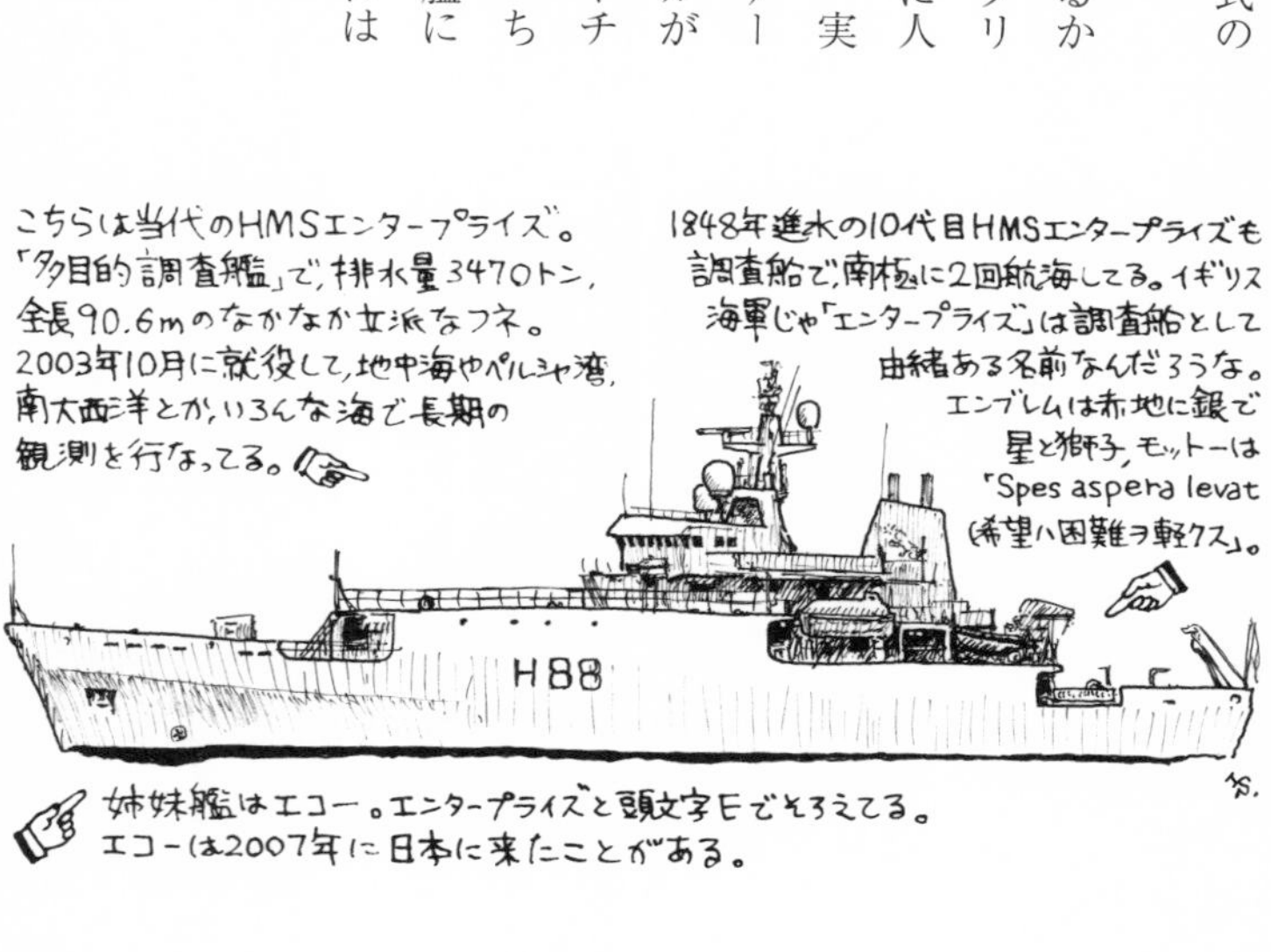

File no. 04

21 世 紀 駆 逐 艦 ……

タイプ45駆逐艦（前編）

Type 45 destroyers

2009年～

軽荷排水量：5800トン
満載排水量：7570トン
全長：152.4m
全幅：21.2m
喫水：5.3m
機関：ガスタービン＋ディーゼル統合電気推進5万4400hp
速力：31ノット
兵装：シルヴァー A50垂直発射装置8セル×6にアスター15/30
対空ミサイル4.5インチ単装砲×1門
30mm機関砲×2門
20mmファランクスCIWS×1基
ワイルドキャット多用途ヘリコプター×1機
（ハープーン対艦ミサイル4連装発射機×2基、
対潜魚雷発射管×2門、マーリンHM1ヘリコプター×1機搭載可能）

21世紀のイギリス海軍の最新鋭駆逐艦タイプ45。
「D32」のペナントナンバーはネームシップのHMSデアリング。
これはこれでイギリス軍艦らしくてかっこいいと思うぞ！

球形っぽいドームごと、背中合わせの2面アレイがくるくる回る、サンプソン多機能レーダー。実はアレイの形とかドームの中の詳しいところは不明。

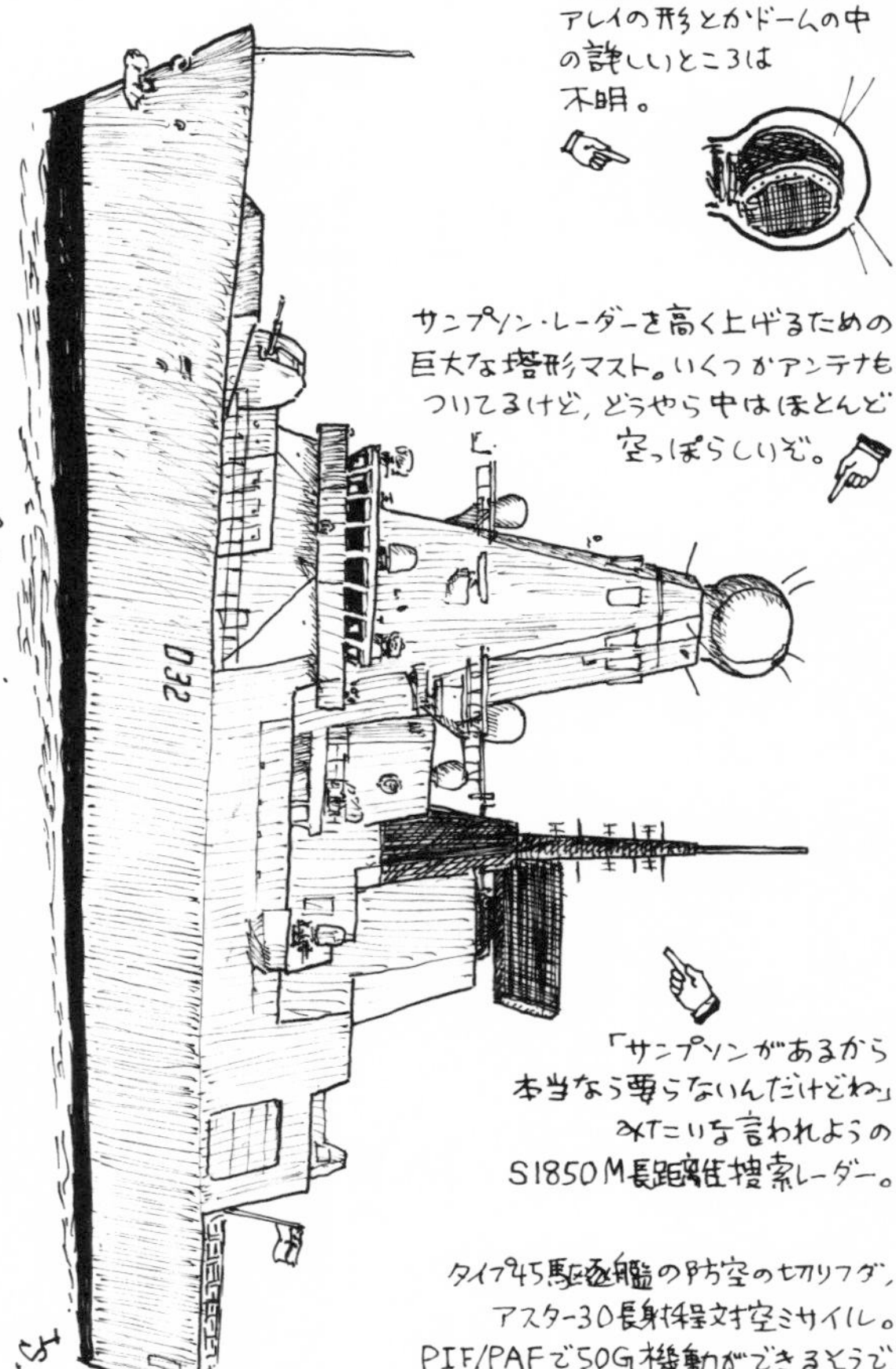

満載排水量約8000トンで、VLSは48セル、しかも積めるミサイルはアスター15と30だけ……。

サンプソン・レーダーを高く上げるための巨大な塔形マスト。いくつかアンテナもついてるけど、どうやら中はほとんど空っぽらしいぞ。

煙突脇の、ちょっとステルス的にちょっとどうなんだろう、な感じのプラットフォーム上に、エリコン30mm機関砲。

舷側に張り出したスポンソンに20mmCIWS。射界を広くしてるんだろうな。

「サンプソンがあるから本当なら要らないんだけどね」みたいな言われようのS1850M長距離捜索レーダー。

タイプ45駆逐艦の防空の切り札、アスター30長射程対空ミサイル。PIF/PAFで50G機動ができるそうで、動画を見ると本当にすごい。これで弾道ミサイルも迎撃できる、っていうんだが。

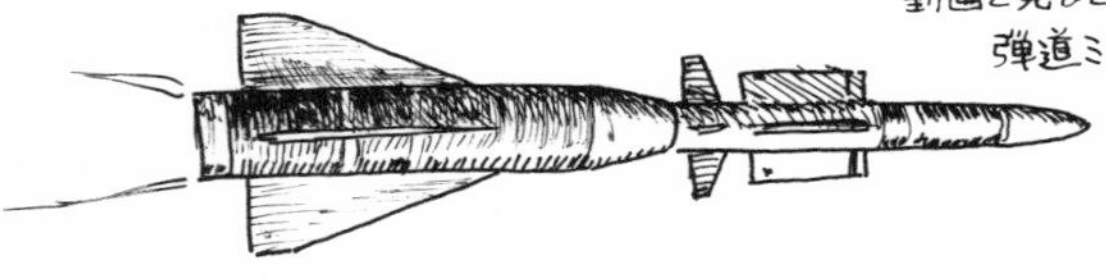

いつの時代も「ジャック・オブ・オールトレイド」

今の世の中の海軍、戦艦はいなくなったし、巡洋艦だってロシア海軍のスラヴァ級やピョートル・ヴェリキイを別にすると、もうほとんど残ってない。アメリカ海軍にはタイコンデロガ級があるじゃないか、っていうのはもちろんそうなんだけど、ご存知のとおりタイコンデロガ級はもともとはスプルーアンス級駆逐艦の船体に、イージスシステムを押し込んだ艦だった。だから最初はミサイル駆逐艦になるはずだったのに、「いや、このフネの能力からしたら巡洋艦って言った方がいいよね」ってことで、巡洋艦に類別されるようになったものだ。

１番艦タイコンデロガの艦番号がミサイル巡洋艦ＣＧ－47なんだけど、その前のミサイル巡洋艦は原子力のＣＧＮ－42アーカンソーだった。42から47に番号が飛んじゃった。一方、ミサイル駆逐艦の番号のほうは、ファラガット級ミサイル・フリゲイト（アメリカ海軍じゃＤＬ（Destroyer Leader）っていう大型駆逐艦的な艦種がフリゲイトって呼ばれてた）が１９７５年にミサイル駆逐艦に艦種変更されたときに、最終艦プレブルがＤＬＧ－15からＤＤＧ－46になった。

タイコンデロガはそのプレブルの次のミサイル駆逐艦ＤＤＧ－47として計画されたのが、途中で巡洋艦になったもんだから、番号はそのまんま、艦種記号だけＤＤＧからＣＧに変わっちゃったわけだ。タイコンデロガ級のうち、４番艦のヴァリー・フォージまでがミサイル駆逐艦として計画されたから、ミサイル駆逐艦の番号もＤＤＧ－47～50までが割り当てられてた。

で、その次のミサイル駆逐艦がＤＤＧ－51のアーレイ・バークというわけで、つまりアメリカ海軍じゃミサイル駆逐艦の番号のうちＤＤＧ－47～50は巡洋艦に乗り変わっちゃった幻の番号だし、ミサイル巡洋艦の番号のうちＣＧ－43～46は、ＤＤＧ－47がＣＧ－47になっちゃったもんだから、該当する艦のない幻の番号になっちゃった、というわけなのであります。

つまり何が言いたいかというと、タイコンデロガ級は巡洋艦といっても、実は生まれは駆逐艦なんだよ、ってことで、今の海軍には本来の巡洋艦なんてものはもう絶滅したも同然っていうことだ。それはもうイギリス海軍だってそうで、１９７９年に最後の巡洋艦ブレイクが退役しちゃってからは、もうイギリス海軍には巡洋艦がなくなっちゃった。

「巡洋艦」っていう艦種がなくなって、今じゃ水上戦闘艦の大物は駆逐艦になった。昔の駆逐艦は、水雷戦隊を構成して敵艦に魚雷攻撃をかけたり、潜水艦を狩ったり、他の大型艦や船団の護衛をしたもんだった。ところが今じゃ、駆逐艦は戦隊じゃなくて個艦で行動することも多いし、魚雷攻撃なんかしないけど、対艦ミサイルや砲を使って対水上戦闘はするし、対潜作戦ももちろんやるし、対空防御もしなくちゃならない。それも超低空を高速で飛んでくる航空機やミサイルを防ぐんだから大変だ。巡航ミサイルで地上目標を攻撃する駆逐艦だってある。

しかも最近じゃ海賊退治や海上の密輸取り締まり、海上テロリズムの阻止まで仕事になってる。アメリカのアーレイ・バーク級の一部や日本の「こんごう」型なんかは弾道ミサイル防衛の能力まである。今の駆逐艦は、主力の水上戦闘艦でありながら、相変わらずの「ジャック・オブ・オールトレイド（何でも屋の召使）」でもあるわけだ。

同じような水上戦闘艦として、いろんな国の海軍にフリゲイトっていう艦種がある。今のフリゲイトはたいてい対潜・対水上・対空任務とその他モロモロの仕事をするから、駆逐艦との区別がよくわからなくなってる。大きいのが駆逐艦、それより小さいのがフリゲイトっていう感じだけど、駆逐艦より大きいフリゲイトもあるから、一概に大きさだけでも区別できない。

今日のイギリス海軍の場合、駆逐艦とフリゲイトの区別は比較的わかりやすくて、広域の艦隊防空能力のあるのが駆逐艦、防空範囲が狭くて個艦か僚艦ぐらいを守るのがフリゲイトってことになってる。かつてシースラグ対空ミサイルを装備したカウンティ級やシーダート装備のタイプ42は駆逐艦で、フリゲイトのリアンダー級には短射程のシーキャット対空ミサイルが、その後のタイプ22やタイプ23にはシーウルフが装備されてた。

そんなわけで、今日のイギリス海軍における駆逐艦は「艦隊防空を主任務とした主力水上艦」っていうことになる。第2次世界大戦までの駆逐艦の血筋は戦後に建造されたD級で終わってて、１９６０年代のカウンティ級ミサイル駆逐艦からはもう別の系統になってるんだから、じゃあもう巡洋艦って呼んでもよさそうなもんだと思うけど、まあイギリス海軍が駆逐艦だっていうなら、しょうがないな。

防空駆逐艦タイプ45

そしてイギリス海軍最新の駆逐艦がタイプ45、デアリング級だ。デアリング級は軽荷排水量５８００トン、設計最大排水量８０００トン、全長１５２・４ｍ、最大幅21・２ｍだから、アメリカのアーレイ・バーク級よりはひと回りぐらい小さくて、日本の「あきづき」級と同じくらいで、ちょっと幅広。

兵装は４・５インチ55口径Ｍｋ．８Ｍｏｄ．１砲が１門に、シルヴァーＡ50垂直発射システム８セル×６に、アスター30中距離ミサイルとアスター15短距離ミサイルを装備する。他には30㎜機関砲が２門とヴァルカン・ファランクス20㎜ＣＩＷＳ・Ｍｋ．15ブロックＩＢが２基。後部にはヘリコプター格納庫があって、ワイルドキャット多用途ヘリコプター１機を搭載する。

大きさの割に兵装が少ない感じだけど、特に対潜兵装なんてワイルドキャットに頼るしかないのが現状だ。でもそこはイギリス海軍も考えてて、アメリカ製のハープーン対艦ミサイルのキャニスター／ランチャー４基×２を装備できるスペースを、前甲板のＶＬＳと艦橋の間に用意してあるし、スティングレイ対潜魚雷用の固定式クレイ発射管２門を装備する場所もあることになってる。ヘリコプター甲板と格納庫も、ワイルドキャットより大きいマーリンＨＭ１ヘリコプターを搭載できるだけの大きさで設計されてるんだそうだ。

サンプソンとパームス

しかし今日の水上戦闘艦じゃ、いくら搭載兵装が強力でも、センサーや指揮システム、データリンク能力が無いと意味が無い。タイプ45の主レーダーは、塔型の高い前部マストの頂部に乗っかった丸いドームの中の「サンプソン」レーダーだ。

サンプソンは、アメリカのイージス艦のＳＰＹ－１フェーズドアレイ・レーダーと同じように、対空捜索や目標捕捉、追尾、射撃指揮も行なう、いわゆる多機能レーダーだ。ＳＰＹ－1よりもずっと新しいだけあって、フェーズドアレイといっても、アレイに並んだ素子が電波を発信するアクティブ・フェーズドアレイ方式になってる。ＳＰＹ－1は電波の発信装置はアレイとは別のところにあって、アレイの素子はいわば電波の出口にすぎない。こういうアクティブ・フェーズドアレイ方式は、飛行機のレーダーでもそうだけど「アクティブ・エレクトリックスキャン・アレイ」を略してＡＥＳＡ（イーサって発音する）って呼ばれてる。

でもタイプ45のサンプソン・レーダーはＡＥＳＡのくせにアンテナが回転するの。ＳＰＹ－1だと、アレイというかアンテナ面は前後左右に4面を固定してて、電波ビームだけを振り回して周囲３６０度を走査する。そうすればアンテナを回転させるメカニズムが必要なくて重量も軽くなるし、機械的な故障の心配もメンテナンスの負担も少なく済む。

ところがサンプソンは1面あたり２６００個の素子を並べたアレイが2面背中合わせになってて、最大毎分

60回転で回る。開発したＢＡＥシステムズ社によると、レーダーは高いところに装備した方が、海面すれすれを飛来する対艦ミサイルみたいな目標を早く、遠くで探知できるし、３６０度監視する固定式アレイを4つもマストの上に載せると、トップヘビーになっちゃうから、この2面旋回式の方が合理的だっていうらしい。

　それと一度に多数の対艦ミサイルが同じ方向から同時に飛来したら、固定式アレイだとその方向への対処能力が飽和しちゃうけど、旋回式ならその心配がない、っていうのがＢＡＥシステムズの言い分だ。でもサンプソンを2面アレイにした本当の理由はコスト軽減だったらしい。旋回メカニズムの重量を考えたら、アレイの数が少ないメリットは帳消しになっちゃうし、一方向からの攻撃に対処能力が飽和するかどうかは、アレイの数の問題っていうよりも、ミサイルと射撃指揮システムの問題だもんな。こういう屁理屈をこねてまで、自分のやり方が正しいと言い張るところが実にイギリスっぽい。サンプソンの能力は1アレイ面の視角が１２０度、探知距離が「数百km」っていうのがＢＡＥシステムズの主張するところだ。

　前部マストのサンプソンとともに、タイプ45は後部にアレニア・マーコーニ・システムズ社製Ｓ１８５０Ｍ「スマーテロ」3次元長距離捜索レーダーを装備してる。ＢＡＥシステムズに言わせると、サンプソンがあればこのレーダーは本来必要がなくて、これが装備されるようになったのは、タイプ45がフランスとイタリアとの協同開発だったときの名残りなんだそうだ。

　でもサンプソンが目標追尾やミサイル射撃指揮に能力を集中させると、広域捜索まで手が回らなくなる恐れもあるわけで、実のところＳ１８５０Ｍレーダーも充分存在理由があるんじゃないだろうか。アメリカ海軍だってタイコンデロガ級イージス巡洋艦じゃ、ＳＰＹ－１レーダーの他にＳＰＳ－49長距離捜索レーダーも装備してるくらいだ。そうはいっても、そのアメリカ海軍だって、タイコンデロガ級の近代化改修じゃＳＰＳ－49はもう不要になったんで撤去してる。タイプ45のＳ１８５０Ｍは本当に要らないのか、それともタイプ45のシステムがイージスよりは立ち遅れてるのか、うーん、どうなんだろうな。

　そのサンプソンを含めたタイプ45の指揮システムはＰＡＡＭＳ（パームスと読む。「主対空ミサイルシステム」の略）で、サンプソンとＳ１８５０Ｍと指揮・管制システム、シルヴァー垂直発射システムとアスター15／30ミサイルを統合したものだ。イージスみたいに目標の捕捉や選定、交戦を自動的に行なうんだけど、アメリカのイージスが対空だけじゃなくて、対潜作戦や対水上戦闘にも対応するのに対してＰＡＡＭＳはその名のとおり対空戦闘に特化してるみたいだ。

　資料によっちゃ、ＰＡＡＭＳは同時に約２０００の目標を捕捉して、局点防衛目標（つまり対艦ミサイルのことだな）８目標を含む12目標に同時対処が可能だっていう。シルヴァーＶＬＳ内のアスター・ミサイルは常時発射可能で、目標探知から自動的に1発目を発射するまで数秒、10秒以内に8発を発射できて、同時に誘導できるミサイルは16発、っていうことになってる。しかしＶＬＳがとにかく48セルしかないから、アスター15にしても30にしても、つるべ撃ちに撃ちまくるってわけにはいかないだろうな。

アスター・ミサイル

ＰＡＡＭＳのミサイルが、フランスとイタリア協同開発のアスター15と30だ。アスター15は射程30㎞／終末速度マッハ３・５の短射程型で自艦と僚艦の防衛用、アスター30は射程１００㎞／マッハ４・５の長射程艦隊防空用。どちらも2段式で、1段目のブースターの大きさが違う。誘導方式はサンプソン・レーダーからの自動アップデートと、終末段階でのアクティブ・レーダーホーミングを使う。

アスターの特徴は、その高い運動性で最大50Ｇの機動ができることになってる。アスターは空力操縦だけじゃなくて、ＰＩＦ／ＰＡＦっていう姿勢制御ロケットを併用して姿勢と方向を変える。その点じゃアメリカ空軍のパトリオットＰＡＣ－３ミサイルに近くて、海軍のスタンダードＳＭ－２系列のミサイルよりも機動性じゃ優れてるんだろう。弾頭は近接信管の破片効果型で、これだけ高い機動性を持ちながら、アスター15／30はＰＡＣ－３みたいな「ヒット・トゥ・キル」、直撃破壊は目指してないのが面白い。

このアスター30には、サンプソンやＰＡＡＭＳといっしょに弾道ミサイル迎撃能力があることになってる。現行のアスター30ブロック1は、射程６００㎞クラスの短距離弾道ミサイルに対応できて、開発中の「ブロック１ＮＴ」になると、射程１５００㎞の準中距離弾道ミサイルまで迎撃可能だという。でも最大射高が２００００ｍだから、弾道ミサイルの着弾寸前の終末迎撃しかできない。アメリカや日本のイージス艦が弾道ミサイル迎撃に使うＳＭ－３みたいに大気圏外で迎撃するのとは違うから、迎撃可能範囲もずっと狭いはずだ。そもそも弾道ミサイル迎撃は、発射探知から着弾予想、飛行コース算出、捕捉・追尾・交戦までの情報能力やコンピュータ能力があって初めて成立するものであって、艦のレーダーとミサイルは弾道ミサイル迎撃の端末に過ぎない。

その弾道ミサイルに対する早期警戒能力は、西側諸国にとっては現状じゃアメリカのシステムに頼るしかない。アメリカの弾道ミサイル防衛システムからデータリンクや通信システムで情報をもらって、そのデータを指揮システムで処理して射撃指揮ができるかどうかに、タイプ45のＰＡＡＭＳとアスター30の弾道ミサイル迎撃能力の真価がかかってるんじゃないかな。

実はイギリス海軍も、タイプ45の計画がまとまる以前の新型駆逐艦構想段階じゃ、アメリカのＳＭ−３を使った弾道ミサイル能力を持たせることを考えてたらしい。それには垂直発射システムもアメリカのＭｋ．41にする必要があったんだけど、この頃はイギリスはフランスやイタリアと協同で駆逐艦を建造することを考えてたんで、結局Ｍｋ−41ＶＬＳは採用できなくなっちゃった。

アスター・ミサイルの方も、さらにブースターを大型化して射程や迎撃高度を拡大するアスター45っていう構想があるんだけど、フランスやイタリア、イギリスにしても国防予算は厳しいから、果たして実現するやらどうやら。

このレーダーと指揮システム、それにアスター対空ミサイルが、タイプ45駆逐艦の主兵装であり、かつまた存在理由でもあるんだけど、その他にもイギリス海軍が本気で建造した新世代の主力水上戦闘艦であるだけに、機関もディーゼル電気推進と回帰型ガスタービン電気推進を組み合わせた「統合電気推進」を採用したり、最新技術をたくさん盛り込んでる。そういうタイプ45のさらなる特徴とか、各艦とか、そもそもイギリスがタイプ45の建造に踏み切ることになった国際協同計画とかについては、どうやらスペースがなくなっちゃったんで次回に続きます。イギリスの軍艦の話なのに、どうやら勇ましい戦闘とかはなさそうだけど、勘弁ね。

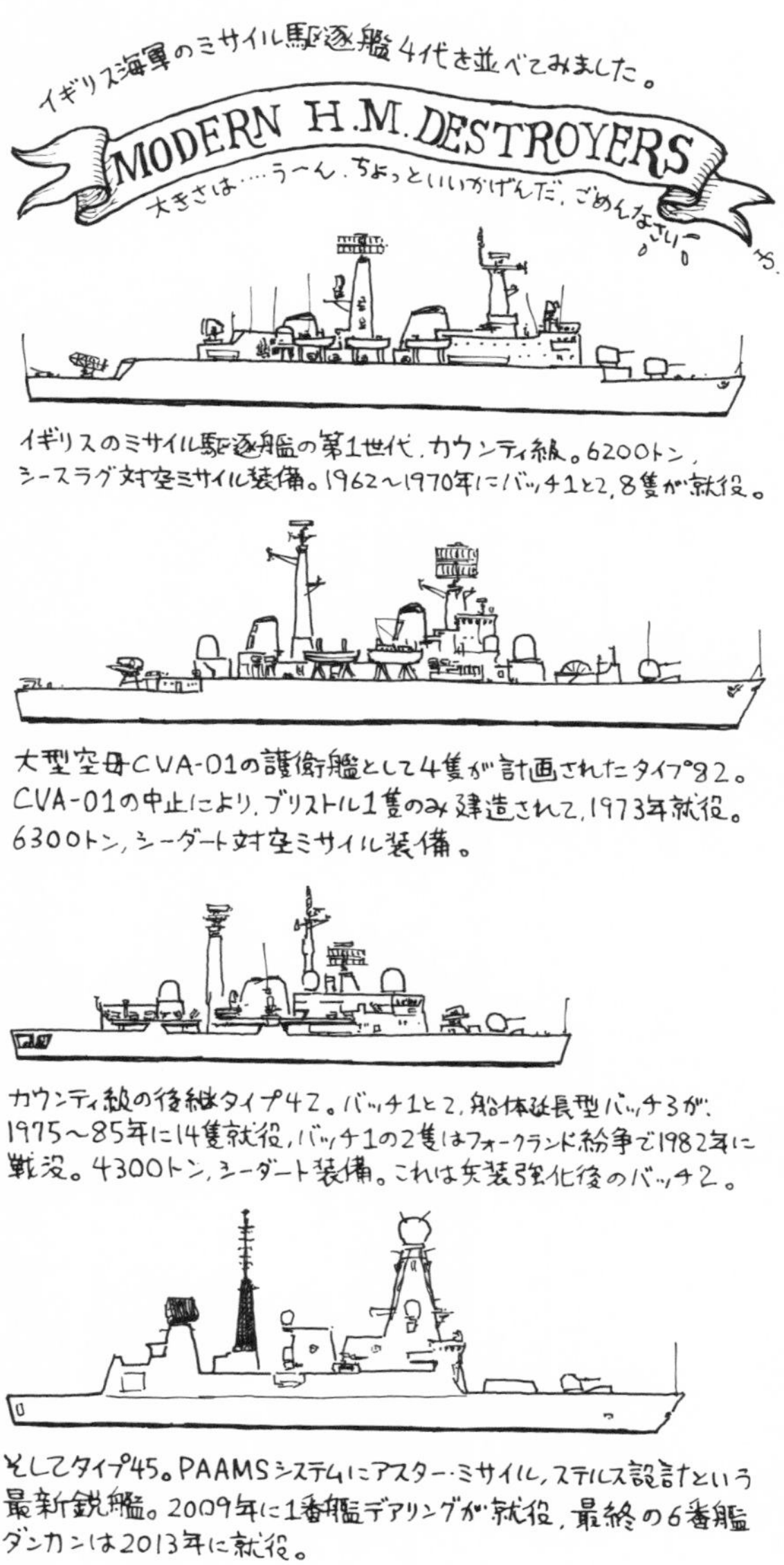

……でも6隻

タイプ45駆逐艦（後編）

Type 45 destroyers

2009年～

軽荷排水量：5800トン
満載排水量：7570トン
全長：152.4m
全幅：21.2m
喫水：5.3m
機関：ガスタービン+ディーゼル統合電気推進5万4400hp
速力：31ノット
兵装：シルヴァー A50垂直発射装置8セル×6にアスター15/30
対空ミサイル4.5インチ単装砲×1門
30㎜機関砲×2門
20㎜ファランクスCIWS×1基
ワイルドキャット多用途ヘリコプター×1機
（ハープーン対艦ミサイル4連装発射機×2基、
対潜魚雷発射管×2門、マーリンHM1ヘリコプター×1機搭載可能）

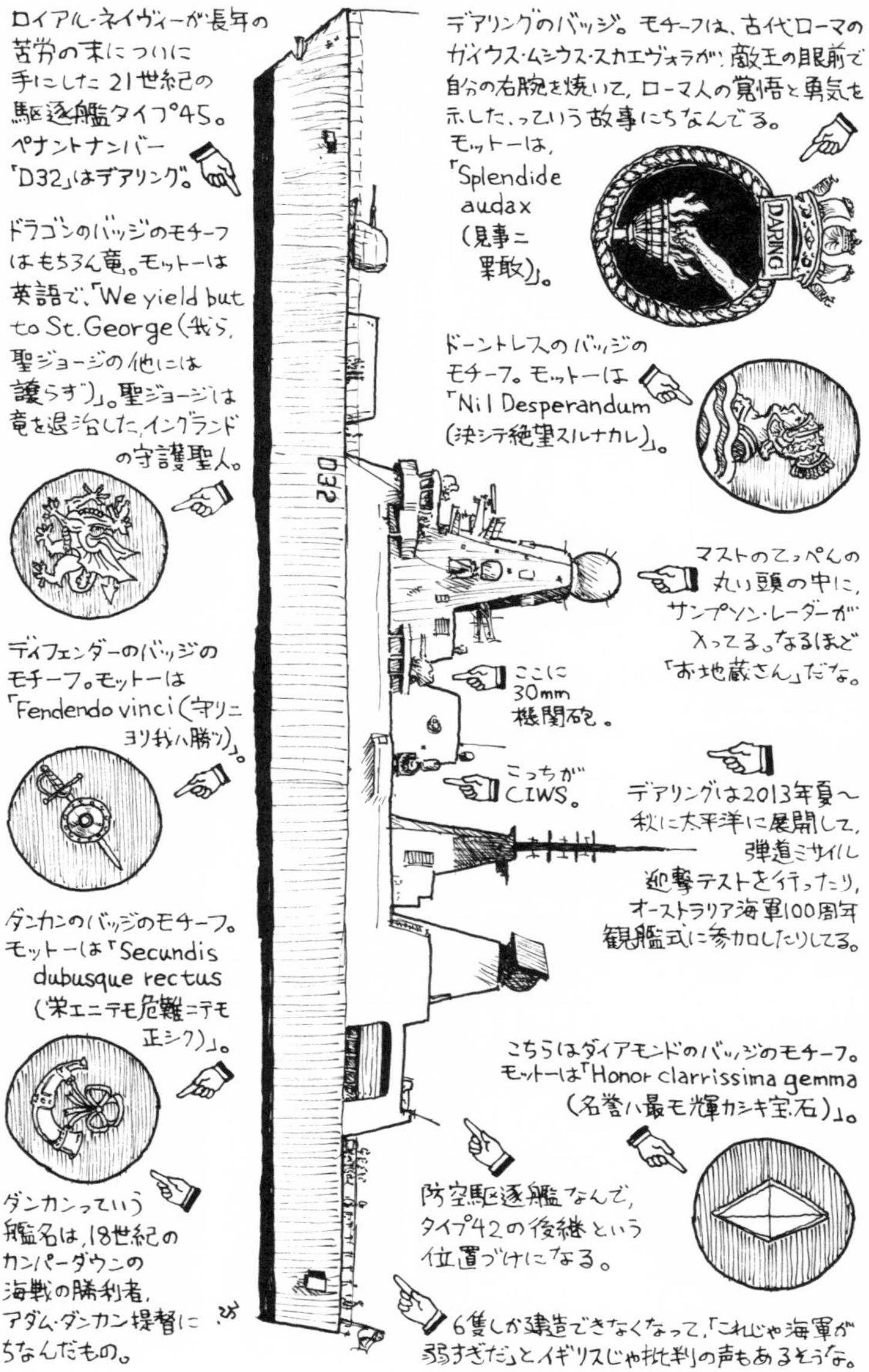
ロイアル・ネイヴィーが長年の
苦労の末についに
手にした21世紀の
駆逐艦タイプ45。
ペナントナンバー
「D32」はデアリング。
ドラゴンのバッジのモチーフ
はもちろん竜。モットーは
英語で、「We yield but
to St. George（我ら、
聖ジョージの他には
譲らず）」。聖ジョージは
竜を退治した、イングランド
の守護聖人。
ディフェンダーのバッジの
モチーフ。モットーは
「Fendendo vinci（守リニ
ヨリ我ハ勝ツ）」。
ダンカンのバッジのモチーフ。
モットーは「Secundis
dubusque rectus
（栄エニテモ危難ニテモ
正シク）」。
ダンカンっていう
艦名は、18世紀の
カンパーダウンの
海戦の勝利者、
アダム・ダンカン提督に
ちなんだもの。
D32
デアリングのバッジ。モチーフは、古代ローマの
ガイウス・ムシウス・スカエヴォラが、敵王の眼前で
自分の右腕を焼いて、ローマ人の覚悟と勇気を
示した、っていう故事にちなんでる。
モットーは、
「Splendide
audax
（見事ニ
果敢）」。
DARING
ドーントレスのバッジの
モチーフ。モットーは
「Nil Desperandum
（決シテ絶望スルナカレ）」。
マストのてっぺんの
丸い頭の中に、
サンプソン・レーダーが
入ってる。なるほど
「お地蔵さん」だな。
ここに
30mm
機関砲。
こっちが
CIWS。
デアリングは2013年夏〜
秋に太平洋に展開して、
弾道ミサイル
迎撃テストを行ったり、
オーストラリア海軍100周年
観艦式に参加したりしてる。
こちらはダイアモンドのバッジのモチーフ。
モットーは「Honor clarrissima gemma
（名誉ハ最モ光輝カシキ宝石）」。
防空駆逐艦なんで、
タイプ42の後継という
位置づけになる。
6隻しか建造できなくなって、「これじゃ海軍が
弱すぎだ」とイギリスじゃ批判の声もあるそうな。

CECがあればいいのに

イギリス海軍の新鋭駆逐艦、タイプ45デアリング級は、多機能レーダーのサンプソンと戦闘指揮システムを備えて、フランスやイタリアと共同開発したアスター15／30短距離・中距離対空ミサイルを装備する、防空を主な任務とする駆逐艦だ。このサンプソンと、もうひとつの長距離捜索レーダーＳ１８５０Ｍ「スマーテロ」、指揮管制システムと2バージョンのミサイルをひっくるめた全体的なシステムをＰＡＡＭＳ（プリンシパル・アンチエア・ミサイル・システム＝主対空ミサイル・システム）というんだけど、イギリス海軍はこれに「シー・ヴァイパー」っていう名前をつけてる。

サンプソン・レーダーは2面のアクティブ・フェイズドアレイを背中合わせにして回転させる形式で、高い塔状のマストの上の微妙なタマゴ型をしたレドームに収められてる。このレドームの載ったマストを「お地蔵さんにしか見えない」と言った人がいるんだけど、言い得て妙だな。

レーダーやらその他のセンサーやら、情報処理・情報管理システムやら、ミサイルやら、いろんな個々のシステムが連携して統合されてて、それが全体でまた別の名前のシステムになってるわけで、実にややこしいんだけど、それがまあ今日の軍艦っていうものなんだな。

昔の軍艦だと、見張り員や測距儀からの情報も、砲や魚雷の状態も、全部ばらばらに指揮官に届いてきて、指揮官は自分の頭のなかで戦術状況を組み立てなくちゃならなかった。その点、現代の軍艦じゃ戦闘指揮システムが指揮官を助けてくれる。アメリカのイージス巡洋艦シャイローの艦長に聞いたことがあるけど、イージスのおかげで多種多様な情報が統合されて表示されるのが、指揮官には状況認識がしやすくてとってもありがたいそうだ。

それに今の軍艦は、対艦ミサイルやそれを積んだ飛行機の脅威に立ち向かわなくちゃならなくて、多数のミサイルが多方向から飛んでくるような状況だと、どう対処するか判断する時間なんかごくわずかしかない。人間の能力じゃ間に合わないことだってある。だからイージス・システムみたいに、脅威を早く遠距離で探知して、追尾して、脅威度を自動的に判定して、自動的に対空ミサイルを発射、誘導できる能力が求められるわけだ。

タイプ45デアリング級も、そういう現代の防空駆逐艦のひとつだ。アスター対空ミサイルを装備するシルヴァー垂直発射システム（ＶＬＳ）は48セルで、収容ミサイルの典型例は中距離型アスター30が32発、自艦防衛用の短距離型アスター15が16発だそうだ。

そのアスター30が、触れ込みじゃ弾道ミサイル迎撃も可能ってことになってるのは前回書いた。9月にイギリス海軍の第1海軍卿、つまりアメリカでいう海軍作戦本部長が演説で語ったところじゃ、太平洋に展開中のタイプ45のデアリングが、アメリカ弾道ミサイル防衛庁と協同で、弾道ミサイル迎撃適合性テストを行なったっていう。サンプソン・レーダーで模擬弾道ミサイル標的の捕捉・追尾を行ったらしい。ただしアスター30を実際に発射して迎撃を行ったわけじゃない。詳細はイギリス海軍のことだから、ほとんど明らかじゃないけど、タイプ45はけっこう幅広い能力があるみたいだ。タイプ45は、リンク11と14、ＪＴＩＤＳリンク16の定番のデータリンクに加えて、アメリカ海軍のＣＥＣ（「協同交戦能力」）っていう戦術情報共有能力が備わるはずだった。他の艦や航空機（Ｅ－２Ｃホークアイ２０００やＥ－２Ｄ、Ｐ－３Ｃ）と、空中目標についての〝射撃管制レベル〟のレーダー追尾データを共有して、つまり自分のレーダーじゃ捕捉できてない目標にもミサイルを撃てる、っていう能力だ。ＣＥＣがあればタイプ45はアメリカのイージス艦と同じ戦術状況を把握できることになる。ところが予算の制約っていうやつで、タイプ45へのＣＥＣ装備は棚上げ、事実上の立ち消えになってしまった。アメリカ海軍との共同作戦のことを考えると、ＣＥＣは装備しておく方がいいだろうけどなあ。

電動駆逐艦

さて、タイプ45の新しいところは、ミサイルや指揮システム、情報システムだけじゃなくて、機関も「統合電気推進」という新しい方式になってる。タイプ45はロールスロイスＷＲ２１ガスタービン・エンジン２基で交流発電機を動かして、その１基あたり最大21メガワットの電力で出力20メガワットのモーターを駆動してプロペラを回す。馬力だと合計５万３６４８hpだそうだ。低速時にはディーゼル発電機２基各２・２メガワットでプロペラを回し、艦内の業務用電力もまかなう。これでタイプ45は、ダッシュ速力29ノット、維持最大速力27ノットの速力で航行できる。ただし公試じゃ31ノットまで出たそうだ。巡航速力は18ノット。

電気推進は軍艦の機関としては別に目新しくなくて、最近でもイギリス海軍のタイプ23フリゲイトが、ガスタービンとディーゼル併用の電気推進、ＣＯＤＬＡＧ方式を採用してる。タイプ23は対潜作戦を主任務とするから、モーターでプロペラを回して騒音が少ない電気推進が好都合だったんだな。

タイプ45は機関で発電する電気で走るだけじゃなくて、艦内のいろんな電力需要も全部まかなっちゃう。電気推進の軍艦でも、推進用と艦内電気は別に発電してた。推進用には大きな電力が必要だけど、以前の軍艦じゃそれ以外のレーダーや通信の電力需要はそれほど大きくなかったんで、別々の方が無駄が少なかった。

ところが近年の軍艦じゃ、レーダーは高性能で大出力になるし、いろんなコンピュータが電気を食うし、そのコンピュータと人間が元気に働けるようにする空調にも電気が必要になってる。それらの電力需要のために推進用機関と別に発電機を設けるとなるとまた大変だ。じゃあ機関も電気推進にして、いっしょに電力をまかなっちゃえばいい、というのが統合型電気推進だ。

それに電気推進だとフネの設計も楽になる。モーターはプロペラの近くに置けばいいし、機関（エンジンと発電機）とモーターは電線で結べばいいわけで、機関からプロペラまで長いシャフトを通さなくていい。機関の位置や配置だって、プロペラとの関係に縛られずに、重心位置や煙突の位置とか都合のいいところに持っていける。本当はモーターとプロペラといっしょにして旋回式ポッド型推進機にすれば、シャフトが船体を貫通しなくていいし、舵もいらなくて便利なんだろうけど、さすがにタイプ45はそこまでラジカルじゃなくて、普通のシャフト型になってる。ところがこの統合電気推進、就役からしばらくはトラブル続出だった。しかも整備支援体制の不備もあって、タイプ45の稼働率の低さはかなり深刻な問題になっちゃった。そこでイギリス海軍は大がかりな改修計画を立てて改善することにしてる。

12隻欲しかったのに

そんなタイプ45駆逐艦は6隻が建造された。１番艦デアリングは、最初の鋼材切り出しが２００３年３月に行われて、２００６年2月に進水、２００９年7月に就役した。２番艦ドーントレスは２００７年1月に進水、２０１０年6月就役、３番艦ダイアモンドが２００７年11月進水、２０１１年5月就役、４番艦ドラゴンは２００８年11月進水、２０１２年4月就役、５番艦ディフェンダーが２００９年10月進水、２０１３年4月就役、最終艦ダンカンは２０１０年10月進水、２０１３年9月就役。そう、タイプ45はばりばりの新鋭艦だ。それに艦名の頭文字がＤだから、タイプ45はＤ級、デアリング級と呼ばれることもある。

でもタイプ45は本当はもっとたくさん建造されるはずだった。まだタイプ45が計画段階だった２００２年頃イギリス海軍が考えていたのは、まず6隻を「バッチ１」として建造することだった。その次に、ＶＬＳのセル数を64か72に増加して、当然船体も大きくなるんだろうけど、トマホークかフランスが開発してるＭｄＣＮ巡航ミサイルを搭載して、対地攻撃能力を持つ「バッチ２」を2隻建造する。さらに、アスター15より短射程の近接防御用のミサイル（例えばＲＡＭみたいな）を装備して、ＣＥＣも備えるなどの改良を加えた「バッチ

３」を建造する、っていうのが当時の構想だった。

でもなにしろイギリスも国防予算が乏しくて、タイプ45の計画も相次ぐ遅延と縮小に見舞われて、バッチ２もバッチ３も取りやめになっちゃって、バッチ１だけを８隻建造することになったんだけど、それもまた予算難で２００８年には７～８番艦の建造はあきらめなくちゃならなくなった。本来の構想どおり、バッチ２やバッチ３が作られてれば、タイプ45はいま以上に強力な対地攻撃能力も備えた駆逐艦になるはずだったんだよ。

アメリカ海軍は、湾岸戦争やイラク戦争のときとかいろんな紛争に介入するときに、タイコンデロガ級巡洋艦やアーレイ・バーク級駆逐艦からトマホークを発射して、遠距離対地攻撃能力を発揮してる。それが良いか悪いかは別として、イギリスも原潜の魚雷発射管から水中発射型トマホークを撃つだけじゃなくて、水上艦から何発もトマホークを撃てるようになりたかったんだろうな。アメリカの同盟国としていっしょに軍事行動するときに、ちゃんとした攻撃能力を持ってる方が何かと立場が強くなるだろうし。

イギリス海軍もタイプ45駆逐艦にトマホークなり、あるいはフランスが開発してるＭｄＣＮ（空中発射巡航ミサイルＳＣＡＬＰ－ＥＧの艦載型。ＳＣＡＬＰ－ＥＧのイギリス空軍型はストームシャドウ）を搭載することを考えたんだけど、それも予算がなくてやめになっちゃった。

ホライゾンのむこう

そんなわけでタイプ45駆逐艦は、今日のイギリス海軍にとっては隻数でも装備でも精一杯がんばった結果だ。そういう苦労をできれば他の海軍と分かち合って、少しでも経費を節減したいところだが、実際イギリス海軍はタイプ45でもそれを試みたのだった。

そもそもタイプ45駆逐艦は、イギリスとフランス、イタリアが協同で新しい駆逐艦を建造しようという「ホライゾン計画」から始まった。その「ホライゾン計画」からして、実は１９８０年代半ばにアメリカとイギリス、フランス、イタリア、ドイツ、オランダ、スペイン、カナダのＮＡＴＯ主要国が、新型フリゲイトを協同建造して、量産効果で建造費を抑えようと考えた「ＮＦＲ－90（１９９０年代ＮＡＴＯ代替フリゲイト）」という構想が源流になってた。

このＮＦＲ－90計画、モジュラー設計にすれば協同建造が可能と考えられたもんだった。でも、そこはＮＡＴＯ同盟国とはいっても、各国で新型艦の就役時期や艦の規模、性能や装備、能力の要求がさまざまに違ってたし、自国の兵器や装備を採用させて産業を潤したいと思う国もあって話がすんなりまとまるわけがなかった。

たとえば対艦ミサイルについて、フランスは自分の国のエクゾセを、イタリアも自国製ＯＴＯマット採用を推したけど、他の国はアメリカ製ハープーンを望んだし、ＣＩＷＳ装備を見送ることにはイギリスが反対だったし、アメリカはＮＦＲ－90の能力の低さにがっかりしてきた。そんな具合で、１９８０年代末にはアメリカが抜け、イギリスもいちおう造船業と兵器産業にチャンスを与えるために途中まで付き合ったけど、そのイギリスも１９８９年に脱退、とうとうＮＦＲ-90計画は１９９０年代初めには空中分解しちゃった。

アメリカとカナダはヨーロッパ勢とは袂を分かって自分の道を進んで、スペインとオランダ、ドイツは一時３国協同の形で新フリゲイト計画を進めることにした。そしてイギリスとフランス、イタリアが１９９２年にいっしょに組んだのが「ホライゾン計画」だ。ホライゾン（水平線という意味）はイギリス名で、フランスではオリゾント、イタリアではオリッツォントだな。

ところが３か国になったら話はまとまるかと思ったら大間違い。ホライゾン計画でも、協同建造の新型艦をどうするか、各国の主張が食い違うのだ。いちおうＰＡＡＭＳを対空戦闘システムとすることは３国とも一致したんだけど、イギリスは広い外洋での広範な防空能力と高度なレーダー能力を求め、イタリアはどうせ作戦海域はイタリア空軍の傘の下の地中海だし、軽空母カヴールもいるから、それほど防空能力は要らない。フランスは空母シャルル・ドゴールの護衛用とするから、あんまり大きくなくてもいいし、無理に長距離捜索探知能力を求めなくてもよかった。

結局その問題は、イギリスがサンプソン・レーダーをフランスとイタリアは両国協同のＥＭＰＡＲというレーダーを採用することで妥協した。協同建造といっても、もうここで主要装備のひとつが別々になっちゃった。

それでも仲良きことは美しいんじゃないか、と３国は１９９５年にはいちおうホライゾン計画コンソーシアムを結成したんだけど、それで先行きが明るくなったわけじゃなかった。ミサイルとＶＬＳをどうするかで、

こちらも「ホライゾンくずれ」の、
フランス海軍駆逐艦フォルバン。
フランスも4隻を建造する予定
だったけど、やっぱりフォルバンと
シュヴァリエ・ポールの2隻を
作っただけ。どこの国も
防衛費は苦しいのよ。

イタリア海軍の駆逐艦アンドレア・ドリア。分裂しちゃった
英仏伊3国協同「ホライゾン計画」だけど、フランスと
イタリアはなんとかごく近い設計で、それぞれの
駆逐艦を作り上げた。イタリアはこのクラスを4隻建造
するつもりだったが、結局、アンドレア・ドリアとカイオ・
デュイリオの2隻だけで終った。

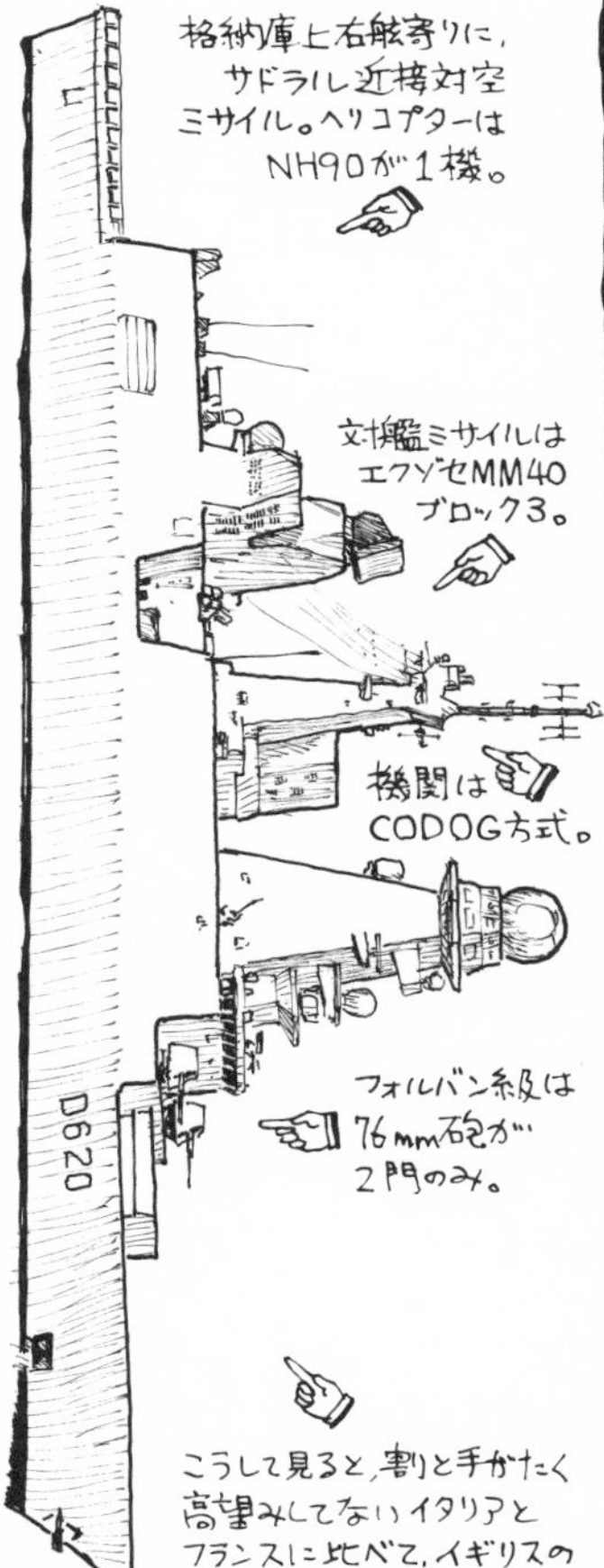

格納庫上右舷寄りに、
サドラル近接対空
ミサイル。ヘリコプターは
NH90が1機。

対艦ミサイルは
エクゾセMM40
ブロック3。

機関は
CODOG方式。

フォルバン級は
76mm砲が
2門のみ。

こうして見ると、割と手がたく
高望みしてないイタリアと
フランスに比べて、イギリスの
タイプ45は、レーダーや機関
でけっこう頑張ってるな。

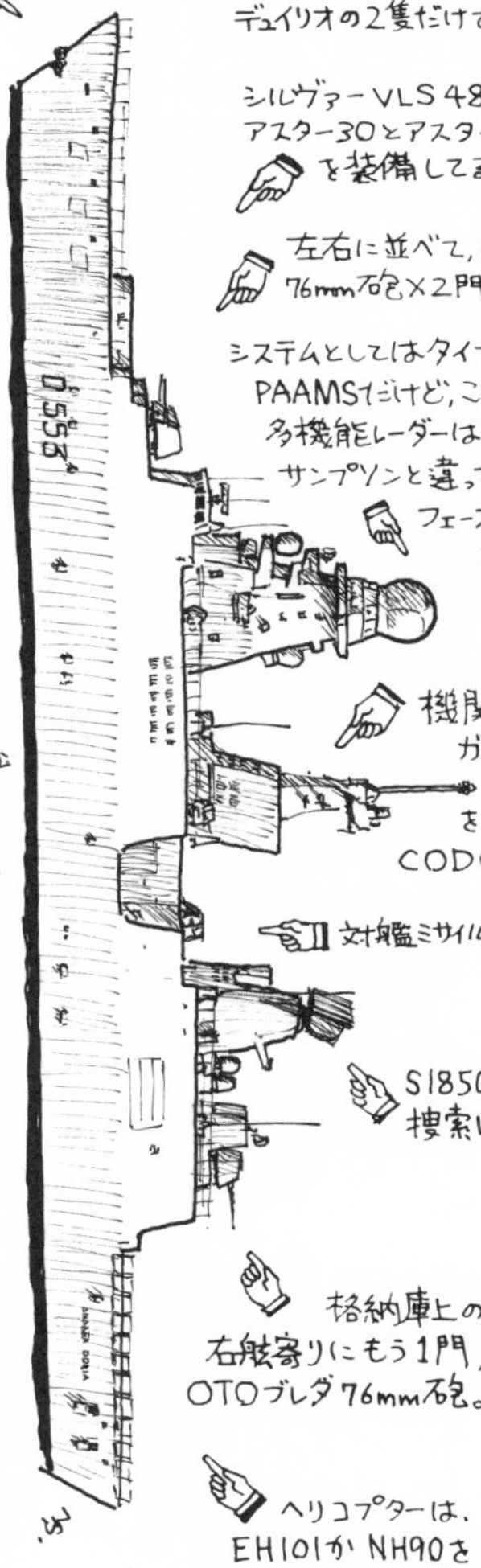

シルヴァーVLS48セルに、
アスター30とアスター15ミサイル
を装備してる。

左右に並べて、OTOブレダ
76mm砲×2門。

システムとしてはタイプ45と同じ
PAAMSだけど、ここに入ってる
多機能レーダーはEMPAR。
サンプソンと違って、パッシブ・
フェーズドアレイが
1面だけ。

機関は普通の
ガスタービンと
ディーゼル
を切り替える
CODOG方式。

対艦ミサイルはテセオ。

S1850M長距離
捜索レーダー

格納庫上の
右舷寄りにもう1門、
OTOブレダ76mm砲。

ヘリコプターは、
EH101かNH90を
1機、もしくは2機。

シルヴァーＶＬＳにアスター・ミサイルを推すフランスと、トマホークを撃てるＭｋ．41を採用したいイギリスがぶつかっちゃった。しかしここはイギリスが折れて、ＰＡＡＭＳシステムにはシルヴァーＶＬＳとアスター・ミサイルを用いることになった。

しかしこうして妥協を重ねていくうちに、ホライゾン計画はどの国の要求とも違うフネになりそうになってきた。さらにどの国がどの部分を担当するか、という国内産業の育成と雇用の確保っていう政治的に生臭い要素もからんでくる。自分の国の税金をつぎ込んで、外国の産業が儲けるんじゃ間尺に合わない、というのは充分に理解できるけどな。

イギリスはなんとか自国のＧＥＣマーコーニ社を計画の主契約社にさせたんだけど、フランスはその代わりに戦闘指揮システムを自国のＤＣＮ社に担当させようとしてきた。イギリスはそこも自国のＢＡｅ社製にしたかったんで、とうとう１９９９年にイギリスはホライゾン計画から脱退を決めちゃうのだった。

こうして多国間協同計画ＮＦＲ－90が瓦解して、その後継のホライゾン計画も分解することになった。フランスとイタリアはいちおう２国間で協同計画を進めて、フランスのフォルバン級２隻（２００８～２００９年就役）とイタリアのアンドレア・ドリア級２隻（２００７～２００９年就役）のほぼ同型の艦を作ってる。

一方、ドイツとオランダ、スペインの３国フリゲイト協同計画も、スペインが１９９５年に対空戦闘システムの新規協同開発が高価になるのを嫌って脱退して、スペインはアメリカ製イージス・システムを採用して、アルヴァロ・デ・バサン級フリゲイトを建造する。残るドイツとオランダは、ＡＰＡＲとスマートＬの２種のレーダーと、アメリカ製ＳＭ−２ブロックⅢＡとＥＳＳＭの２種のミサイルを用いるＮＡＡＷＳ（ＮＡＴＯ対空戦システム）というシステムを採用して、オランダはデ・ゼーヴェン・プロヴィンシェン級４隻を２００２〜２００５年に、ドイツはザクセン級３隻を２００４〜２００５年に就役させてる。それぞれＮＡＡＷＳシステムは共通だけど、船体も砲も違っていて、建造はどちらも自国で行なってる。何から何まで同じ設計・同じ装備にしなくても、こういう協同建造計画もあるわけだ。

かくして、１９８０年代半ばに始まったヨーロッパの新フリゲイト／駆逐艦計画は、結局各国それぞれの計画となって進められ、２０１３年9月のタイプ45の最終艦ダンカンの就役を以って、完成を見ることになった。実に30年間のすったもんだだったな。

タイプ45は、そのステルス設計や統合電気推進、ＰＡＡＭＳシステムなどで、今日の水上戦闘艦のありようを示してるけど、それとともに予算難でいろいろ諦めなくちゃならなかったこととか、外国との協同計画の難しさとか、今日の軍艦の計画や建造の大変さも示してる。タイプ45の実用寿命は25年とされてる。どうか平和の中でしっかり働いてもらいたいな。

COLUMN

イギリス海軍の歴史③　ロイアルなネイヴィーへ

イギリスの後の栄華の礎を築いたエリザベス女王の時代は過ぎ、17世紀になると国王のジェームズⅠ世はあまり海軍に関心がなく、海軍のなかには汚職や腐敗が広まってしまい、地中海や英仏海峡でイギリス船が海賊や私掠船に襲われても、海軍は有効な手を打てなかった。イギリス海軍は1625年にスペインのカディスへの攻撃を企てたものの、作戦は無計画、船は劣悪、士官は無能、乗員は無経験で、船長のなかには行き先を知らずに出港してきた者もいて、艦隊は互いに衝突したり離れ離れになったり、少なからぬ乗員は病死し、結局カディス攻撃は何の成果もあげることなく、大失敗に終わったのだった。

ジェームズⅠ世の王位を継いだチャールズⅠ世は多少海軍を強化しようとしたが、さほどの効果がないままイングランドは清教徒革命と内戦の混乱に入ってしまう。海軍は内戦の間も一貫して議会派（反国王派）についていて、つまりこの頃はまだ「ロイアル」なネイヴィーじゃなかったのだ。そしてチャールズⅠ世が処刑され、クロムウェルの独裁の下に共和制になったりすったもんだがあって、1660年にイギリスは再び王政に戻る。この王政復古の年、つまりイギリスの海軍が王権の下に戻ったときを以って、イギリス海軍では公式にはロイアル・ネイヴィーの誕生としている。

しかしクロムウェルの時代には、スペインから独立した新興のオランダ、つまりネーデルランドが海上貿易で国力を伸ばし、イギリスとさまざまな利害が衝突し、ついにイギリスはオランダと戦争することになる。1649年、ブレイク率いるイギリス艦隊は北海南部でオランダのウィッテ・デ・ウィットの艦隊を破る。ブレイクは内戦で名を上げた陸軍の指揮官だったが、艦隊指揮官としても優れた手腕を持っていたのだ。ところがその勝利の後、ブレイクは40隻の艦隊で、オランダのトロンプの100隻の艦隊と戦って敗れてしまう。この敗北の反省から、イギリス艦隊は「ホワイト」、「レッド」、「ブルー」の３つの戦隊で編成されるようになり、今のイギリスの軍艦旗や商船旗の元がこの戦隊の色だ。さらに賞罰の基準なども法律で定められていった。

オランダとの戦争は王政復古後の1673年まで3回にわたって戦われ、イギリス海軍はオランダ海軍を決定的に破ることができなかった。この戦争でのオランダ側の指揮官がデルイテルやエヴェルトセンといった面々で、彼らの名前は今日もオランダ海軍の軍艦の艦名となっている。

そしてこのオランダとの戦争を通して、イギリス海軍は先に述べた艦隊編成や賞罰の法制化、士官の採用、訓練、昇進、水兵の階級やその保障などの制度を確立していった。この海軍の組織化・制度化に尽力したのが、海軍長官ウィリアム・コヴェントリーと、海軍委員会書記のサミュエル・ペピースだった。艦隊指揮官のヨーク公ジェームズが海戦のマニュアルを作成したのもこの時代だ。

こうして17世紀のイギリス海軍は、拿捕船の配当を目当ての私掠船の船長や船員たちの漠然とした寄り集まりから、王権の下に専門の士官たちに率いられ、組織的に海で戦う軍、ロイアル・ネイヴィーとしての形と力を整えていったのだった。

「ハンサムJ」の妹たち

N級駆逐艦

N-class destroyers

1940年～1961年

基準排水量：1773トン
満載排水量：2384トン
全長：108.7m
全幅：10.9m
喫水：2.7m
機関：ギアードタービン2軸、4万0000shp
速力：36ノット
兵装：4.7インチ連装砲×3基
　　　4インチ単装高角砲×1門
　　　2ポンド4連装機関砲×1基
　　　20㎜単装機関砲×4門
　　　0.5インチ連装機関銃×2基
　　　5連装魚雷発射管×1基

第2次大戦イギリス駆逐艦は、
やっぱり迷彩塗装が似合う。
これは本家イギリス海軍に所属
した唯一のN級、
HMSネパール。

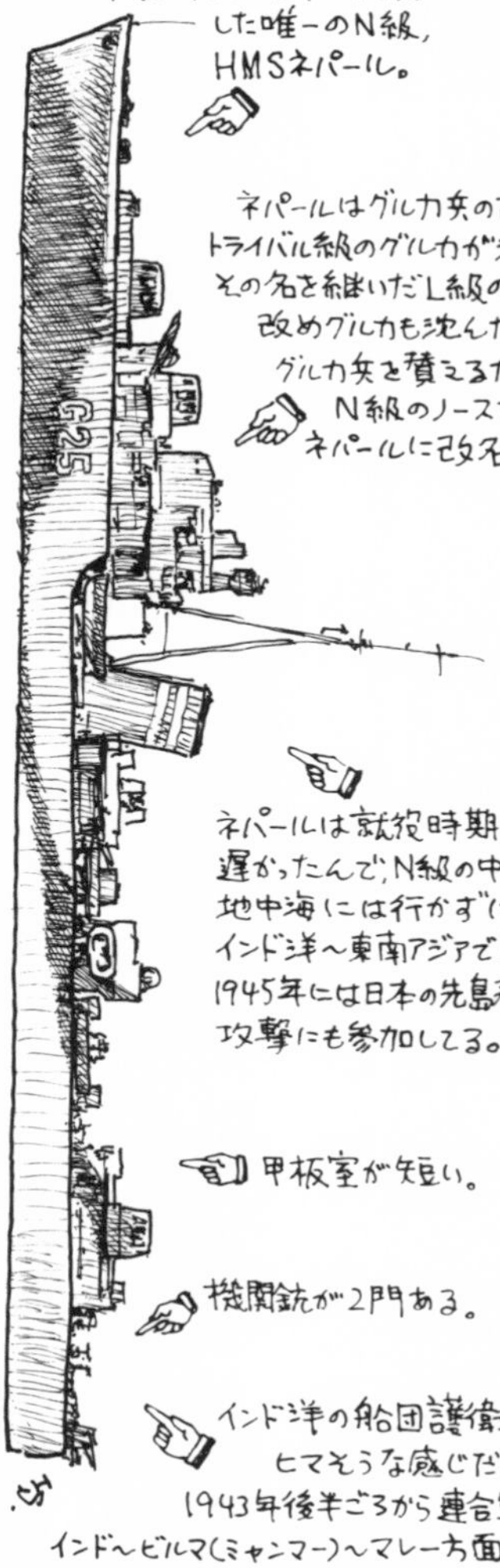

ネパールはグルカ兵の故国。
トライバル級のグルカが沈んで、
その名を継いだL級のラーン
改めグルカも沈んだんで、
グルカ兵を讃えるために、
N級のノースマンが、
ネパールに改名した。

ネパールは就役時期が
遅かったんで、N級の中でも
地中海には行かずに、
インド洋〜東南アジアで戦って、
1945年には日本の先島群島
攻撃にも参加してる。

甲板室が短い。

機関銃が2門ある。

インド洋の船団護衛って、
ヒマそうな感じだけど、
1943年後半ごろから連合軍は
インド〜ビルマ(ミャンマー)〜マレー方面での
反攻の用意を進めるようになって、兵員や
物資の輸送の安全は重要だったようだよ。

N級ネームシップのネイピア。オーストラリア海軍に
所属してた。「ハンサムJ」と称されたJ/K級と
ほぼ同型だから、もちろんN級もイギリス軍艦的に
カッコいい。

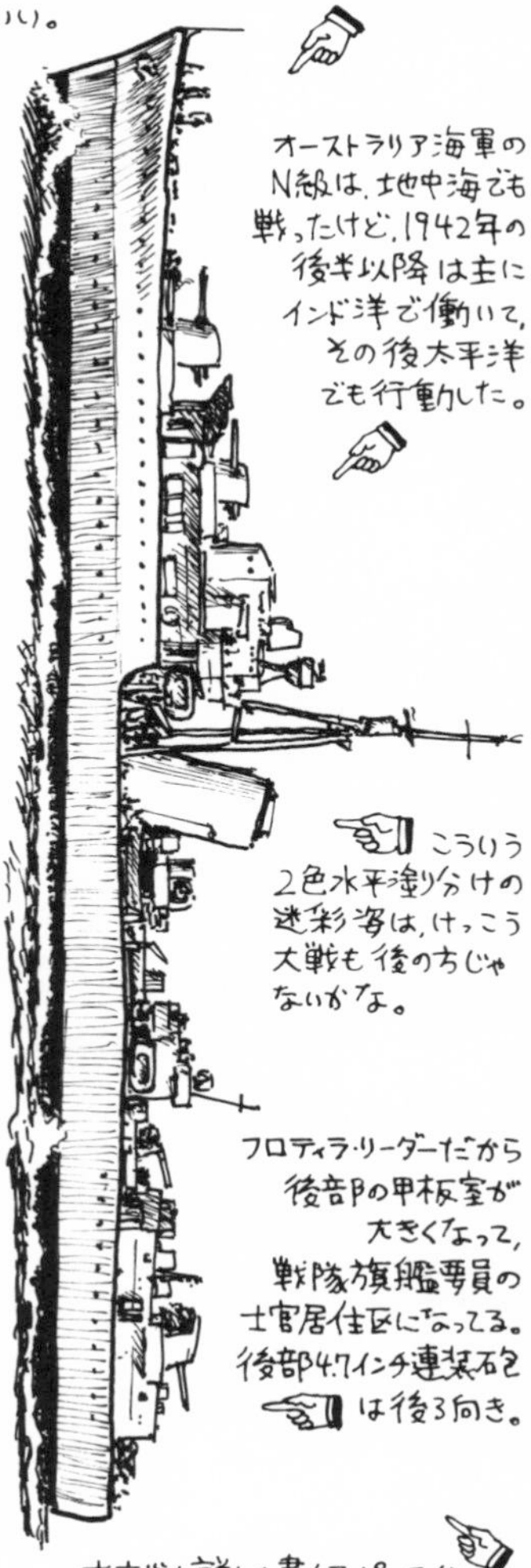

オーストラリア海軍の
N級は、地中海でも
戦ったけど、1942年の
後半以降は主に
インド洋で働いて、
その後太平洋
でも行動した。

こういう
2色水平塗り分けの
迷彩姿は、けっこう
大戦も後の方じゃ
ないかな。

フロティラ・リーダーだから
後部の甲板室が
大きくなって、
戦隊旗艦要員の
士官居住区になってる。
後部4.7インチ連装砲
は後ろ向き。

本文じゃ詳しく書くスペースが
なかったけど、N級も対空兵装や
レーダーなど、細々と改修されてる。

追加の８隻

ドイツを相手にする新たな戦争の気配が濃くなってきた１９３８年、イギリス海軍は艦艇の建造を急いでて、新しい戦艦や空母、巡洋艦、それに駆逐艦もと、多くの建造計画を抱えてた。

イギリス海軍は１９３０年代後半に砲撃の火力を重視した大型駆逐艦トライバル級を作って、それよりも安くて小さくて、水雷戦能力を強化したＪ級と、同型のＫ級を作ってきた。続く１９３７年計画のＬ級は、新型の4・7インチ連装砲３基を装備してた。この砲はそれまでの開放型じゃなくて密閉型の砲座になってたけど、支持構造が簡単なリングだけなんで、「砲塔」じゃないんだそうだ。

その翌年、１９３８年計画じゃ２戦隊分、つまり８隻ずつ２クラス、16隻の駆逐艦を建造しようと考えたんだが、じゃあどんな駆逐艦にするかが思案のしどころだった。火力じゃＬ級の新型連装砲座がよさそうなんだが、実はまだ洋上での実用評価テストが不充分だし、製造にも手間と時間がかかる。なにより戦争が近そうだから、この駆逐艦も早く作らなくちゃいけない。いちから新しく設計してる暇はなさそうだ、などとすったもんだの末に、結局１９３８年計画じゃ、Ｌ級の同型Ｍ級８隻と、じゃあＪ／Ｋ級の同型艦を８隻追加建造しようということになった。

これがＮ級８隻で、Ｊ／Ｋ級とは全長１０８・７ｍ×全幅10・９ｍ×喫水２・７ｍと寸法は変わらないし、ボイラー２基にタービン２基２軸、４万ｓｈｐと機関も同じだけど、排水量はＪ／Ｋ級は基準１６９０トンに満載２３３０トンだったのに、Ｎ級は基準１７７３トンに満載２３８４トンと、ちょっと大きくなってる。燃料搭載量は４９１トン、最大速力36ノット（満載時32ノット）で、航続距離は15ノットで５５００カイリという性能も、Ｊ／Ｋ級と同じだ。乗員数は１８３名、ただし戦隊旗艦施設のある〝フロティラ・リーダー〟のネイピアは２１８名で、それもＪ／Ｋ級と違わない。

兵装はＪ／Ｋ級と同じ４・７インチ連装砲×３基と、２ポンド４連装機関砲ポンポン砲×１基だけど、魚雷発射管は５連装１基に半減して、Ｊ／Ｋ級だと後部発射管のある位置に４インチ単装高射砲を装備してる。Ｊ／Ｋ級やＬ／Ｍ級、その他多くのイギリス駆逐艦が戦時改造で発射管１基を高射砲に換えてるから、Ｎ級はそれを建造時から先取りしてたようなもんだな。

近距離用対空兵装としては、20㎜単装機関砲を艦橋のウィングとサーチライト台両脇にそれぞれ装備して合計４門、艦尾甲板に０・５インチ連装機関銃２基を装備してた。ただしノーマンだけは、竣工時には艦橋ウィングに０・５インチ４連装機関銃を装備してたけど、後に20㎜単装に変更してる。

そんなわけで兵装もＪ／Ｋ級と基本的には大きく変わらないけど、おそらくＮ級はいろんなこまごました装備やなにかのせいで排水量が若干増えてるんだろうな。あと違いといえば、Ｊ／Ｋ級の後部連装砲は、竣工時には前方に向いて装備されていて、艦尾方向に死角ができてたのが、Ｎ級じゃ後部砲は後ろ向きに装備されるようになった。

Ｎ級８隻は１９３９年４月に建造発注され、１番最初に起工されたノーブルを含めて６隻が１９３９年７月に起工され、ノースマンが同年9月、ノンパレルが8ヵ月遅れの1940年5月に起工されてる。竣工はネイピアとニザムが1940年12月に、1941年2月12日にネリッサとネスターが同日に竣工、ノーマンが1941年9月、ノーブルが1942年2月、ノースマンが同年5月、最後にノンパレルが1942年10月に竣工してる。

N級駆逐艦の艦名は、ネイピア、ネリッサ、ネスター、ニザム、ノーブル、ノンパレル、ノーマン、ノースマンと、当然ながら頭文字がNで揃ってた。ネイピアは19世紀の海軍軍人、チャールズ・ネイピア提督の名前で、フロティラ・リーダーに海軍軍人の名前をつけるのは、当時のイギリス海軍の伝統だな。ネリッサは、たぶんシェイクスピアの喜劇『ヴェニスの商人』のヒロイン、ポーシャに仕える利発な召使いのネリッサあたりだろうか、ちょっと確証がない。ネスターはトロイア戦争のギリシャ側の賢人老将ネストールの英語読み、ニザムはインドのハイデラバード藩王国の支配者の称号、ノーブルは「気高い」、ノンパレルは「比類なき」でどちらも形容詞、ノーマンはノルマンディー半島などに住む人々、ノルマン人のこと。ノースマン（Norseman）は「北人（Northman）」と同じで、スカンジナヴィア半島の人、つまりヴァイキングと同じような意味だ。

でもこのクラス8隻のうち、イギリス海軍で使われたのはノースマンの1隻のみで、しかもこの艦は1942年にネパールと改名されてる。ネパールっていう艦名になったのは、イギリス軍に従軍してるグルカ兵の故郷を記念するためだった。

そもそもトライバル級駆逐艦にグルカ（英語の発音だとガーカの方が近いかな）があったんだけど、大戦初期の１９４０年4月9日にノルウェー戦でドイツ機の爆撃を受けて沈んじゃった。勇猛なグルカ兵の名前を軍艦の艦名にして称えるために、イギリス海軍は当時建造中だったL級駆逐艦の１隻、ラーンをわざわざグルカに改名したんだけど、この2代目（第２次世界大戦中の２代目、第１次世界大戦の駆逐艦グルカから数えるなら3代目）グルカも、１９４２年1月17日に地中海でドイツのU１３３の雷撃で撃沈された。さすがに２隻続けてグルカが戦没すると、同じ名前をつけるのは気がひけたんで、今度はネパールって艦名にしたわけだ。ネイピア、ネスター、ニザム、ノーマンの4隻はオーストラリア海軍にまわされて、艦名はそのままだった。

オランダに、ポーランドに

ノーブルとノンパレルは、１９４２年にオランダ海軍に移籍された。本当はソーニクロフト社で建造してたノーマンとノースマンがオランダ海軍にまわされるはずだったんだけど、ノースマンが建造工事中にドイツ軍の爆撃機で船体に爆弾が命中、大きく損傷して竣工が遅れそうなんで、代わりにデニー社で建造中のノーブルとノンパレルがオランダ艦になった、っていういきさつがある。

オランダはすでにドイツの占領下になってたから、この2隻にはオランダから脱出してきた海軍将兵が乗り組んで、それぞれファン・ガレンとティエルク・ヒッデスに改名してる。どちらも17世紀のオランダの海軍軍人の名前で、ヨハン・ファン・ガレンって人はスペインとの80年戦争で活躍したけど、組織ってものが嫌いで、正式の海軍軍人にはならずに個人として海軍に参加してたっていうヘンな人。

　性格もヘンで、デンマークとの戦いのときは、艦隊副司令だったんだけど司令官のウィッテ・デ・ウィットとソリが合わず、指揮を巡って大げんかになって、ファン・ガレンは副司令官旗を引きずり降ろして踏みつけたっていう話がある。デ・ウィットもアタマに来て、ファン・ガレンをとっ捕まえて敵のデンマーク軍に引き渡しちゃった。これにはデンマークも困って、結局フランスの仲介でオランダに送還したそうな。ファン・ガレンは１６５３年にイギリス地中海艦隊との戦闘で致命傷を負って死去してる。

　ティエルク・ヒッデス・デ・フリースは、ファン・ガレンよりもう少し後の人で、性格もまともだった。１６５８年にスウェーデンとの戦争で名をあげ、１６６５年の第２次英蘭戦争で負け戦の中で奮戦して異例の昇進を遂げた。でも翌１６６６年８月５日、「セント・ジェームズの日の海戦」と呼ばれるイギリス艦隊との交戦で、片腕と片脚を失うという重傷を負いながらも指揮を続け、翌日陸地に急送されたものの息を引き取った、という壮絶な生涯を送った人だ。オランダ海軍はイギリスから駆逐艦をもらっておきながら、どちらにもイギリス海軍と戦って戦死した提督の名前をつけたんだな。

　ネリッサは建造中の１９４０年にポーランド海軍に貸与されて、乗員はドイツに敗れた祖国から逃れてきたポーランド人だった。艦名はピオールン（ポーランド語で「稲妻」とか「電光」とかの意味らしい）と改名された。イギリスに逃れたポーランド海軍部隊には、大戦前にイギリスで建造したブリスカヴィカとグロムという大型駆逐艦があって、ブリスカヴィカもやはり「稲妻」という意味だそうだ。ピオールンとどう違うんだろう。

グロムは「雷」っていう意味で、１９４０年5月にノルウェー戦に参加して、ナルヴィク近海でドイツ軍のＨｅ１１１の爆撃が魚雷発射管に命中、魚雷が誘爆して船体が真っ二つになって沈没した。ネリッサはこのグロムの代わりとしてポーランド海軍に移籍されたものだった。

地中海で、インド洋で、太平洋で

ノーブルとノンパレルは、１９４２年にオランダ海軍に移籍された。Ｎ級駆逐艦は、ちょうどイギリス海軍が地中海や極東で、そしてもちろん大西洋でも激しく戦ってる時期に就役を開始した。

１９４０年にオーストラリア海軍に就役したネイピアとニザムは、１９４１年5月に地中海に配備されて、マルタ島輸送船団の護衛に参加してる。１９４１年1月に就役したネスターは、5月には大西洋でドイツ気象観測船ミュンヘンを拿捕、ビスマルク追撃戦にも関与して、それから地中海に配備された。地中海じゃイギリス海軍のＪ／Ｋ級駆逐艦といっしょに行動することも多かったけど、ニザムは１９４１年6月にシリア近海でフランス海軍駆逐艦ゲパールと戦ったりもしてる。

１９４１年12月に日本が参戦して太平洋でも戦いが始まると、これらオーストラリア海軍のＮ級3隻は１９４２年の1月にかけて、インド洋方面の防備のために、イギリス空母インドミタブルとともにインド洋に展開してる。１９４１年9月に就役したノーマンも１９４２年2月にはインド洋に配備されてる。

そうはいっても地中海での激戦は続いていて、オーストラリア海軍のＮ級４隻は１９４２年５月、マルタ島に補給物資を送り届ける大規模な作戦のために地中海に派遣された。６月、４隻はアレクサンドリアからマルタに向かう「ヴィゴラス」作戦に参加したが、輸送船団と護衛の艦隊はイタリア軍とドイツ軍の激しい航空攻撃にさらされて、ネスターは15日に至近弾３発を受けてボイラー室に浸水、行動不能になった。Ｊ級駆逐艦のジャヴェリンがネスターを曳航して避退しようとしたけど、ネスターは浸水が増えて、翌日に曳航策が切れてしまった。仕方なくジャヴェリンは爆雷を使ってネスターを処分、ネスターは沈没した。結局、Ｎ級駆逐艦で戦没したのはこのネスターただ１隻だった。Ｊ／Ｋ級がそれぞれ８隻中２隻しか生き残らなかったのとは対照的だな。

ちなみに「ヴィゴラス」作戦は、護衛の艦隊の対空砲弾が尽きて、それ以上の続航は危険が大きすぎるため、船団とともに途中で引き返して、マルタへの物資輸送に失敗してる。

この後、生き残りのネスター、ニザム、ノーマンはインド洋に引き返し、７〜８月にはイギリス海軍の同型艦ネパールと、オランダ海軍の同型艦ファン・ガレンとティエルク・ヒッデスもインド洋に配備されてくる。これらＮ級は、１９４２年９月のマダガスカル上陸作戦に参加、インド洋での輸送船団護衛に働いた。１９４４年になると、インド洋〜東南アジア方面での連合軍の反攻も始まり、Ｎ級駆逐艦はイギリス東洋艦隊に所属して、４〜５月にはサバンやスマトラ攻撃に参加した。

でもオランダ海軍のＮ級２隻は１９４４年12月にはイギリスに戻って、南部プリマス周辺での対潜哨戒にあたった。このころにはドイツ海軍のＵボートがシュノーケルを装備するようになって、再びイギリス近海でのＵボートの脅威が増してたんだな。

オーストラリア海軍のＮ級３隻とネパールは、その後もマレー半島近海での攻撃作戦に参加、ネイピアとノーマン、ネパールはイギリス太平洋艦隊に属して、１９４５年３月には日本の先島群島の攻撃に加わり、７月には日本本土を攻撃する護衛空母部隊の護衛任務に就いた。８月に日本は降伏、その調印が9月に戦艦ミズーリ艦上で行なわれたが、そのとき東京湾に集結した連合軍艦艇の中には、ネイピアとニザムの姿もあった。

しかしＮ級駆逐艦の中で最も激しく戦ったのは、ポーランド海軍のピオールンだろう。１９４０年10月に就役したピオールンは、その年の暮から北大西洋の船団航路「ノースウェスタン・アプローチ」のイギリス近海での護衛／哨戒任務に就いて、時折本国艦隊の戦艦部隊の護衛に参加したりしてた。

１９４１年5月にも、北大西洋護衛任務の途中でトライバル級のコサック、マオリ、シーク、ズールーとともにビスマルク追撃戦に加わり、戦艦ロドニーの護衛にあたった。この年の9月にはマルタ島行き船団護衛のために10月まで地中海に進出してる。

１９４２年も大西洋での船団護衛に従事して過ごし、１９４３年1月から3月には、ロシア（ソ連だな）との間を往来する船団の護衛にあたった。ピオールンのポーランド人乗員にとっては、ソビエト・ロシアはナチス・ドイツとともに祖国ポーランドを蹂躙した国で、そのソ連を援助する船団を守って厳寒のバレンツ海を航行しながら、ポーランド人乗員は何を思ったんだろう。ピオールンは１９４３年4月にはまた大西洋での護衛任務に戻り、６月にはシシリー島上陸「ハスキー」作戦に参加して、一時地中海に展開してる。

　１９４４年、イギリスに帰ったピオールンは本国艦隊に所属して、トライバル級とＪ級の生き残り、それにポーランド駆逐艦ブリスカヴィカとともに5～6月にはノルマンディー上陸作戦の支援にあたって、６月９日にはノルマンディー半島近海のイル・ド・バスでドイツ駆逐艦／水雷艇部隊と交戦、駆逐艦ＺＨ１を撃沈、Ｚ32を座礁させ、Ｚ24を大破するという戦果をあげた。さらに13日には、トライバル級アシャンティとともにジャージー島西方で、ル・アーヴルに魚雷を運ぶドイツ掃海艇部隊を迎撃、Ｍ３４３を沈め、もう１隻を座礁させ、他の艇も損傷させせている。

　８月12日、ピオールンは巡洋艦ダイアデム、駆逐艦オンスロウとともに、ラ・ロシェル近海でドイツ機雷原啓開船シュペーアブリュッヒャー7を沈め、９月にはブリスカヴィカとフランスのレジスタンスの支援作戦に従事した。１９４５年にはピオールンは1月から３月まで修理に入り、艦隊に復帰して訓練している間にドイツが降伏、ヨーロッパの戦争は終結した。ピオールンは就役から終戦まで21万８０００カイリを航海し、船団護衛の回数は36回に及んでいる。

　ピオールンは１９４６年７月にイギリスに返還され、ノーブルと改名した。元の艦名のネリッサは、すでにアルジェリン級掃海艇に使われちゃってたんだな。

　オランダ海軍の２隻は１９４５年８月にイギリス海軍の指揮を離れ、ファン・ガレンは１９５１～１９５２年に朝鮮戦争に参加、１９５３年に退役した。ティエルク・ヒッデスは１９５１年にインドネシア海軍に引き

故国ポーランドは
ナチス・ドイツとソビエト・ロシア
に占領され、遠く離れた
イギリス海軍の
指揮下に入り、
波荒い大西洋や
バレンツ海で、
ピオールンの
ポーランド人乗員は
大戦を戦い抜い
たんだよ。

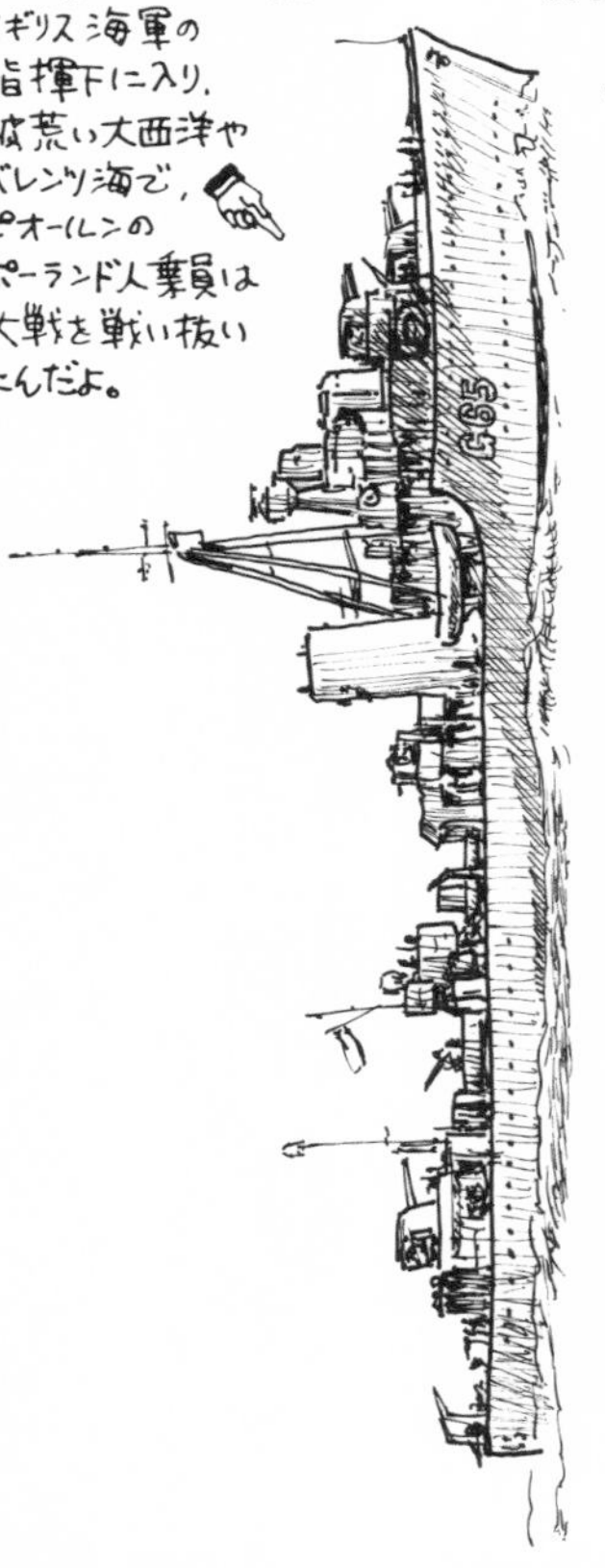

HMSネリッサ改めポーランド海軍ピオールン。
N級の中で、主に大西洋で戦ったのはこの艦だけ。
36回の船団護衛、ビスマルク追撃戦、ノルマンディー
上陸援護の水上戦と、戦歴も立派だ。

参考出品：ポーランド駆逐艦ブリスカウィカ。
第2次大戦の直前に、同型艦グロムとともに
イギリスに逃れて、大戦を戦い、めでたく
生き延びて、今はポーランドで
記念艦になってる。

A砲だけ単装で、
あとの3基は連装。

これはオリジナルの姿。
波の静かなバルト海
ならいいけど、
大西洋じゃ
トップヘビーなんで、

イギリスに渡って
から、マストは
軽い三脚に、
砲も4インチ
連装高角砲4基
に改装された。

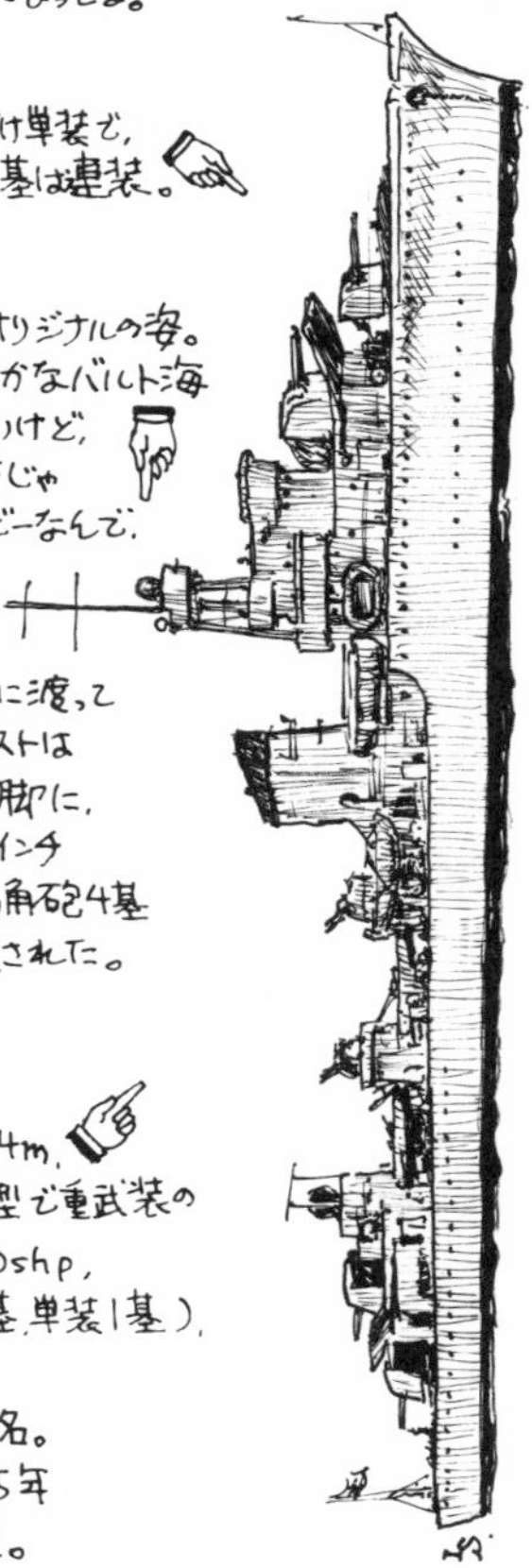

基準排水量1975トン、満載排水量2183トン、全長114m、
全幅11.3m、喫水3.3m（つまりトライバル級なみの大型で重武装の
駆逐艦だったんだな）、ギアードタービン2軸54000shp、
最大速力39ノット、兵装4.7インチ砲×7門（連装3基、単装1基）、
ボフォース40mm連装機関砲×2基、13.2mm連装
機関銃×2基、3連装魚雷発射管×2基、乗員192名。
イギリス・サミュエル・ホワイト社の設計と建造で、1935年
9月起工、1936年10月1日進水、1937年11月25日就役。

渡されて、ガジャ・マダという艦名になり、１９６１年に退役した。

ネパールは魚雷学校の訓練艦として働いた後に１９５０年に退役した。オーストラリア海軍のネイピア、ニザム、ノーマンは１９４５年10月にイギリス海軍に戻され、その後まもなく予備艦となり、ネイピアは１９５０年に、ニザムとノーマンは１９５３年に退役してる。Ｎ級駆逐艦は、ほぼ同型のＪ／Ｋ級に比べると武勇伝も悲壮感も少ないけど、「ハンサムＪ」とあだ名されるカッコいい姿で、第２次世界大戦を生き抜いたわけだ。

COLUMN

イギリス海軍の歴史④　グローバルパワー

海軍としての体制を整えたイギリス海軍は17世紀の末から、イギリスやスペインの王位継承問題などを巡ってフランスやスペインと何度も様々な戦争を戦う。1692年のバーフルールの海戦ではラッセルがフランスのトゥールヴィルを破り、1702年にはベンボウが南米コロンビア沖でフランスのデュカッスと戦うが、部下の艦長４人がベンボウの命令を無視して戦わず、ベンボウは重傷を負って撤退、その傷がもとで死んでしまう。裏切った艦長は軍法会議にかけられ、２人が銃殺に処せられた。1704年にはルークがスペインからジブラルタルを奪取する。この時代に、イギリス海軍はイギリス海峡やビスケー湾だけでなく、遠いカリブ海や地中海でも戦って、イギリス海軍はその行動範囲を広げている。

その一方で海軍の制度化も進み、政府の中に海軍を所轄する恒久的な部局が確立された。その建物が1699年に建設されるが、実は基礎に欠陥があって1725年に建て直されている。これが今日の海軍省の建物だ。

イギリス海軍の行動力が全世界に及びつつあることを示したのが、1740～1744年のジョージ・アンソンの世界一周航海だった。アンソンは旗艦センチュリオン以下6隻の艦隊を率いて太平洋のスペイン船を襲うことを任務とし、西回りでアジアを目指した。途中、艦隊の乗員の３分の２を壊血病で失い、５隻が脱落、センチュリオンただ１隻となりながらも、アンソンは1743年にマニラでスペインの財宝船を捉え、たった90分間の戦闘で拿捕してしまった。霧に紛れてイギリス海峡を通過し、1744年にセンチュリオンは莫大な捕獲賞金とともにポーツマスに帰り着いた。

アンソンはその３年後の1747年にフィニステレ岬の海戦でフランス艦隊を破り、1751年には第１海軍卿となった。軍艦の等級を定め、海軍造船所の腐敗を一掃、海兵隊を増強、カナダのハリファックスに基地を設けるなど、海軍の強化を進めた。そして18世紀から19世紀にかけて、イギリス海軍は大きく増強されたのだった。

1759年、フランスがイギリスに侵攻する動きを見せると、ホーク率いるイギリス艦隊がブルターニュ半島のクィブロン湾で荒天の中、座礁の危険を冒してフランス艦隊を攻撃、壊滅的な打撃を与えている。ジェームズ・クックの数々の探検と調査の航海も1769年から1779年にかけて行なわれた。

しかしアメリカで独立戦争が起きると、フランスやスペインもアメリカを支援してイギリスと戦うようになる。この頃のスペインやフランスとの戦いで大きな勝利を収めたのが、ジョージ・ロドニーだった。ロドニーは1780年にスペイン船団を捉え、その拿捕賞金で長年の困窮から抜け出すことができたというが、その直後に「月光の海戦」の夜戦でスペイン艦隊を破る。

しかし1781年にイギリスのグレーヴスはアメリカのチェサピーク湾でフランス艦隊を取り逃がし補給のために撤退、支援を受けられなくなったイギリス陸軍はヨークタウンで降伏、イギリスはアメリカ植民地を失った。

それでもロドニーは1782年の南米沖セインツの海戦でフランスのドグラース率いるスペインとの連合艦隊を破る。ロドニーはネルソン級戦艦２番艦の艦名になっている。

File no. 07

勇ましい
ちびの巡洋艦

アレスーザ級軽巡洋艦

Arethusa class cruisers

1935年～1954年？

基準排水量：5220トン(ペネロペ、オーローラは5270トン)
満載排水量：6665トン(ペネロペ、オーローラは6715トン)
全長：154.2m
全幅：15.5m
喫水：4.3m
機関：ギアードタービン4軸、6万4000shp
速力：32.25ノット
兵装：6インチ連装砲塔×3基
4インチ連装高角砲×4基
0.5インチ4連装機関銃×2基
3連装魚雷発射管×2基
カタパルト×1基、水上偵察機×1機
(データは竣工時)

このクラスの各艦は、いろんな時期に
いろんな迷彩が施されて、写真を見ても
変化があって楽しい。いざ調べるとなると、
きっと大変だろうけど。

このクラス、小さくて弱っちく
見えるけど、激戦の地中海で
よく働いた。イギリス海軍は、
このクラスを上出来と
考えたようだ。

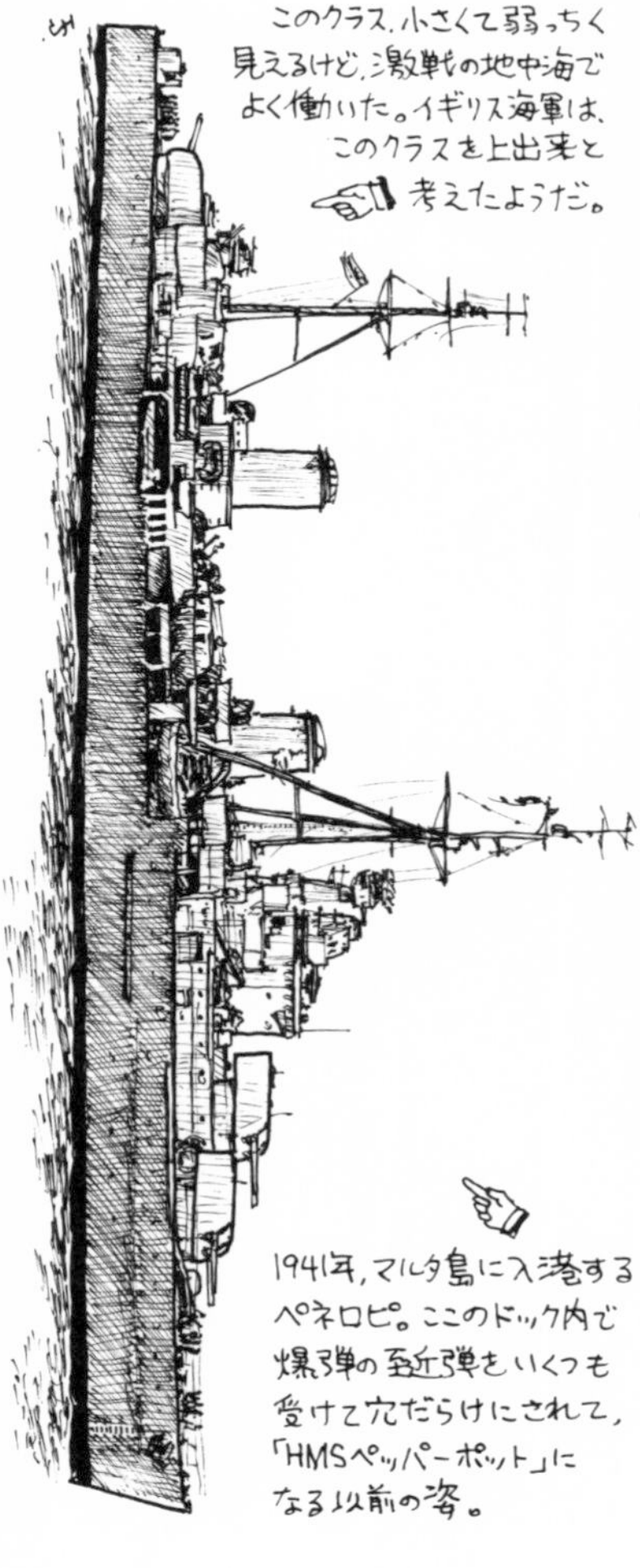

1941年、マルタ島に入港する
ペネロピ。ここのドック内で
爆弾の至近弾をいくつも
受けて穴だらけにされて、
「HMSペッパーポット」に
なる以前の姿。

ネームシップのアレスーザ。
B砲塔とY砲塔の上に
20mm機関砲が2門ずつ
装備されてるところからすると、
1942年3月に小改修を受けて、
地中海に戻ったころの姿
じゃないかしら。

このクラスの写真を見ると、
艦橋の様子がどうも
それぞれ微妙に
違ってるみたい。

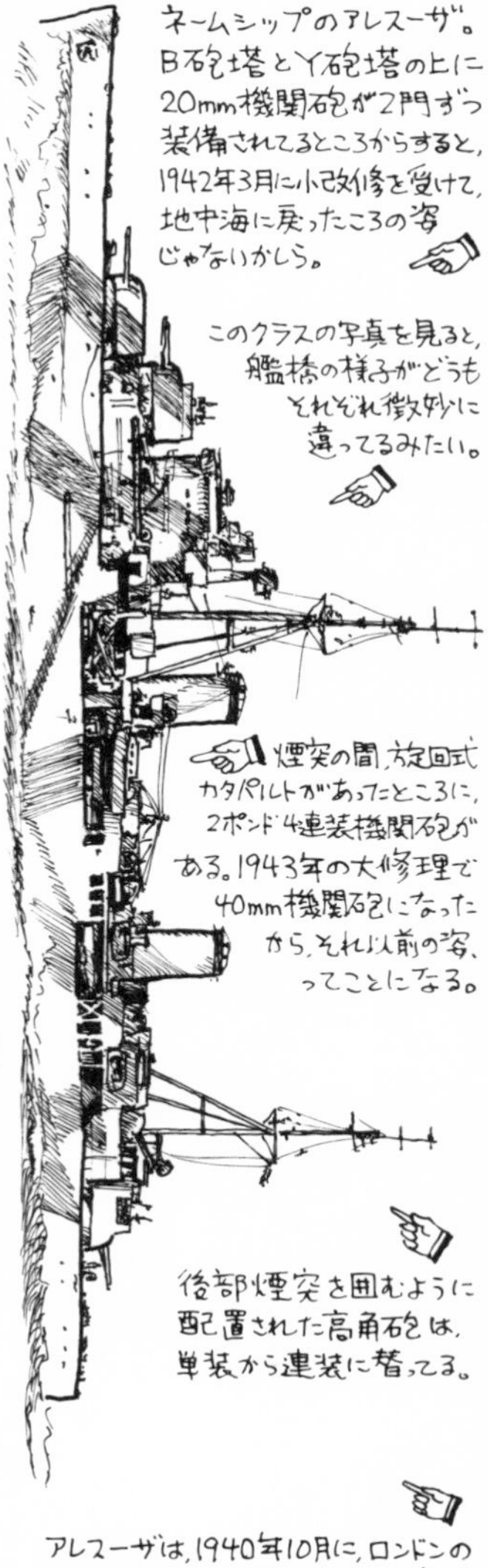

煙突の間、旋回式
カタパルトがあったところに、
2ポンド4連装機関砲が
ある。1943年の大修理で
40mm機関砲になった
から、それ以前の姿、
ってことになる。

後部煙突を囲むように
配置された高角砲は、
単装から連装に替ってる。

アレスーザは、1940年10月に、ロンドンの
テームズ川のタワーブリッジ近くに停泊
して、高角砲で対空防御にあたってた、
ともいうけど定かでない。

女神たちの軽巡

第2次世界大戦前の日本やアメリカは、広い太平洋のどこかで艦隊同士がぶつかりあって、巡洋艦はその艦隊の前衛や警戒、偵察にあたって、いざというときは戦艦を助けて戦う、みたいなことを考えてた。しかも太平洋戦争になると日本の巡洋艦が南太平洋のソロモン諸島とかで、アメリカの巡洋艦と砲や魚雷で激闘を繰り広げたから、そういう華々しくも勇ましく、壮絶にして凄惨な巡洋艦の戦いの話を聞くと、日本人としてはともすれば巡洋艦ってものは局地的な「小さな主力艦」みたいなもんだったと思いたくなる。

でもイギリス海軍はあんまりそんなことは考えてなかったみたいだ。もちろん戦艦を主力とする艦隊の警戒にあたったり、駆逐艦部隊の掩護や指揮にあたるのが巡洋艦の大事な任務ではあったんだけど、イギリス海軍は巡洋艦にそれ以外の仕事も求めてた。

第2次世界大戦前でも、世界の海はたいていイギリス海軍の縄張りで、大英帝国の海外領や植民地を結ぶ海上輸送路が張り巡らされてる。だからイギリス海軍としては、そういう広い海を駆け回って、通商路を脅かす敵の仮装巡洋艦を捉まえたり、強そうな敵艦が現れたら追跡して、味方の艦隊が来るまで逃がさないようにする、いわば通商路警備の仕事に巡洋艦が必要と考えてた。

１９３０年に始まったロンドン海軍軍縮条約の会議でもイギリスは、大型の8インチ（約20cm）砲装備の巡洋艦を作るつもりはないから、とさっさと表明しちゃった。それよりも小型の巡洋艦がたくさん必要なんだ、という立場を示したわけだ。結局、ロンドン条約の結果、イギリスは１９３６年までに６インチ砲搭載の巡洋艦を、排水量の合計９万１０００トン分まで建造できることになった。

その枠の中でイギリス海軍は６５００トン級の軽巡14隻の建造を考えたけど、それが後に７０００トン級のリアンダー級９隻と、５２５０トン級のアレスーザ級６隻になった。アレスーザ級はリアンダー級５隻分の建造枠で６隻作れるから軽巡が１隻増えるぞ、という計算だったんだけど、その計画は１９３３年に見直されて、リアンダー級８隻とアレスーザ級４隻に減らして、その分で９１００トンのミノトーア級２隻を建造することにした。

このミノトーア級というのは、日本の「いちおう軽巡と見せかけといてあとで重巡」の「最上」型に対抗するもので、６インチ砲12門のサザンプトン級（別名「タウン」級）になる。同じくアメリカも６インチ砲15門装備のブルックリン級軽巡を建造して、それらが第２次世界大戦型の新世代軽巡の始まりになるんだけど、きっかけになった日本の「最上」型はさっさと砲を20サンチ連装に換装して重巡になっちゃうのはご存じのとおり。でもまあ、それはここでは別の話だ。

イギリス海軍は、アレスーザ級を通商路警備用の巡洋艦と考えてた。アレスーザ級は、リアンダー級が６インチ砲連装砲塔４基８門を装備するのに対して、３基６門で我慢することにした。まだドイツが再軍備に乗り出して、ポケット戦艦なんかを作り出す前のことだから、イギリスの海上輸送路を脅かすのはたいてい商船改造の仮装巡洋艦ぐらいだろうと考えられた。そういう仮装巡洋艦の砲は、片舷でせいぜい６インチ砲４門、だとすれば連装3基6門あれば火力の優位は充分に保てる、と考えたわけだ。

それとともにアレスーザ級は、いざという場合には艦隊作戦にも使えるように、速力はリアンダー級と同じ32ノットが求められた。そのため、小さな船体にボイラー4基にギアードタービン4基、4軸、6万4000馬力という機関を搭載したために、全体の重量のうち機関の占める割合が、リアンダー級じゃ約20%だったのが、アレスーザ級じゃ23%になった。重量のほぼ4分の1が機関だ。

その分、砲の数が減ってるのはもちろんだけど、他の船体構造や装甲で重量の軽減が図られて、まあ軽巡の装甲なんて知れたものだが、ベルト部分で5・7㎝、弾薬庫周りで7・6㎝程度になった。船体にはイギリス巡洋艦としては初めて、広い範囲で溶接が用いられた。

艦の配置は、簡単に言っちゃうとリアンダー級第2グループ、いわゆるアンフィオン（オーストラリア海軍のパース）級の、後部の〝X〟砲塔をなくしたような小型版だ。機関はボイラーとタービンの組を前後に離した分散配置で、2本の煙突も離れていて、その間にカタパルトと水上機を搭載することになっていた。

主砲は6インチ連装Mk.XⅪ砲塔3基に、高角砲が4インチMk.Ⅴ速射砲単装4門だけど、3～4番艦は4インチ連装をMk.XⅪ両用砲座に装備した。1～2番艦も後に連装に換装してる。高角射撃指揮装置も、1～2番艦は当初1基だけだったのが後に2基になって、3～4番艦は最初から2基だった。あとは0・5インチ4連装機銃が2基。魚雷発射管は2番煙突の横左右に3連装を装備した。リアンダー級じゃ4連装だったんだけど、アレスーザ級は船体幅が狭くて、4連装じゃ旋回が難しいんで3連装にした。

アレスーザ級は、1番艦アレスーザが１９３３年1月に起工、１９３４年3月に進水、１９３５年5月に竣工した。2番艦はガラティアで、１９３３年6月起工、１９３４年8月進水、１９３５年9月に竣工、3番艦ペネロピは１９３４年5月起工、１９３５年10月進水、１９３６年11月に竣工した。最終艦オーロラは１９３５年7月に起工し、１９３６年8月に進水、１９３７年11月に竣工した。

艦名はいずれもギリシャ神話が元ネタで、アレスーザ（ギリシャ語のアレテゥーサの英語読み）はニンフで海の神ネレウスの娘、処女神アルテミスに純潔を誓っていたのが、ひと目ぼれした川の神アルフェウスに追いかけられる。助けを求めるアレスーザをアルテミスは雲のなかにかくまうが、アルフェウスはしつこくて、恐ろしさに汗を流したアレスーザはとうとうひと筋の流れに姿を変えてしまった。

ガラティアもネレウスの娘、海のニンフ、ネレイドのひとりで、川の精アシスと恋仲だったが、横恋慕したひとつ目巨人ポリフェーマスが大石を投げてアシスを殺してしまう。悲しんだガラティアはアシスの血をシシリア島の川にしたという話がある。つまりガラティアも海の精というわけだ。自分の作った彫刻に恋してしまうピュグマリオンの伝説でも、彫刻はガラティアだった。

ペネロピはギリシャ語だとペネローペ、イタケー島の王オデッセウスの妻。夫がトロイア戦争に出征して戻らないので、ペネローペの再婚相手になってイタケー島の王位を得ようとする不心得者がたくさんおしかけてきた。ペネローペは武力がないので求婚者を追い払えなかったので、「織物が完成したら相手を決めます」と返答を先送りして、１日織っては夜のうちに織り目をほどき、いつまでたっても織物を完成させなかった。結局、オデッセウスが帰還すると、求婚者たちは片っぱしから殺されちゃうんだが、ペネローペは貞節と深慮のシンボルとなった。

　オーロラはご存知のとおり曙光の女神。ギリシャ語だとアウロラだ。アレスーザ級はいずれもギリシャ神話の女性や女神の名前で、リアンダー級が同じくギリシャ神話名の男性や男神ばかりなのと対照的だな。

穴だらけのペッパーポット

　アレスーザ級は第２次世界大戦が始まると、地中海や北海、ノルウェーで戦うことになった。アレスーザは１９４０年６月のフランスからの撤退作戦でポーランド大統領をイギリスに運んだりしてる。アレスーザ級の任務として当初考えられていたような、海上輸送路の警備や防護なんてやってられなかったんだな。ドイツのポケット戦艦アドミラル・グラーフ・シュペーの捕捉は、リアンダー級のアキリーズとエイジャックス、重巡エクゼターが大怪我をしながらやってのけたし、リアンダー級第２グループのシドニー（オーストラリア海軍。イギリス海軍の予定艦名はフェートン）はドイツ仮装巡洋艦コルモランと太平洋で刺し違えてるけど、アレスーザ級にはそういう仕事は回ってこなくて、もっぱら艦隊所属としての行動ばかりだった。

　なかでも激しく戦ったのがペネロピで、地中海で北アフリカに向かうイタリア輸送船団の攻撃や、マルタ島への増援や輸送を行う味方船団の護衛に従事した。１９４２年３月には、ダイドー級巡洋艦のダイドー、クレオパトラ、ユライアラスや駆逐艦とともにマルタ島輸送船団を護衛して、リビア沖のシドラ湾で、戦艦リットリオを含むイタリア艦隊と戦って、船団を守っている。

これが「第2次シルテ海戦」で、この戦いでのペネロピをモデルに、『ホーンブロワー』シリーズで名高いイギリスの海洋冒険小説作家Ｃ．Ｓ．フォレスターは『The Ship』という小説を書いている。出てくる巡洋艦はアーテミズっていう名前になってるけど。

この海戦の後、ペネロピはマルタ島でドック入りしたが、ドイツ・イタリア両軍機の爆撃は激しく、ペネロピはドック内で対空射撃を続け、修理とともに高角砲の砲身交換もしなければならなかった。しかも数多くの至近弾を受けて、ペネロピはいたるところ弾片で穴だらけになって「ＨＭＳペッパーポット（コショウ壺）」というあだ名がつけられるほどだった。それでもなんとか応急修理を済ませてジブラルタルに脱出、アメリカのブルックリンで本格的な修理を受けている。

アレスーザ級で最初に沈んだのは2番艦のガラティアで、地中海から１９４０年に本国艦隊に戻り、ノルウェーやフランス撤退作戦、ビスマルク追撃戦などに参加した後、１９４１年7月に再び地中海に転じた。しかし12月15日夕方、イタリア船団迎撃作戦が中止になってアレクサンドリアに戻る際、ドイツ潜水艦Ｕ５５７の魚雷2発が命中、ガラティアは転覆して3分で沈没、艦長エドワード・Ｗ．Ｂ．シム大佐を含む４６９人が死亡、１４４人が救助された。ガラティアを沈めたＵ５５７も、それから数時間後にイタリア水雷艇オリオーネにイギリス潜水艦と誤認され、衝撃されて乗員43人全員とともに沈没した。

このクラスの初期艦、アレスーザとガラティアの
竣工時の配置をざっくり描いてみました。
これがアレスーザ級のそもそものオリジナルの姿。
実に軽快にして明快だよね。

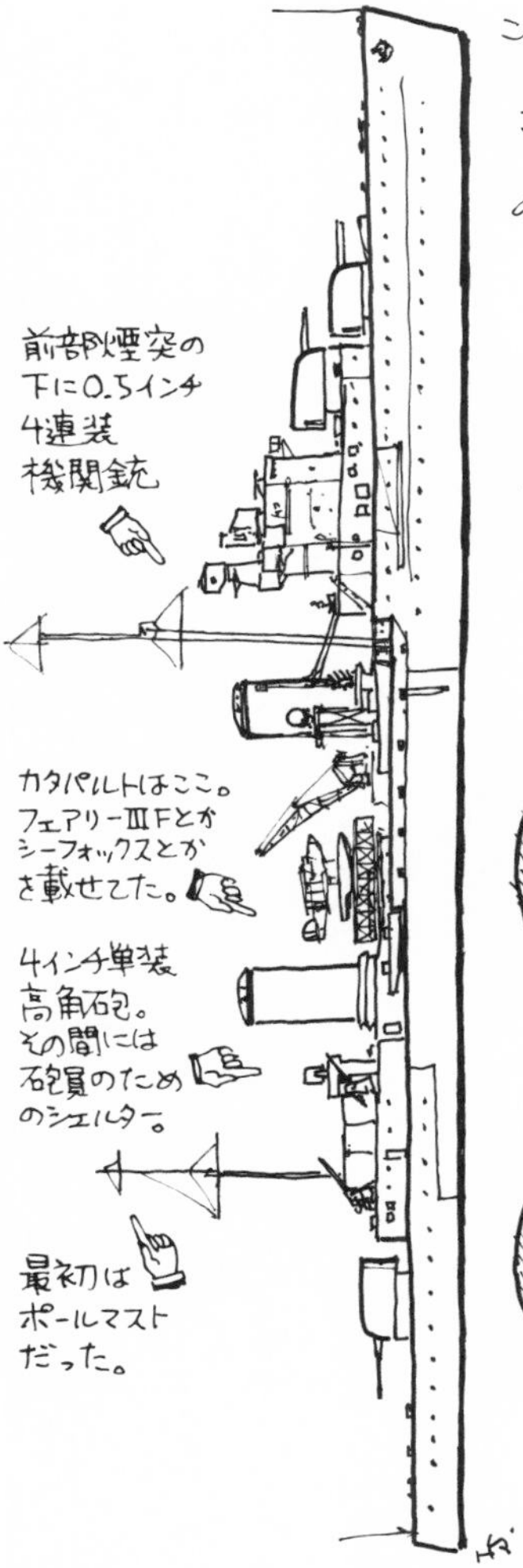

このクラス各艦のバッジのモチーフ。

これはアレスーザ。
緑の地に金の三日月、
白と青の波

モットーは
"Celerita Audax"
「素速ク、大胆ニ」

ガラティア。
青の地に黒髪の
女性の横顔。
金の貝殻の冠。

モットーは
"Nobis Mare Patria"
「海ハ我ガ父ナル国」

ペネロピ。
水色の地に白い女性の
横顔。

モットーは
"Constantia Et Fide"
「節操ト忠誠」

オーロラ。
赤地に金の太陽。
白(銀?)と黒の横帯。

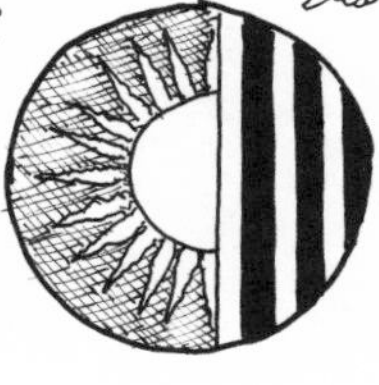

モットーは
"Post Tenebras Lux"
「闇ノ後ニ光」

さらに１９４４年2月17日、イタリアのアンツィオ上陸作戦の支援にあたっていたペネロピが、砲弾補給のためナポリに向かっている途中、Ｕ４１０からのホーミング魚雷が後部機関室に命中、さらに16分後にもう１発が後部ボイラー室に命中し、ペネロピは即座に沈没、艦長ジョージ・D.ベルベン大佐以下乗員４１７人が死亡、救助されたのは２０６人だった。最初の雷撃のとき、ペネロピは26ノットで航行していて、これほどの速力で走っていながら潜水艦の魚雷が命中した例は他に見当たらないそうだ。

他の2隻も無傷で戦い抜いたわけじゃなくて、アレスーザは１９４２年11月18日、マルタ島への輸送船団の護衛中に、枢軸側航空機の雷撃をB砲塔下部左舷側に受け、大きく浸水して左舷に傾斜、火災も発生し、前部の砲塔2基が使えなくなった。この雷撃の破口は長さ16・２ｍ×高さ10・６ｍにも及んで、乗員の被害も戦死１５６人、負傷43人にのぼった。火災の鎮火には翌日までかかり、アレスーザは駆逐艦ペタードに曳航されてアレクサンドリアに戻り、２ヵ月をかけてなんとか航海できるように応急修理し、本格修理はアメリカのチャールストンで行われた。

アレスーザがアフリカ周りでチャールストンに着いたのは翌１９４３年の3月、修理は12月までかかり、それからイギリス本国に戻って追加の工事や訓練を受けて、艦隊に復帰したのは１９４４年5月、ノルマンディ上陸作戦の支援に間に合うことができたのだった。

オーロラも１９４１年12月に地中海でイタリア船団迎撃に出撃した際に機雷原に入ってしまい、触雷してＢ砲塔左舷側に穴が開き、船体構造にも被害を受けた。マルタでの応急修理中も爆撃で損傷、本国に帰還して本格修理を終えたのは１９４２年8月だった。

さらにオーロラは１９４３年10月、ギリシャのレロス島への部隊輸送の護衛中に、ドイツ空軍のＪu87とＪu88の爆撃を受け、５００kg爆弾１発が２番煙突付け根に命中、弾薬が誘爆して火災も発生、戦死47人、負傷30人を出して、このときも修理に１９４４年４月までかかっている。

戦時中の改造はそれぞれの艦で時期は違うが、主に対空火力の増強とレーダーの装備が行なわれている。とくに初期艦２隻は単装の４インチ高角砲を連装に換えている。オーロラはカタパルトを装備せず、甲板室を増設していたが、他の３隻はカタパルトを廃止して、４連装２ポンド機関砲「ポンポン砲」２基を装備し、オーロラも甲板室を撤去して、ポンポン砲を装備している。０・５インチ４連装機関銃は廃止されて、20㎜単装機関砲４〜６門が装備された。アレスーザは１９４３年の修理の際に、ポンポン砲を40㎜連装機関砲に換えている。一部の艦は大戦初期に、低空雷撃機用のパラシュートつき鋼策ＵＰ発射装置を装備していたことがある。

レーダーはマスト頂部に対空警戒用のＡＷ２８６、艦橋に対水上警戒用ＳＷ２７３、主砲射撃指揮装置にＳＲ２８４、高角射撃指揮装置にＡＲ２８５が装備された。

アレスーザ級は、小さな軽い船体に薄弱な装甲ながら意外にタフで、アレスーザやペネロピ、オーロラの例のように、しばしば大きな損傷に耐えている。ただしガラティアとペネロピはいずれも魚雷２発を受けて、短時間で沈み、多数の戦死者を出している。一説ではガラティアは、あと30海里でアレクサンドリアという位置にいたので、雷撃時に艦内の水防扉を開けていたともいうけど、これも定かじゃない。

イギリス海軍としては、このクラスは成功した設計と考えていたようで、防空軽巡ダイドー級もアレスーザ級の船体設計を基礎にしている。

アレスーザは終戦後間もなく退役、１９４８年に除籍され、１９５０年にスクラップとして売却された。オーロラの運命はもう少し数奇で、１９４８年に中華民国に売却され、中華民国海軍の旗艦「重慶（チョンキン）」となったが、翌年には内戦の敵側である共産党側に寝返ってしまった。しかし中華民国軍側の爆撃で大破して自沈、ソ連の援助を受けて１９５１年に浮揚して「黄河（スアンホウ）」と名を変えた。一説にはソ連はサルベージの代償として、艦内の設備や装備をあらかた持って行ってしまったともいう。その後、さらに「北京」などと何度か改名されたが、実質的に巡洋艦としては活動せず、１９５４年に除籍、港に係留されたまま宿泊船や倉庫として使われた末に１９６０年代に解体されたらしい。一説には１９８０年代か１９９０年代にもまだ残っていたともいうが定かじゃない。

船酔いする
キャプテン

“キャプテン”級フリゲイト

"Captain" class frigates

1943年～1947年

基準排水量：1400トン
満載排水量：1740トン
全長：93.3m
全幅：11.2m
喫水：2.7m
機関：ターボエレクトリック1万3500hp
速力：24ノット
兵装：3インチ単装砲×3門
　　　40㎜連装機関砲×1基
　　　20㎜単装機関砲×8～10門

キャプテン級の1番艦ベインタン。
船体の短いディーゼルエレクトリック推進型。
つまりアメリカ海軍の
エヴァーツ級に相当する。

これはおそらく早い
時期の姿じゃないかと
思う。20mm機関砲の
装備数は9門には
足りないみたいだ。

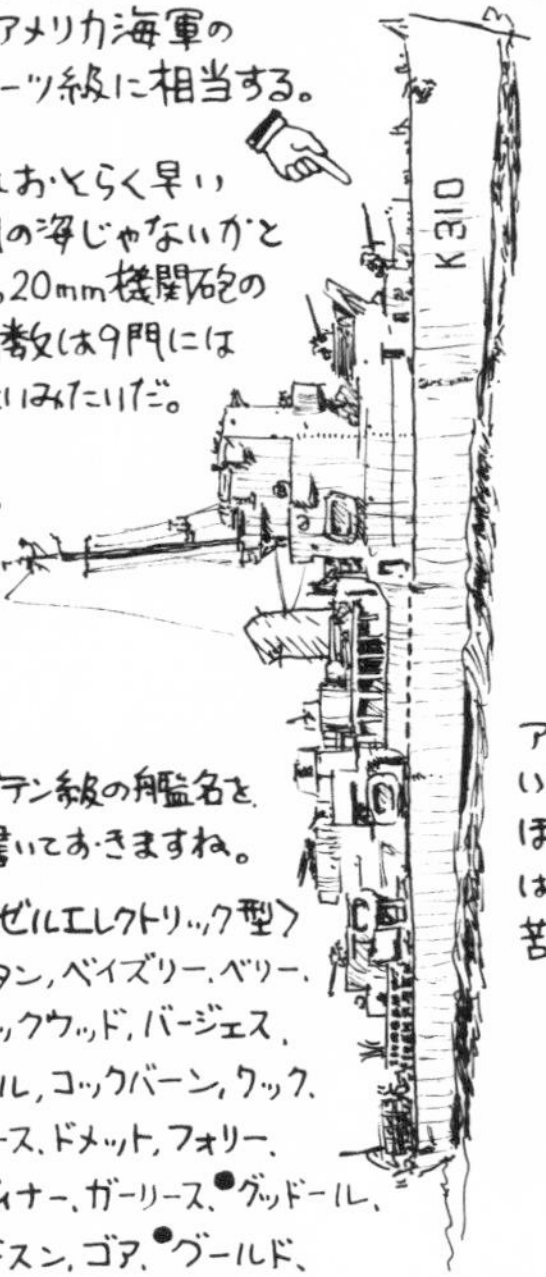

キャプテン級ディーゼルエレクトリック型は、
基準排水量1140トン、満載1430トン、
全長88.2m×幅10.7m×船体深さ5.7m、
ディーゼル発電機×4基、モーター2基6000馬力、
2軸、20ノット。兵装3インチ単装砲×3門、
40mm連装機関砲×1基、20mm機関砲×9門、
ヘッジホッグ対潜迫撃砲×1基、
爆雷投下軌条×2基、乗員198名。

そしてこちらはブライ。
そう、バウンティー号のウィリアム・ブライ
艦長の名にちなむ艦。
船体の長いターボエレクトリック型、
バックレー級相当の1艦だ。

ヘッジホッグはここ。

アメリカ海軍には電気推進の艦が
いろいろあったけど、イギリス海軍には
ほとんどなかった。イギリス海軍
は慣れない機関で
苦労しなかったのかな。

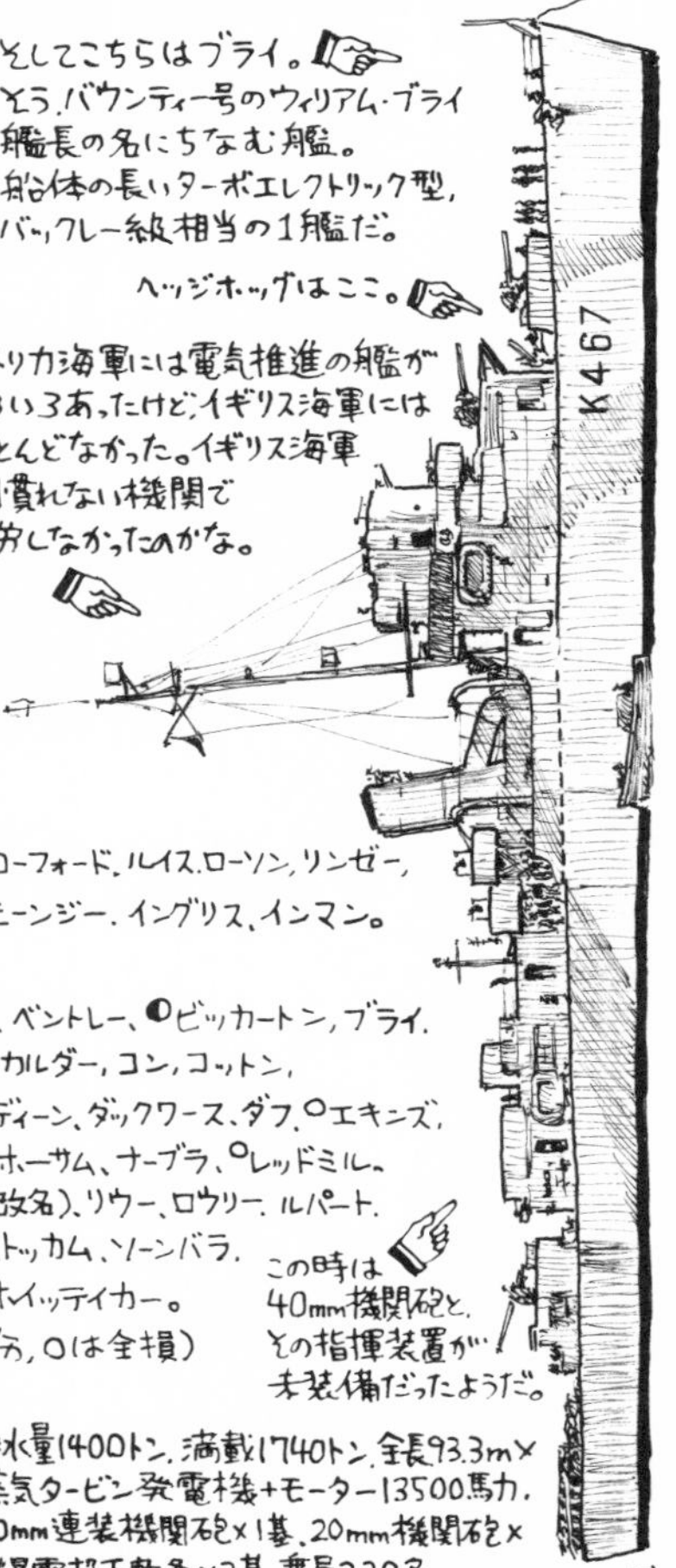

キャプテン級の艦名を
一応書いておきますね。

〈ディーゼルエレクトリック型〉
ベインタン、ベイズリー、ベリー、
●ブラックウッド、バージェス、
●カペル、コックバーン、クック、
デイカース、ドメット、フォリー、
ガーディナー、ガーリース、●グッドール、
○グッドスン、ゴア、●グールド、
グリンドール、キーツ、ケンプソーン、キングスミル、●ローフォード、ルイス、ローソン、リンゼー、
ローリング、○マナーズ、ミッチェル、ムーアサム、モーンジー、イングリス、インマン。

〈ターボエレクトリック型〉
◐アフレック、エイルマー、バルフォア、ベンティンク、ベントレー、◐ビッカートン、ブライ、
ブレイスウェイト、●ビュレン、バイアード、バイロン、カルダー、コン、コットン、
クランストウン、カビット、カーゾン、○デイキンス、ディーン、ダックワース、ダフ、○エキンズ、
エッシントン、フィッツロイ、ハーグッド、ホームズ、ホーサム、ナーブラ、○レッドミル。
リーヴス、レタリック、○レイノルズ（ホルステッドと改名）、リウー、ロウリー、ルパート、
ラザフォード、シーモア、スプラッグ、ステイナー、ストッカム、ソーンバラ、
トリントン、トロロープ、タイラー、ウォルドグレイヴ、◐ホイッテイカー。
（●印は沈没、◐は後に沈没または処分、○は全損）

この時は
40mm機関砲と、
その指揮装置が
未装備だったようだ。

キャプテン級ターボエレクトリック型は、基準排水量1400トン、満載1740トン、全長93.3m×
幅11.2m×船体深さ5.7m、ボイラー2基、蒸気タービン発電機+モーター13500馬力、
2軸、24ノット。兵装3インチ単装砲×3門、40mm連装機関砲×1基、20mm機関砲×
8〜10門、ヘッジホッグ対潜迫撃砲×1基、爆雷投下軌条×2基、乗員220名。

もっと護衛艦艇を！

第2次世界大戦のイギリス海軍の護衛艦艇っていうと、フラワー級コルヴェットが「謳われざる英雄」みたいな格で、その活躍と労苦を広く称えられてる。とはいえフラワー級は、輸送船団の対潜護衛にぎりぎり最低限の性能と装備だったんで、１９４１年以降になると、もっと大型で装備も良いリヴァー級フリゲイトやその改良型のロッホ級フリゲイトが建造された。一方、フラワー級を建造してた中小造船所は、船台が小さくてフリゲイトを建造できなかったんで、そういう小さな造船所でも量産できる新型コルヴェットとして、１９４３年からはカースル級コルヴェットが建造された。

そうやってイギリスは必死に護衛艦艇を建造したわけだけど、それでも大戦前半には護衛艦艇の数はとても足りなかった。イギリス本国と北アメリカ、西アフリカ、南アフリカ、ジブラルタルなどなど世界各地を結ぶ海上輸送路は数多く、そこをたくさんの輸送船団が行き交っていた。

イギリス海軍はそれをドイツの潜水艦から守ってやらなくちゃならなかったんだけど、駆逐艦は艦隊任務にも使わなくちゃならないんで護衛任務まで充分な数を回せないし、ハント級護衛駆逐艦だって、艦隊任務につぎ込まなくちゃならなかったし、急速に大量建造できる設計でもなかった。大戦前から建造してたビターン級～ブラックスワン級スループは、装備とかが高級すぎて量産建造には向かなかった。アメリカからは旧式な4本煙突の駆逐艦50隻を、カリブ海の基地の使用権と引き換えに譲ってもらって、それを護衛任務に充てたけど、それでもまだ足りない。

そんなところに、アメリカ海軍も護衛駆逐艦っていう新しい艦種の大量建造に取り掛かる、という話が聞こえてきた。なんとか護衛艦の数を揃えたいイギリス海軍にとって、これは朗報で、さっそく「武器貸与法」に基づいて１００隻ほど作ってくれないか、とアメリカに頼んだのだった。まあ、いくらなんでも１００隻は一度には無理なので、とりあえず50隻は建造してもらえることになった。

それを引き受けられるアメリカの造船能力・工業力も大したもので、さすがは「民主主義の兵器廠」なんて言われるだけのことはあるんだが、実はそれでも限界っていうものがあった。駆逐艦といえば機関は蒸気タービンで、アメリカは蒸気タービンを量産することはできたけど、減速ギアの方はおいそれとは急速量産できなかったのだ。ギアを切る工作機械が足りなくて、その工作機械を作るのに1年ぐらいかかる見通しだった。それじゃ護衛駆逐艦の急速大量建造に間に合わない、どうしよう、というところで、じゃあディーゼルエンジンで発電機を回して、その電気でモーターを回して、モーターでプロペラを回す、ディーゼル電気推進にしちゃえば減速ギアが要らないじゃないか、という考えに至った。

すでに潜水艦用の機関として、ディーゼル発電機4基にモーター2基の６０００馬力の機関があるから、そのディーゼル発電機を2倍の8基、1万２０００馬力にすれば、駆逐艦を24ノットで走らせることができる……のはいいんだけど、そこまで考えたら、今度はディーゼルエンジンの生産が追いつかないのがわかった。じゃあ仕方ない、エンジンの装備数を半分にしちゃおう、ということになって、結局ディーゼル発電機4基で

6000馬力で我慢することにした。これでも21ノットは出せるから、艦隊任務には全然不充分でも護衛任務には間に合う。このタイプがアメリカ海軍のエヴァーツ級だ。

とはいえやっぱり速力は欲しいんで、じゃあ蒸気タービンで発電機を回す電気推進、いわゆるターボエレクトリックでも減速ギアなしで済むから、そういう機関のタイプの護衛駆逐艦も作ろう、っていうことになった。これがアメリカ海軍のバックレー級で、機関出力は1万3500馬力、速力は24ノットだった。バックレー級は、ボイラーと蒸気タービンを搭載するスペースのために、ディーゼル電気推進のエヴァーツ級よりも船体が4・9mほど長くなって、アメリカ海軍はそこに3連装魚雷発射管を装備したけど、イギリス海軍は魚雷は積まなかった。

それと5インチ38口径砲も、護衛駆逐艦に装備する分まで作ってられなかった。5インチ38口径砲は駆逐艦だけじゃなくて、巡洋艦や戦艦の副砲、空母の高角砲とかいろんな艦に装備するんで、そっちの方で手いっぱいだったのだ。そこで護衛駆逐艦には3インチ砲を搭載することにした。3インチ砲では威力や射程の点じゃ日本やドイツの潜水艦の砲と似たり寄ったりだから、潜水艦が浮上してきて水上での砲戦になったらアウトレンジできないけど、前部に2門を背負い式に配置してるから、潜水艦の1門よりは火力で勝ってる。あと艦橋の配置も、イギリス海軍式に露天艦橋にして、その前部にソナー、イギリス流にいうとASDIC（アスディック）室を設けていた。

そんなこんなでイギリス海軍にはディーゼルエレクトリック推進型のエヴァーツ級32隻と、ターボエレクトリック推進型のバックレー級46隻の合計78隻が貸与された。イギリス海軍は１９４１年の1月からこれら護衛駆逐艦の建造をたくさん発注したけど、そのうちのかなりの数がアメリカ海軍に引き取られて、イギリス海軍に渡ったのは78隻だった。アメリカ海軍じゃこれらは「護衛駆逐艦（ＤＥ）」っていう艦種になったけど、イギリス海軍はフリゲイトと呼んでた。

揺れる大西洋

これらアメリカ製護衛駆逐艦のフリゲイトには、最初トラファルガー海戦でネルソンの指揮下で戦った艦長の名前をつけたんで、「キャプテン」級と呼ばれた。でもそのうちにトラファルガー海戦の参加艦長名がネタ切れになって、その他のイギリス海軍の有名な艦長の名前がつけられるようになった。

キャプテン級フリゲイトの1番艦ベインタンは１９４３年1月に就役、この年のうちに69隻が完成して、最後の艦ホウサムは１９４４年2月に竣工してる。78隻がほぼ13ヵ月のうちに完成したんだから、やっぱりアメリカの造船能力はすごかったんだな。

キャプテン級フリゲイトは、主に大西洋での船団護衛任務に従事した。でもイギリス海軍としてはアメリカ式の設計にいろいろ不満もあって、たとえばダメージ・コントロールが全然、あるいはほとんど考慮されてなくて、基本的にやられたら沈んじゃう消耗品として作られてる点がそうだった。

それと困った偶然なんだけど、艦の動揺周期が北大西洋の波の平均的な波長に合ってて、やたら揺れるという欠点があった。キャプテン級フリゲイトの艦長の中からは、吐き気を催すような揺れ方、と評する声もあったくらいだ。キャプテン級は波長の長いうねりにはうまく乗れたけど、波長が短いと10ノット以上の速度では操艦がむずかしくて、他の艦と接近して行動するのも大変だったし、追い波以外の状況では、砲を撃つにも対潜迫撃砲のヘッジホッグを撃つにも艦の動揺が大きくて安定しない、ともいわれた。

そんなイヤな揺れ方をするようになった原因は、そもそもアメリカ海軍は護衛駆逐艦の船体を、5インチ38口径砲2門を搭載する想定で設計してたのに、実際に載せたのはずっと軽い3インチ砲3門だったし、イギリス向けのキャプテン級じゃ魚雷発射管も搭載しなかったうえ、アメリカ海軍よりも対空兵装が少ないんで、重心が下がりすぎちゃったんじゃないか、と考えられた。まあ、重心が低いっていうのは復元性が高くて、転覆しにくいことでもあるんだけど、こんどは揺れやすい、動揺周期が短いことにもなるんで、痛し痒しなんだな。そこでイギリス海軍は、キャプテン級の爆雷を甲板上に搭載するようにして、重心位置を高くするようにした。そのおかげでかなり動揺の問題は改善されたんだそうだ。

謳われざる英雄

キャプテン級はイギリス海軍ではもちろん船団護衛や、ノルマンディ上陸作戦では対潜警戒や上陸輸送船団の護衛に働いた。キャプテン級でいちばん最初に１９４３年1月に完成したベインタンは、その年の6月にはイギリスのリヴァプールからカナダのハリファックスに向かう低速船団ＯＮＳ０１１で最初の護衛任務に就いて、１９４５年4月に地中海からリヴァプールに向かう船団ＭＫＳ０９６Ｇの護衛まで、戦争中に28回の船団護衛任務に就いている。

また3番目に竣工したベンティンクは、１９４３年9月から１９４４年7月まで、1年足らずのうちに37回の船団護衛を行なっている。ベンティンクは１９４４年夏以降は、直接の船団護衛ではなく、対潜掃討部隊として行動してたみたいだ。これらは船団護衛回数の多い方だが、少ない艦もあって、例えばデイカースは１９４３年11月から１９４５年4月までに4回しか船団護衛をしていない。

キャプテン級の船団護衛の開始時期を見てもわかるとおり、このクラスの登場は、ちょうど連合軍が大西洋でのUボートの制圧に成功し始める時期にあたってた。というよりも、このキャプテン級やアメリカの護衛駆逐艦、護衛空母、長距離哨戒機やレーダーやソナーやヘッジホッグといったさまざまな新兵器の投入や、対潜戦術の向上があいまって、この１９４３年中期から連合軍はUボートに対して勝てるようになってきた、ってことだな。キャプテン級もその勝利の一翼を担ってたわけだ。

キャプテン級の最初の戦果は、１９４３年10月17日、グリーンランド近海の北大西洋での、バイアードによるＵ８４１の撃沈だった。これ以後、１９４５年4月29日にコットンがバレンツ海でＵ２８６を沈めるまで、キャプテン級は単艦で、あるいは協同で、16隻のUボートを撃沈して、結局キャプテン級はイギリス海軍の艦

キャプテン級も、各艦・各時期によって、
細かい兵装がいろいろ違う。
これはターボエレクトリック型のカーゾン。
1945年8月の姿で、艦橋の前に、明らかに
40mm連装機関砲が装備されてる。

キャプテン級は本国〜大西洋〜北極海で
働いて、地中海やインド洋〜極東に行ったりは
しなかったけど、数が多いんで、迷彩塗装
にもけっこうバリエーションが多い。

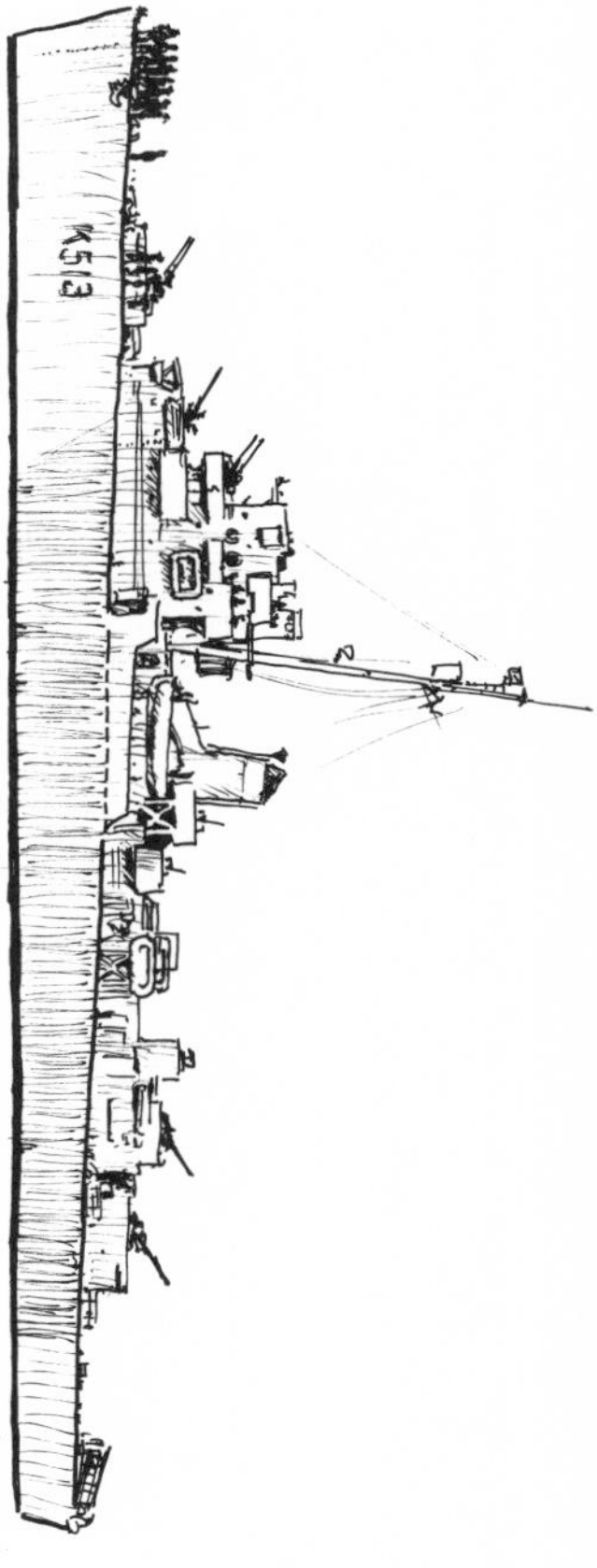

ノルマンディ上陸作戦
のときには、ダフと
レタリック、ステイナー、
ソーンハラ、トロロープ、
トリントンが、魚雷艇とか
の沿岸戦闘艇の
指揮艦に
改造された。

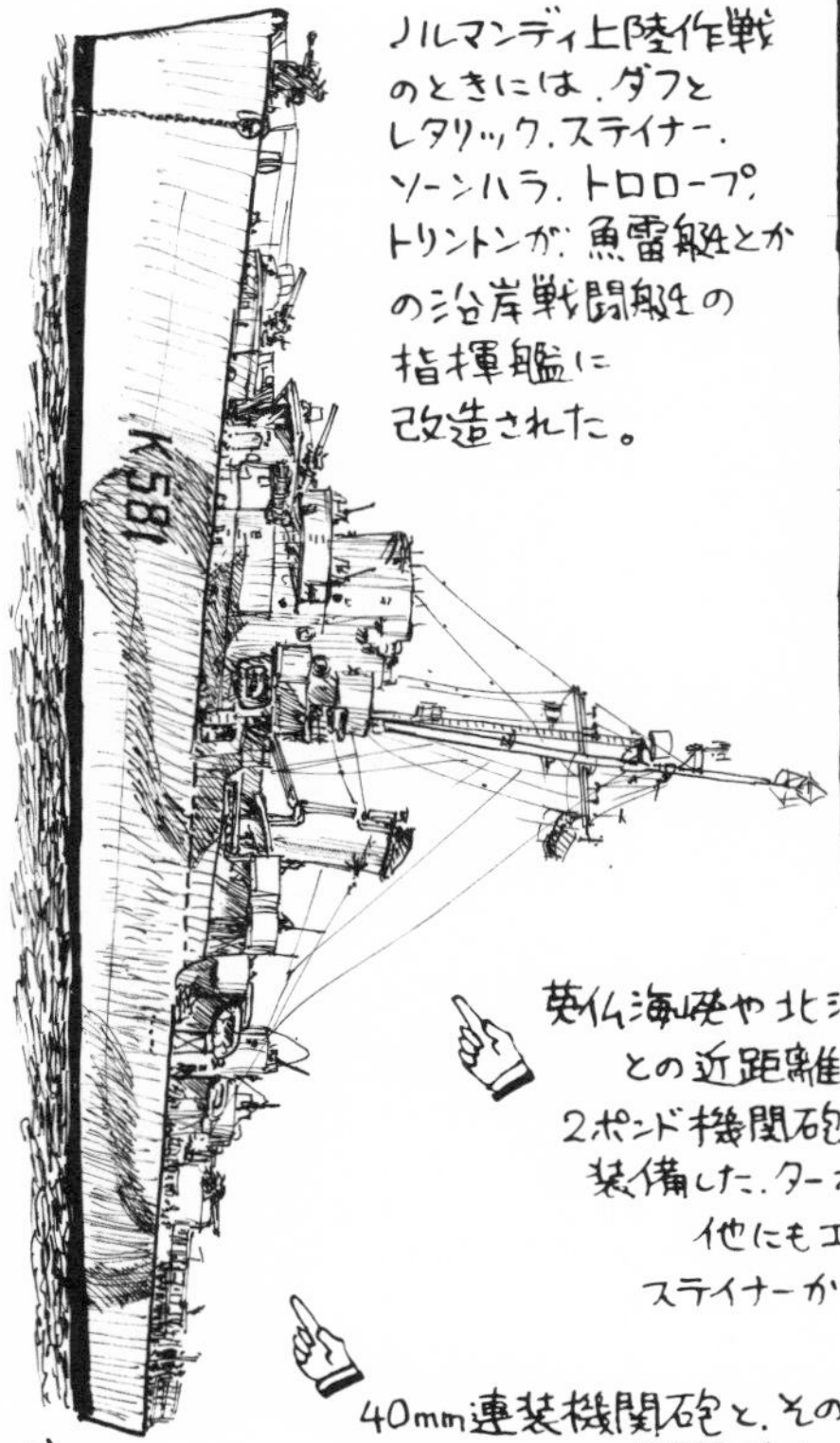

英仏海峡や北海でのドイツ魚雷艇(Eボート)
との近距離戦闘のために、艦首先端に
2ポンド機関砲"バウ・チェイサー"を一時的に
装備した、ターボエレクトリック型のホームズ。
他にもエキンズ、ハーグッド、スプラッグ、
ステイナーがバウ・チェイサーを装備した。

40mm連装機関砲と、その指揮装置がなくて、
かわりに20mm機関砲が…2門。

艇で、最も多くのUボートを沈めたクラスとなってる。

もちろん戦いは時の運、キャプテン級の中には特に武運に恵まれた艦もあって、ダックワースは１９４４年６月にＵ９８８を沈め、１９４４年８月にＵ６１８を、１９４５年２月にＵ１２０８を、３月26日と29日にそれぞれＵ３９９とＵ１１６９を撃沈して、５隻を沈めている。他にベインタンが４隻、ベイズリー、ベンティンク、アフレックが３隻を沈めている。これらの撃沈には協同戦果も含まれてるけど。

とはいえキャプテン級の中にもUボートとの戦いに斃れた艦がある。最初に沈んだのは、１９４３年９月に完成したグールドで、１９４４年３月にアイルランド西方でＵ３５８の雷撃を受けて沈没、乗員１２３名が死亡した。１９４４年６月８日には、ノルマンディ上陸作戦の支援にあたっていたローフォードの船体中央にドイツ空軍機からの滑空爆弾が命中、艦底で爆発して、ローフォードは短時間で沈没している。１９４５年４月29日にはコラ半島沖でグッドールがＵ２８６の雷撃で撃沈され、第２次世界大戦のヨーロッパ戦線で最後に沈んだイギリス艦となった。

グールドからグッドールまで、16隻のキャプテン級フリゲイトが失われているが、このうちローフォードが先に書いたように爆撃で、ホルステッドがEボートによって、デイキンスとエキンスが触雷で沈没していて、その他の12隻がUボートによる被害だった。

しかしUボートの雷撃ですぐに沈んだのは、前述のグールドとビュレン、カペルの３隻で、ブラックウッドは雷撃の翌日に沈没、ビッカートンは大破のために味方によって処分された。それ以外のグッドソン、ホイッテイカー、モウンシー、アフレック、マナーズ、レッドミルはいずれも全損となって除籍されてる。つまりこれらの全損の艦は、雷撃で大きな被害を受けながらも港まで帰りついているわけで、「ダメージコントロールが無いに等しい」、「使い捨て」と言われたキャプテン級は、実際には意外に生残性が高かった、というかしぶといフネだったみたいだ。

そうは言ってもキャプテン級はあくまでも武器貸与法でイギリスが借りてた艦だったんで、大戦が終わるとすぐにアメリカに返還されていった。中にはローリングやソーンバラみたいに返還が１９４７年1月になった艦もあるけど、キャプテン級はイギリス海軍にとっては第２次世界大戦、特に大西洋の戦いを勝ち抜くために借りた武器だったんだな。

でもこれだけUボートを沈めたのに、その働きぶりがほとんど語られてないっていう意味じゃ、大西洋の戦いの「アンサング・ヒーロー（Unsung Hero 謳われざる英雄）」は、有名になったフラワー級コルヴェットよりも、キャプテン級フリゲイトの方だったんじゃないかなあ。

ちなみに、最初に完成したベインタンの名前は、ヘンリー・ウィリアム・ベインタン艦長にちなむものだ。ベインタン艦長はトラファルガー海戦でハーディ提督の戦隊に属して3級戦列艦リヴァイアサンを指揮して、スペイン戦列艦サンティシッマ・トリニダードなどと戦ってる。ハーディ提督はH級駆逐艦のフロティラリーダーの名になってて、駆逐艦ハーディは第1次ナルヴィク海戦で大破、座礁してる。こういう艦名を見ると、第２次世界大戦のイギリス海軍には、長い海軍国の歴史と伝統、言い換えれば「俺たちは海で勝ってきた」っていう自信みたいなものがあったんだろうな。

で、なにしろキャプテン級だから、いろんな艦長の名前がついていて、中にはＨＭＳブライっていうのもあった。１９４３年10月に完成して、イギリスに引き渡す前にアメリカ海軍が暫定的につけた艦名はリドル、ＤＥ–76だ。ブライの艦名の元は、『バウンティ号の反乱』で有名なウィリアム・ブライ艦長で、映画なんかだと残忍冷酷で水兵たちを虐待したように描かれてるけど、実際のブライ艦長はむしろ当時の他の艦長に比べると水兵に優しくて、水兵を罰するときも厳しくなかったともいう。バウンティ号を反乱で失った後も、ブライ艦長は多くの艦の艦長を歴任していて、つまりイギリス海軍での評価も高かったわけで、最終的には中将にまで昇進してる。だからＨＭＳブライは決してイギリス海軍的には悪い艦名じゃなかったんだろう。でも有名な、チャールズ・ロートンがブライ艦長を、クラーク・ゲーブルが反乱を起すフレッチャー・クリスチャン副長を演じた有名な映画『バウンティ号の反乱』は１９３５年制作だから、ＨＭＳブライの乗組員の中にも映画を見た人がけっこういたんじゃないかな。

無事これ名艦

戦艦ハウ

Battleship HMS Howe

1942年～1957年

基準排水量：3万6730トン
満載排水量：4万2080トン
全長：227.0m
全幅：31.4m
喫水：8.8m
機関：ギアードタービン4軸、11万0000shp
速力：28ノット
兵装：14インチ4連装砲塔×2基、連装砲塔×1基
5.25インチ連装両用砲×8基
2ポンド8連装機関砲"ポンポン砲"×6基
20㎜単装機関砲×18門
カタパルト×1機、搭載機×3機
(データは竣工時)

HMSハウに目立った武勲がない、っていってもそれは巡り合わせのせいであって、ハウが駄目な戦艦だったわけでも、要らないフネだったり、ってわけじゃない。就役から終戦まで、ハウも乗員も戦争の日々を過ごしてたんだよ。ハウの「バトル・オナー」は、1942〜43北極海、1943シシリー、1945オキナワ。

竣工時のハウの対空装備は、2ポンド8連装Mk.VIポンポン砲×6基、20mm単装機関砲×18門だった。

⇩

それが1943年5月の改修で、20mm単装機関砲が22門追加されて、合計40門になった。

⇩

1943年11月〜1944年5月の改修で、Mk.VIポンポン砲×2基とボフォース40mm機関砲4連装×2基が後部構造物に装備されて、20mm連装機関砲×4基も搭載、20mm単装機関砲は34門に減った。上の絵はこの状態ってことになる。

⇩

で、1945年6月〜9月のダーバンでの整備の時に、4連装Mk.VIIポンポン砲×6基を搭載、20mm単装機関砲は全て撤去、ボフォース40mm単装機関砲×18門を装備した。

⇩

大戦後の1946年1月〜3月の改修で、4連装ポンポン砲を撤去、ボフォース単装のうち8門を撤去して、礼砲×4門を装備した。

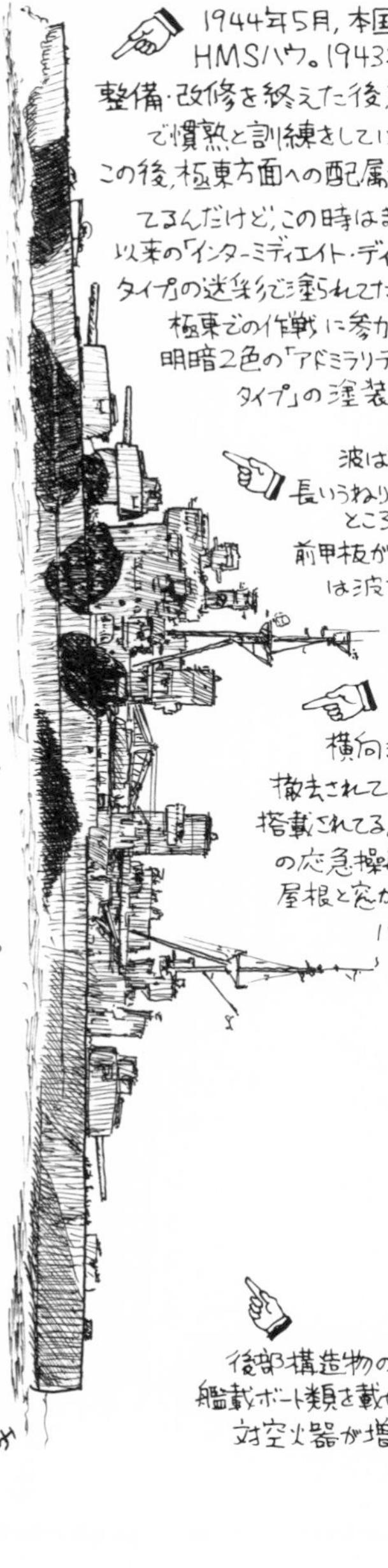

1944年5月、本国艦隊でのHMSハウ。1943年11月からの整備・改修を終えた後、本国艦隊で慣熟と訓練をしていたころの姿。この後、極東方面への配属が予定されてるんだけど、この時はまだ、竣工時以来の「インターミディエイト・ディスラプティヴ・タイプ」の迷彩で塗られてた。1945年1月、極東での作戦に参加する前には、明暗2色の「アドミラリティ・スタンダード・タイプ」の塗装になってた。

波は高くないけど、長いうねりに突っ込んだところ。このクラスは前甲板が平らで艦首は波をかぶりそう。

煙突の間の横向きカタパルトが撤去されて、ボート類が搭載されてる。後部煙突の応急操舵所(?)に屋根と窓がついてるのがハウの特徴。

後部構造物の上の、以前は艦載ボート類を載せてたところに、対空火器が増備されてる。

戦艦の運命

軍艦の運命ってのはわからないもので、戦史に残るような働きをするかどうかは、艦の設計や性能だけじゃ決まらない。然るべきときに然るべきところにいないと戦う機会は来ないし、戦闘になっても、そのときの天候や海況、状況、指揮官の判断によって結果はずいぶん変わって来る。

だから軍艦の運命の明暗は、たとえ同じクラスの艦、同じ設計・性能の艦でもずいぶん差が出てくることにもなる。例えば第2次世界大戦のイギリス戦艦キング・ジョージV世級がそうだ。ネームシップのキング・ジョージV世は１９４１年5月のビスマルク追撃戦で戦艦ロドニーとともにドイツ戦艦ビスマルクを叩きのめして、フッドの仇討を果たしてる。

2番艦のプリンス・オブ・ウェールズはビスマルク追撃戦に、竣工直後で慣熟も足りないまま参加して、フッドとともに交戦、中破されてしまったうえに、同じ年の12月にはマレー沖で日本海軍の陸上攻撃機の攻撃で沈んじゃった。３番艦のデューク・オブ・ヨークは１９４３年の12月に、ノルウェー北方沖の「北岬海戦」でドイツの巡洋戦艦シャルンホルストを砲撃で撃沈、ヨーロッパ戦域で戦艦を沈めた最後の戦艦として歴史に名を残すことになってる。

じゃあ4番艦のアンソンと5番艦のハウは？　っていうと、これがまた「……さあ」としかいいようがない。でもアンソンにしてもハウにしても、そもそも第2次世界大戦を何も大したことをせずに過ごすつもりじゃなかったわけで、どちらの艦にしても戦う気だったし、戦うはずだったのだ。

そのキング・ジョージⅤ世級の最終艦ハウは、１９３７年計画で建造されて、１９３７年６月にスコットランドのグラスゴー近郊のガヴァンにある、フェアフィールド造船所で起工された。キング・ジョージⅤ世級は１～２番艦を１９３６年計画で、３隻を１９３７年計画で建造することになって、１番艦と２番艦はどちらも１９３７年１月１日に、３番艦は１９３７年５月に、４番艦は１９３７年７月、５番艦は１９３７年６月と、なんとほぼ半年のうちに５隻が立て続けに起工された。

リチャード・ハウ提督

艦名は１番艦がキング・ジョージⅤ世、２番艦がプリンス・オブ・ウェールズっていうのは決まってた。主力艦に時の君主の名前をつけるのがイギリス海軍の伝統で、このクラスの１番艦は当然キング・ジョージⅥ世国王の名前をいただくはずだったんだけど、国王自身が、先代の父王で第１次世界大戦で国を率いたジョージⅤ世の名前を艦名にして欲しいと望んだんで、キング・ジョージⅤ世になったという。親孝行な話だ。

２番艦には王位継承者の称号、プリンス・オブ・ウェールズをつけるのも伝統だ。１番艦がキング・ジョージⅤ世となったから、このプリンス・オブ・ウェールズはつまりジョージⅤ世の長男で、１９３６年にエドワード８世として即位して、アメリカ人未亡人シンプソン夫人との結婚のために、翌年に退位したウィンザー公エドワードのことを示唆してるんだろうな。

3番艦は18世紀の海軍軍人、ジョージ・アンソン提督の名前をつけるはずだったけど、第2王子というか王位継承順位第2位の男子の称号、デューク・オブ・ヨークが艦名になった。つまり兄エドワード8世が退位したために、王位を継いだ現国王ジョージⅥ世のことだな。

4番艦には予定艦名ではジェリコー、第1次世界大戦のジュットランド海戦時の本国艦隊司令長官で、後に1917年まで海軍総司令官「第1海軍卿」を務めたジョン・ジェリコー提督の名前だ。でも3番艦の艦名が予定のアンソンからデューク・オブ・ヨークに変わったんで、4番艦がアンソンになった。

5番艦の予定艦名はビーティ。ジュットランド海戦で巡洋戦艦部隊を率い、ジェリコー提督の後を継いで本国艦隊司令長官になった（ただしジェリコーとの仲はあんまり良くなかった）、勇猛果敢なデイヴィッド・ビーティ提督の名前だ。4番艦が艦名がジェリコーからアンソンになったのに、5番艦だけ第1次世界大戦の提督名ビーティだと不釣り合いだからか、アンソンより後の時代の海軍軍人、リチャード・ハウ提督の名前に代えられた。

このアンソンとハウは、元はといえばフッド（これも海軍軍人の名前。フッド家は海軍軍人の家系で、フッドという名の提督は何人もいる）の同型艦に予定されていた艦名だ。ハウは2番艦、アンソンは4番艦、ちなみに3番艦はロドニーになるはずだった。つまりフッドは本来なら「アドミラル（提督）」級の1番艦だったんだな。

キング・ジョージV世級の建造は１９３９年９月に第２次世界大戦が始まると一層急がれて、１番艦を１９４０年９月に竣工させて、残りも１９４１年中には完成させよう、ってことになった。ところがイギリスの造船工業は、商船の新造や修理、護衛用艦艇や駆逐艦の新造とか改造とかで、施設も資材も人員も手いっぱいになった。とうとう１９４０年５月には、４番艦アンソンと５番艦ハウの建造工事を一時停止しなくちゃならなくなった。アンソンは１９４０年２月に、ハウは１９４０年４月に進水してるけど、そこでストップがかかったのだ。

なんとかアンソンは工事停止から３ヵ月後の８月に、ハウも６ヵ月後の10月には工事を再開できた。キング・ジョージV世は１９４０年12月に竣工して、２番艦プリンス・オブ・ウェールズは１９４１年３月に、３番艦デューク・オブ・ヨークも１９４１年11月には竣工した。でも４番艦アンソンが竣工したのは１９４２年６月、ハウは１９４２年８月で、結局キング・ジョージV世級５隻の竣工時期は２年８ヵ月にわたることになった。

戦いの海へ

ハウが竣工した１９４２年８月29日、このころのイギリス海軍は、地中海では８月13日に「ペデスタル作戦」で大きな犠牲を払いつつもマルタ島への輸送に成功して、マルタ基地の戦力維持を確立したばかりだった。北極海では７月上旬に、ドイツ戦艦ティルピッツ出撃の報に海軍司令部がソ連向け輸送船団ＰＱ17の護衛部隊を退去させ、船団を解散させてしまい、その結果ＰＱ17の輸送船はＵボートやドイツ空軍に個別に攻撃され、全滅に近い損害を出していた。大西洋では8月に北アメリカからイギリスに向かう低速輸送船団ＳＣ94が、「ウルフパック」を組むＵボートに襲われ、手薄な護衛部隊は翻弄されて、大きな損害を受けていた。

そしてもちろん太平洋でもソロモン諸島周辺での日本軍と連合軍との戦いが最高潮にさしかかりつつあり、１９４２年８月には第１次ソロモン海戦、第２次ソロモン海戦が終わったばかりという時期だ。

つまりハウの完成は、使いどころのない戦艦がまた1隻できちゃった、なんていうものじゃなくて、まだまだ戦艦がどこでどう必要になるかわからない状況の中での、新造戦艦の竣工だった。そりゃ対潜作戦に戦艦は役に立たないだろうけど、北極海にはティルピッツがいるし、地中海にはイタリア戦艦がいるし、そいつらを封じ込めておくためにも戦艦は必要だったのだ。

竣工したハウはすぐに実戦に参加したわけじゃなくて、スコットランド北方のフェロー諸島にあるスカパ・フロー泊地で本国艦隊に合流、12月まで慣熟と訓練で過ごす。12月31日、ハウは初めての実戦に出撃する。この日、バレンツ海でロシア行き輸送船団ＪＷ51の護衛の駆逐艦部隊が、ドイツの重巡ヒッパーとリュッツオウ（元は装甲艦）の攻撃に立ち向かい、船団を守っていた。これが有名なバレンツ海海戦。その報を受けたイギリス本国艦隊は、その船団の帰路（ＲＡ51）の援護と、リュッツオウが船団攻撃と大西洋への進出を試みる可能性があると見て、その捕捉のために、旗艦キング・ジョージⅤ世とハウ、軽巡バミューダ、駆逐艦からなる部隊を出撃させたのだった。もちろんこのとき、リュッツオウは出てこなくて、ハウの初陣は何事もなく終わったのだった。

その後のハウは、１９４３年の1月から4月までスカパ・フローを基地に訓練を続けながら、ソ連向け船団の往復の援護や北大西洋へのドイツ大型艦の進出に備えて哨戒任務に就いてた。５月になると、ハウは来るべきシシリー島上陸作戦への参加が決まって、その準備のためにドック入りして整備と対空兵装の強化の改造が施された。

ハウがイギリスを発ったのは5月下旬で、ジブラルタルを経由して6月には北アフリカのアルジェに進出した。シシリー島上陸作戦「ハスキー作戦」は7月9日に始まったが、ハウとキング・ジョージV世は上陸作戦の支援部隊として、シシリー島の西、サルディニア島南方で、イタリア艦隊が出撃してきた場合の警戒任務に就いた。上陸作戦のための艦砲射撃は戦艦ネルソンとロドニー、クイーン・エリザベス級戦艦改装型のウォースパイトとヴァリアントの仕事だったのだ。

それでもハウが14インチ主砲を撃たなかったわけじゃなかった。7月12日にはシシリー島西岸トラパニとその周辺の陸上目標に艦砲射撃を行なったのだ。といっても実はこの作戦は陽動で、シシリー島南岸の上陸からイタリア軍とドイツ軍の反撃を逸らすためのものだった。

ハウは「ハスキー作戦」の任務を終えるとアルジェに戻った。9月8日には護衛の駆逐艦の給油のためマルタに立ち寄っているところに、イタリア降伏の報が入った。ハウはキング・ジョージV世、イギリスとアメリカの軽巡や駆逐艦を率いて、イタリア海軍の基地のあるタラントへの占領に向かった。その途中で、降伏のためマルタに向かうイタリア海軍の戦艦カイオ・デュイリオ、アンドレア・ドリア以下の艦隊と出会った。ハウが初めて敵戦艦と行き会ったときには、すでに砲戦を交える関係じゃなくなってたのだ。

ハウはタラントへの占領部隊の上陸を援護、その後、ハウは降伏したイタリア艦、戦艦イタリアとヴィットリオ・ヴェネトなどをアレクサンドリアに護送する任務に就いた。

１９４３年10月、ハウは本国に呼び戻されて、また本国艦隊の下で船団護衛やドイツ水上艦の出現に対する警戒任務に就いたが、11月には極東方面に配属されることになり、その準備のためデヴォンポートでドック入りして改修されることになった。この改修で航空装備が撤去されて、また対空兵装が増やされて、あとレーダーも一部が新型のものに更新された。

ハウの改修が完了したのは１９４４年５月のことだった。ハウはスカパ・フローで慣熟訓練を行ない、６月に地中海経由でインド洋に向けて出発して、８月初めにセイロン（今のスリランカ）に到着した。

極東方面でのハウの初陣は８月末、空母部隊によるスマトラのパダンへの攻撃の護衛だった。９月にもスマトラやニコバル諸島への空母部隊の攻撃の護衛任務について、11月には、キング・ジョージⅤ世や空母４隻とともに新編のイギリス太平洋艦隊に配属となった。

でもハウはすぐオーストラリア〜ニュージーランドに派遣されて、１９４５年２月には太平洋艦隊司令官フレイザー提督の旗艦としてニュージーランドを訪問した。３月にハウを含むイギリス太平洋艦隊はアドミラルティ諸島に進出したけど、アメリカ海軍作戦部長キング提督から対日戦参加の承認がなかなか下りなかった。

イギリス海軍は西太平洋に基地がないもんだから、補給や整備はアメリカ軍基地に頼るか、はるか後方に下がるかしなくちゃならないんで、アメリカ海軍としてもイギリス太平洋艦隊をどう扱うか困ったんだろうな。

ハウとイギリス太平洋艦隊は3月下旬になって、やっとアメリカ第5艦隊指揮下で「第57任務部隊」となり、ハウはキング・ジョージV世とともに、その戦艦部隊「第57・1任務群」を構成した。

イギリス艦隊はまずは先島群島の日本軍航空基地を攻撃したけど、主役はもちろん空母の航空部隊で、ハウとキング・ジョージV世はその護衛役だった。イギリス艦隊も日本軍の特攻機に襲われて、ハウの対空射撃は4月には特攻機1機を撃墜したそうだ。ハウとイギリス太平洋艦隊は5月には宮古島攻撃の任務にあたり、戦艦は陸上の目標に艦砲射撃を実施、対空砲陣地に対するハウの射撃は非常に正確だったそうだ。

ハウは5月末に沖縄近海から後退、6月にはシドニーからフリーマントル、さらに南アフリカのダーバンに下がって、そこで6月の末から整備と修理に入った。イギリス海軍の大規模な造修施設はオーストラリアにもなくて、太平洋からだと南アフリカまで下がらなくちゃならなかったのだ。

ハウの整備は9月初めまでかかった。つまりハウは戦線からはるか離れたダーバンで第2次世界大戦の終結を迎えたわけだ。修理を終えたハウは間もなくイギリス本国に帰還した。このときに20㎜単装機関砲は全部撤去されて、代わりにボフォース40㎜単装機関砲18門と4連装ポンポン砲6基が装備された。

イギリスに戻ったハウは１９４６年まで艦隊に留まり、その後は１９５０年まで練習艦隊旗艦を務めた。１９５０年には予備艦になって、１９５７年にキング・ジョージV世級の姉妹艦とともに除籍された。

郵　便　は　が　き

おそれいりますが切手をお貼りください

101-0054

東京都千代田区神田錦町
1丁目7番地　㈱大日本絵画
読者サービス係行

アンケートにご協力ください

フリガナ　　　　　　　　　　　　　　　　年齢
お名前　　　　　　　　　　　　　　　　（男・女）

〒
ご住所

TEL　（　　）
FAX　（　　）

e-mailアドレス（メールにてご案内を差し上げてよい場合にご記入下さい）

ご職業				
	1 学生	2 会社員	3 公務員	4 自営業
	5 自由業	6 主婦	7 無職	8 その他

愛読雑誌

このはがきを愛読者名簿に登録された読者様には新刊案内等お役にたつご案を差し上げることがあります。愛読者名簿に登録してよろしいでしょうか。

□はい　　□いいえ

英国軍艦勇者列伝2

978449923304

「英国軍艦勇者列伝2 」アンケート

買い上げいただき、ありがとうございました。今後の編集資料にさせていただ
ますので、下記の設問にお答えいただければ幸いです。ご協力をお願いいたし
す。なお、ご記入いただいたデータは編集の資料以外には使用いたしません。

この本をお買い求めになったのはいつ頃ですか？
　年　　月　　日頃(通学・通勤の途中・お昼休み・休日）に

この本をお求めになった書店は？
　(市・町・区)　　書店

購入方法は？
書店にて(平積・棚差し)　２書店で注文　３直接(通信販売)
文でお買い上げのお客様へ　入手までの日数(　日)

この本をお知りになったきっかけは？
書店店頭で　２新聞雑誌広告で（新聞雑誌名　）
モデルグラフィックスを見て　４アーマーモデリングを見て
スケール アヴィエーションを見て
記事・書評で（　）
その他（　）

この本をお求めになった動機は？
テーマに興味があったので　２タイトルにひかれて
装丁にひかれて　４著者にひかれて　５帯にひかれて
内容紹介にひかれて　７広告・書評にひかれて
その他（　）

の本をお読みになった感想や著者・訳者へのご意見をどうぞ！

ご記入の感想等を、書籍のPR等につかわせていただいてもよろしいですか？
□　実名で可　□　匿名で可　□　許可しない

協力ありがとうございました。抽選で図書カードを毎月20名様に贈呈いたします。
お、当選者の発表は賞品の発送をもってかえさせていただきます。

ハウが戦ったのは1942年12月から1945年8月までの2年8ヵ月、ハウがしたことといえば、陸上目標への艦砲射撃や対空護衛で、敵艦と砲火を交えたことはついに一度もなかった。でも「ハウは第2次世界大戦で目立った働きをせず……」っていうのは結果論であって、乗員たちにとっては、この2年8ヵ月はやっぱり戦争の日々だったはずだよね。

　敵艦と撃ち合ったり、敵機の爆撃や雷撃をくらうことなく第2次世界大戦を終えた戦艦ハウは、乗員たちにとっては「何にもしなかった艦」っていうよりも「戦争を無事に生き延びさせてくれた艦」だったんじゃないかしら。それはそれで、軍艦の運命としては幸せなのかもしれない。

ハウっていう名前のイギリス軍艦は、このキング・ジョージV世級5番艦で6代目。初代は1805年の元インド商船、5代目は未起工に終った、フッドの同型艦。だから、これは実質的には5代目ってことになるのかな。

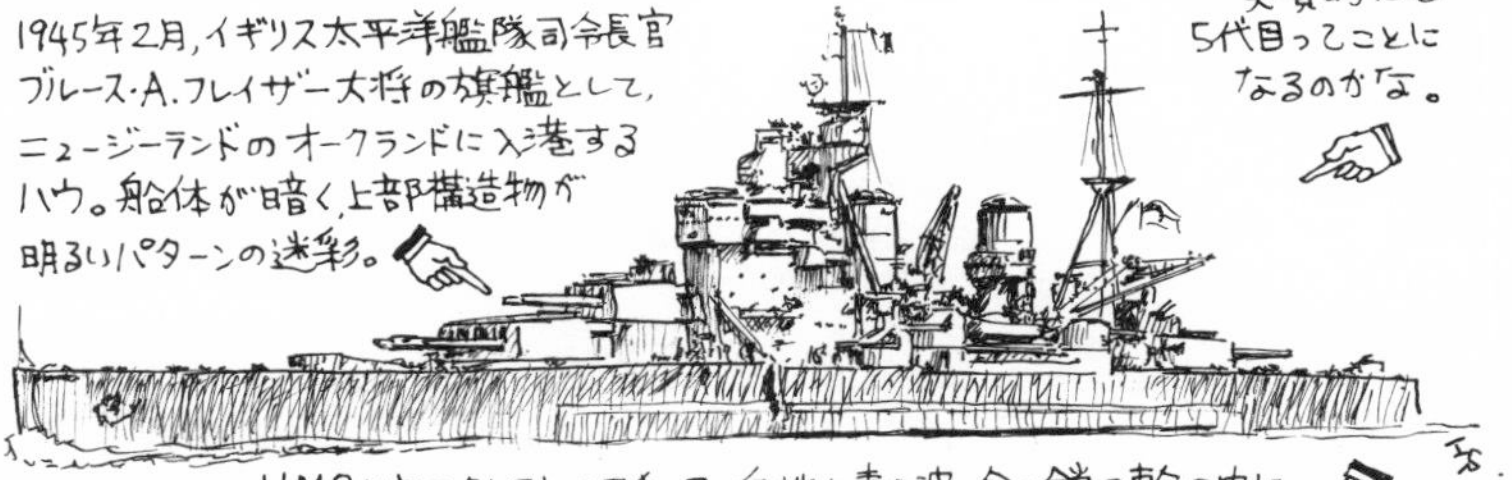

1945年2月、イギリス太平洋艦隊司令長官ブルース・A.フレイザー大将の旗艦として、ニュージーランドのオークランドに入港するハウ。船体が暗く、上部構造物が明るいパターンの迷彩。

HMSハウのクレストのモチーフ。白地に青の波、金の鎖の輪の中に上向きの剣に貫かれて黒い狼の頭（赤い舌）。

モットーは「Utcumque placuerit deo（神ノ意ハ為サルル）」。

リチャード・ハウ提督（1726～1799）。アメリカ独立戦争やフランスとの戦争を戦った。ホレイショ・ネルソンよりもちょっと前の世代の人だな。

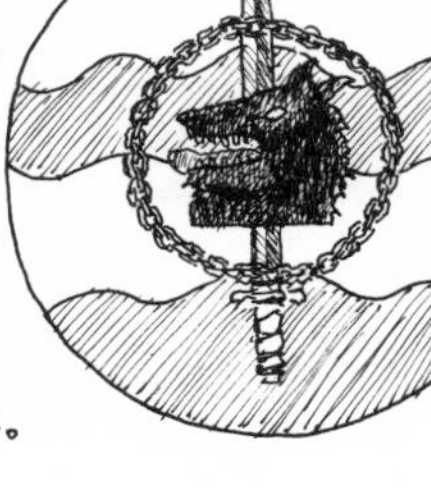

COLUMN イギリス海軍の歴史⑤

革命戦争と反乱

アメリカの独立を巡る戦争は1783年に終結したが、イギリスとその海軍が一息つく間もなく1789年にはフランスで革命が起こり、イギリスはオーストリアやオランダ、プロシアと同盟してフランス共和国と戦うことになった。この戦争でイギリスはフランスに対して海上封鎖を行った。海上の貿易や輸入を止めてフランスを締め上げるのだ。海上封鎖は、多くの艦艇と経験豊富な士官と乗員を揃え、統制のとれた艦隊を持つ海軍だからこそできる作戦で、イギリス海軍は得意技として後の世界大戦でもやっている。

イギリスの封鎖艦隊と、アメリカからの穀物を運ぶフランスの護送船団がスペイン沖の大西洋で戦ったのが、1794年の「栄光の６月１日海戦」で、イギリスのリチャード・ハウ提督率いる26隻がフランスの26隻を捉えた。ハウはフランス戦列艦５隻を降伏させ、１隻を撃沈するという勝利を挙げたが、穀物輸送船は取り逃がしてしまった。ハウはこのとき68歳、長い実戦経験があり、クィブロン湾の戦いでの働きは指揮官のホーク提督からも称賛されている。

その他にもイギリス海軍は、フッド提督のトゥーロン襲撃などフランスに対して数々の勝利を挙げるが、同盟の足並みは乱れ、逆にオランダやスペインがフランスと同盟を結び、1797年にはフランスと戦っているのはイギリスただ１国となってしまう。

その1797年、地中海艦隊司令官のジョン・ジャーヴィスはスペインの艦隊が北上、フランスやオランダ艦隊と合流してイギリス侵攻を企てていることを掴み、旗艦ヴィクトリー以下15隻の戦列艦で迎撃に向かった。対するスペイン艦隊は当時最大級の戦列艦サンティッシマ・トリニダードをはじめ27隻、隻数でも砲の数でもジャーヴィスは不利だったが、スペイン艦隊は乗員の数も練度も足りず、艦隊としての統制もとれていなかった。一方ジャーヴィスの艦隊には、ネルソンやコリングウッド、ソーマレズら優れた艦長や指揮官が揃っていた。スペイン西方のセント・ヴィンセント岬沖で、ジャーヴィスはスペイン艦隊を捉え、前後二つに分かれたスペインの隊列の後部を狙うが、イギリス隊列の後方にいたネルソンは、独断で隊列を離れスペイン前方部隊に突入、コリングウッドがそれに続く。まあ、その直後にジャーヴィスが「各艦適宜攻撃せよ」の信号を送ってるから、ネルソンは命令違反にはならなかったんだけど、とにかくネルソンの果敢な攻撃で、海戦はイギリスの勝利となった。ジャーヴィスは「セント・ヴィンセント卿」という称号をもらう。

しかしその直後、スピットヘッド泊地に停泊中のイギリス艦隊で水兵が反乱を起こした。当時の水兵の待遇はひどく、水兵に与えられる処罰もしばしば残酷なものだったが、反乱の主な原因は給料が安すぎることだった。水兵との調停や説得に当たったのは72歳になった退役提督ハウだった。ハウは水兵たちからの信望が厚く、“ブラックディック・ハウ”とあだ名されていた。水兵の要求はもっともだったし問題のある士官も多かったため、反乱側の要求は容れられ給料は大きく改善された。流血の事態はほとんどなく、反乱を起こした水兵も処罰されることはなく、代わりに少なからぬ士官が罷免されたのだった。

1797年2月、セント・ヴィンセント岬の海戦。当時の画家、ロバート・クレヴァリーの絵を基にしてます。

このサルヴァドーレ・デル・ムンド☞をはじめ、拿捕されてスペインの旗の上にイギリスの旗を上げている艦が何隻も描かれてる。

File no. **10**

想 定 寿 命 3 年

コロッサス級軽空母（前編）

Colossus class aircraft carriers

1944年～2001年

基準排水量：1万3190トン
満載排水量：1万8040トン
全長：212.0m
全幅：24.5m
喫水：5.6m
機関：ギアードタービン2軸、4万0000shp
速力：25ノット
搭載機数：52機
兵装：2ポンド4連装機関砲×6基
　　　20㎜連装機関砲×16基

エンクローズド・バウといい、
アイランドといい、印象としては
イラストリアス級グループの
正規空母を一回り小さく
したみたいで、アメリカの
インディペンデンス級
軽空母よりちゃんとした
空母っぽい。

イギリス海軍が空母不足を
なんとかしようと、1942年から
大急ぎで建造したコロッサス級
軽空母の、これはネームシップの
コロッサス。太平洋～東南アジア
での行動を終えて、1946年に
イギリス本国に帰ってきたころ
の姿だと思う。

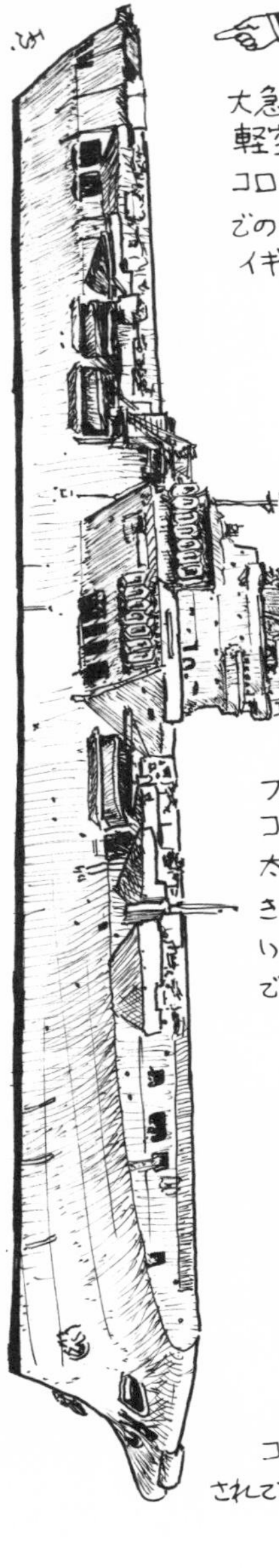

フェアリー・バラクーダ攻撃機。
コロッサス級軽空母が
太平洋方面に配備されたと
きに搭載されてた。まあ、
いろいろ大変な機体
ではあったんだが。

この姿を見ると、
コロッサス級は、
アメリカや日本の軽空母に
比べると、商船規格の
戦時急造で実用寿命3年
とかいう割りに、いろいろ
オーバースペックだったのかも。
そして、これらイギリス軽空母
が思いがけなくも長い
生涯を送ることになったのも、
そのオーバースペックのおかげ
だったのかもしれない。

バラクーダ攻撃機とともに、
コロッサス級軽空母に搭載
されてた、ヴォート・コルセア戦闘機。

もっと空母を！

第2次世界大戦が始まって3年目になった１９４２年、イギリス海軍にはいろんな軍艦が足りなかった。船団護衛用のコルベットもフリゲイトも、駆逐艦も、必要な艦はいくらでもあったし、作れるもんなら戦艦だって巡洋艦だって欲しかったけど、とくにイギリス海軍が必要だと思ったのは艦隊防空力、つまり空母だった。

なにしろ１９４１年には地中海でマルタ島への輸送船団がドイツ・イタリアの飛行機に襲われて散々な目にあってたし、5月のクレタ島撤退戦でもドイツ機やイタリア機の爆撃で多くの艦船が沈められた。そのうえ１９４１年12月にはマレー半島の沖で戦艦プリンス・オブ・ウェールズと巡洋戦艦リパルスが日本海軍の陸上攻撃機に沈められちゃった。もしこれらの戦場に空母がいて、戦闘機で上空援護ができてたら、話は違っていたかもしれない。イギリス海軍航空隊の艦上戦闘機も、開戦当時は複葉のグロスター・シーグラジエーターと、複座で急降下爆撃機兼用のブラックバーン・スクアという情けない陣容だったけど、１９４２年にはアメリカ製のグラマン・マートレット（後のワイルドキャット）やホーカー・シーハリケーンが配備されて、なんとか戦闘機らしい戦闘機がそろってきた。それに１９４２年になると、アメリカでの空母艦上機乗員の訓練態勢が整ってきて、空母航空戦力の拡充も見込みが立ってきた。

でも、それを載せる空母となると、緒戦で空母カレイジャスとグローリアスが沈んで、１９４１年には近代的なアークロイアルが失われ、１９４２年にもインド洋で古くて小型の空母ハーミズが日本軍に沈められて、地中海じゃ古くて遅いイーグルがUボートに撃沈されてた。１９４２年の時点でイギリス海軍にあった正規空母は、イラストリアスとフォーミダブル、ヴィクトリアス、その改良型のインドミタブル、それに古い古いフューリアスだけだった。護衛空母も出来つつあったけど、速力が遅くて艦隊といっしょに行動できるわけじゃなかった。

そんなわけでイギリス海軍は１９４２年に空母の建造を計画したんだけど、ちゃんとした正規空母を建造するには時間も手間もかかる。イラストリアス級みたいに装甲甲板にするには装甲の鋼鉄を作らなくちゃならないし、高角砲やら兵装も作らなくちゃならない。それに大型の空母を建造できるような造船所の船台は少なくて、すぐには建造できなかった。そこで１９４２年計画じゃ正規空母は4隻だけにして、それを補うものとして、もっと小さくて簡便な軽空母を10隻建造することにしたのだった。この軽空母の建造数は１９４２年内にさらに6隻追加されて、合計16隻が計画された。

実はイギリス海軍はそれ以前の１９４１年から急造空母を考えていて、客船を改装して空母にしようとか（誰しも考えるんだな）、第1次世界大戦末期に起工した1万トン弱のホーキンス級軽巡を空母に改装しようとかも検討したそうだ。でも結局、それらを改装した場合の空母の能力とか、改装の手間や時間を考えた結果、新規に設計した方が早いという結論になった。この軽空母は、軍艦建造に経験の少ない造船所や、造船会社の商船担当部門でも作れるように、水線より下の船体構造は商船規格で設計された。海軍の設計部門は大忙しで人手が足りなかったんで、実際の設計はヴィッカース・アームストロング社が担当した。当初は「中間空母」、つまり正規空母と護衛空母の中間的な空母と呼ばれてたけど、後に「軽空母」になった。

簡単に早く作るんでもちろん装甲はないし、高角砲も装備しない。機関だって巡洋艦用のボイラーとタービンを流用する。それぞれ2基で2軸、出力は4万ｓｈｐで、力不足ではあるんだけど、速力が遅くなるのは我慢する。でもさすがに生残性を考えて、いわゆるエシュロン配置、ボイラー室と機関室を左右に並べて、前後で左右を入れ替えるシフト配置を採用した。この軽空母はちゃんとアイランドがあって、イギリス流のエンクローズドバウがついて、排水量は基準で1万３１９０トン、満載で1万８０４０トン、全長は２１２ｍ、幅24・５ｍ、速力は25ノットとなった。小さい空母なのに格納庫はイギリス流に密閉式で1層、高さは５・３ｍを確保してた。エレベーターは前後に2基、カタパルトは1基、搭載機数は52機というんだけど、もちろん甲板上に露天係止する分を含んでの数だな。兵装は40㎜４連装機関砲、いわゆるポンポン砲が6基に、20㎜連装エリコン機関砲16基というのが基本だった。乗員は８５４人、それに航空部隊要員２２２人が加わって、約１１００人ていうところだ。

しかしこの軽空母、なにしろ商船設計なんで、将来戦争が終わったら客船なり貨物船に改装することも想定してたともいうが、一方じゃ戦争のために大急ぎで建造するから長持ちすることは考えずに、実用寿命は3年、戦争が終わったら退役してスクラップにするつもりの使い捨てでいいとされてたともいう。

計画数16隻、できたのは……

軽空母は１９４２年中に1～5番艦と8～10番艦が起工、６番艦と7番艦、それに11～16番艦の起工は１９

４３年になった。艦名は１番艦がコロッサス、２番艦はエドガー、以下グローリー、イサリオン、オーシャン、シーシアス、トライアンフ、ヴェネラブル、ヴェンジャンス、ブレイヴと予定された。11番艦以降の艦名はハーキュリーズ、マジェスティック、リヴァイアサン、マグニフィセント、パワフル、テリブルとなる予定だった。このクラスは１番艦の名前からコロッサス級と呼ばれるようになった。

いくら戦時中にさっさと作れるように設計したとはいっても、空母は空母、それなりに時間もかかる。最初の予定じゃ起工から22ヵ月で完成させることになってたのが、27ヵ月に延長されたんだけど、１番艦コロッサスが竣工したのは、起工から２年６ヵ月、つまり30ヵ月後の１９４４年12月だった。戦時建造で手一杯のイギリスの造船能力からしたら早い方かもしれないけど、同じころに建造されたアメリカ海軍のインデペンデンス級軽空母の８番艦バターンは１９４２年８月に起工して、１９４３年11月に竣工、15ヵ月／１年３ヵ月で完成してるんだから、まあインデペンデンス級が巡洋艦の船体を利用したとはいえ、アメリカとイギリスの工業力の差なんだろうねえ。

続いて１９４２年の12月と11月に起工した８番艦ヴェネラブルと９番艦ヴェンジャンスが１９４５年１月に竣工、さらに１９４５年４月に３番艦グローリーが、６月にオーシャンが竣工したけど、それから２ヵ月後の１９４５年８月に日本が降伏しちゃって、第２次世界大戦は終結を迎えたのだった。戦争中に完成した軽空母はこの５隻だけだった。あとのシーシアス、ブレイヴが改名したウォーリア、トライアンフの竣工は１９４６年になったのだった。

ここに挙げた中に艦名が出てこなかったのが2隻ある。2番艦のエドガー改めパーシュースと、4番艦のイサリオン改めマーズ、さらに１９４４年に改名されてパイオニアだ。実はこの両艦は空母じゃなくなったのだ。このクラスの建造中、１９４４年ごろには、イギリス艦隊は極東～太平洋に進出して、アメリカ海軍と一緒に日本に対して戦うことになると考えられるようになった。もうイタリア海軍はもちろんドイツ海軍もほとんどいなくなってたから、ヨーロッパ方面には空母の必要はなくなってた。空母が行くところ、搭載航空機の整備・修理施設も必要になる。ところがイギリス海軍は太平洋～極東方面にそんな施設を持ってなかった。そこで空母搭載機の整備・修理を行なう専門のフネを作ろうということになって、建造中だったパーシュースとパイオニアがそれに充てられたのだった。この2隻は飛行機を発着させることはあきらめて、飛行甲板上に甲板室を増設、大型のクレーン2基を装備した。カタパルトは撤去されたけど、エレベーターは残されて、飛行機の整備・修理は基本的には格納庫で行なうこととされた。こうして空母じゃなくて航空機整備艦（「航空工作艦」と呼んだ方がいいかな）になったパイオニアは１９４５年2月に、パーシュースは戦争が終わって間もなくの１９４５年10月に竣工した。

　１９４３年に起工した11～16番艦の6隻は第2次世界大戦が終わったときには進水直後か進水前だったんで、建造工事は終戦とともにいったん休止されちゃった。この6隻は設計当時から飛行機がどんどん進歩してきたんで、工事休止中に飛行甲板やその他の航空艤装を改めて、マジェスティック級っていう別のクラスになった。

太平洋へ……だが！

　コロッサス級軽空母として起工された16隻のうち、６隻はマジェスティック級になって、２隻は航空機整備艦になって、ちゃんと軽空母になったのは８隻だけだった。その中でも第２次世界大戦の終結前に竣工したのはコロッサス、ヴェネラブル、ヴェンジャンス、グローリー、オーシャンの５隻だった。コロッサスは１９４４年12月に竣工したけど、まずは海軍による受領後の公試が続いて、乗員の訓練があって、航空部隊を載せて、本国艦隊の下で運用訓練があって、やっと実戦配備可能になった。コロッサスは姉妹艦のヴェネラブル、ヴェンジャンス、グローリーとともに第11空母戦隊を編成して、イギリス太平洋艦隊に配属されることとなった。

　コロッサスの搭載航空部隊はフェアリー・バラクーダ12～18機の８２７スコードロンとヴォート・コルセア24機の№１８４６スコードロンだった。ヴェネラブルが第11空母戦隊の旗艦で、搭載機はバラクーダの№８１４、コルセアの№１８５１スコードロン、ヴェンジャンスの搭載スコードロンはバラクーダの№８１２とコルセアの№１８５０、グローリーはバラクーダの№８２９とコルセアの№１８１５スコードロンを搭載していた。

　機数はコロッサスの例からすると、それぞれバラクーダが12機程度、コルセアが24機で合計で36～40機ぐらいだったみたいだ。正規空母で飛行甲板に装甲を持つイラストリアス級初期型の当初の搭載数が36機だから、コロッサス級の搭載数はそれと同じで、１９４２年の設計当時のイギリス空母としてはとりあえず充分な数だったんだろう。アメリカ海軍の軽空母インディペンデンス級の搭載機数が通常はＴＢＦアヴェンジャー攻撃機が９機に、Ｆ６Ｆヘルキャット戦闘機が24機だったのに比べると、コロッサス級の方がたくさん積めて、とくに攻撃機の数が多い。そこらへんは、さすがに最初から空母として設計しただけのことはあるんだが、攻撃機の能力だとバラクーダよりアヴェンジャーの方が上だよな、というのは内緒だ。

コロッサス級空母は、太平洋〜極東への展開に向けての準備を終えて本国を出港していった。戦隊旗艦のヴェネラブルが１９４５年３月に一足先に出発、他の３隻も５月までには出発した。地中海からスエズ運河を通ってインド洋に出て、セイロン（今のスリランカ）のトリンコマリーで搭載機を太平洋戦線向けに改修したりして、オーストラリアに向かい、シドニーで４隻そろってイギリス太平洋艦隊に合流した。でもその日は１９４５年８月15日、日本が降伏して、第２次世界大戦が終わった日だ。コロッサス級を急いで建造して、なんとか４隻を太平洋に送り出して、やっと艦隊に加わったと思ったら、戦争は終わっちゃったのだ。

コロッサス級空母４隻は、東南アジア各地に展開していたイギリス軍やイギリス連邦各国軍将兵の復員輸送や、インドネシア（旧オランダ領）で捕らわれていたオランダ将兵や民間人の本国への帰還輸送を務めた。グローリーは１９４５年９月にはラバウルでビスマルク諸島やニューギニア方面の日本軍の降伏調印を艦上で行なってる。

コロッサス級空母は太平洋〜インド洋で戦争の後始末に働いて、１９４６〜１９４７年に本国に帰還した。でも帰ってきたコロッサス級空母は予備艦に編入されて、そこからまた各艦はいろんな運命をたどることになる。

その運命については次回で、ということにして、コロッサス級の艦名だが、コロッサスは「巨像」とか「人を威圧するような巨大なもの」という意味だ。コロッサスはイギリス海軍では由緒ある名前で、１７８７年の戦列艦以来、この空母で6代目だ。エドガーの由来は不詳だけど、おそらく10世紀のエドガー平和王にちなむものじゃないかな。これも軽空母で6代目。それを改名したパーシュースは、ギリシャ神話でゴルゴンを退治した英雄ペルセウスの英語読みだ。グローリーは「栄光」。これも古くから艦名になってて、フランスから分捕ったグロワールも含めると、軽空母で10代目だ。イサリオン(Ethalion)はギリシャ神話で、酒の神ディオニシウスを誘拐しようとして、イルカに変えられちゃった海賊、アエタリオンの英語名。帆船時代にこの名前の軍艦が2隻あった。それを改名したマーズは、ローマ神話の軍神マルスの英語読みで、それからまた改名したパイオニアはもちろん「開拓者」だ。「先駆者」って感じでもいいかも。オーシャンは「大洋」。これも帆船時代からの艦名で、軽空母は5代目。シーシアスはギリシャ神話の英雄テセウスの英語読み。迷宮の奥に棲む牛頭人身の怪物ミノタウロスを退治した人だ。トライアンフは「勝利」、「凱旋」のこと。軽空母で9代目、初代は16世紀のフネだ。ヴェネラブルは「神々しい」、「尊ぶべき」という形容詞だけど、「高齢で」や「古びて」っていうニュアンスが伴う。軽空母は4代目。ヴェンジャンスは「復讐」。リヴェンジと同じような意味だけど、リヴェンジは動詞でもある。軽空母は7代目。ブレイヴは「勇敢な」という形容詞だけど、定冠詞のザがつけば「勇敢な人」、「勇士」だ。改名してウォーリア、「戦士」になった。ブレイヴは軽空母で8代目、ウォーリアは5代目。

　こうしてみると、コロッサス級の艦名は、なかなか古風な、イギリス海軍的には由緒ある名前で揃えたような感じだな。

イギリス海軍の「軽空母」，もとは「中間空母」と呼ばれた
コロッサス級を，他の空母と比べてみると……

正規空母イラストリアス級（イラストリアス）。
基準排水量23207トン／満載排水量28619トン
搭載機数36機（後に57機）
4.5インチ連装高角砲×8基，飛行甲板に装甲
速力30.5ノット

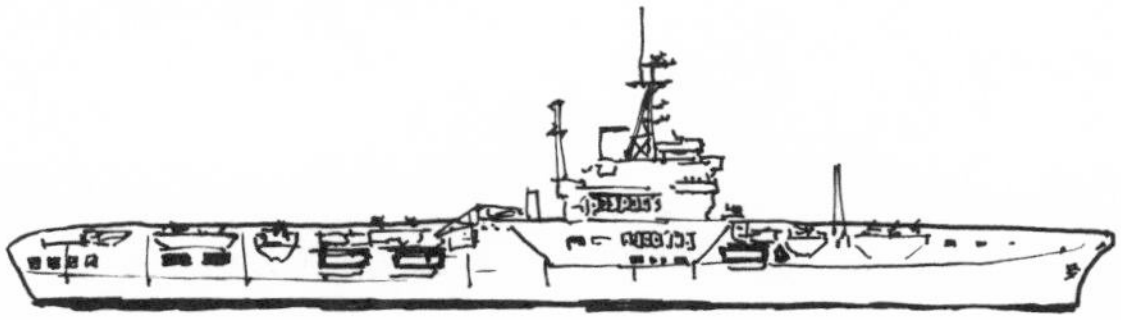

軽空母コロッサス級
13190トン／18040トン，搭載機数52機，速力25ノット

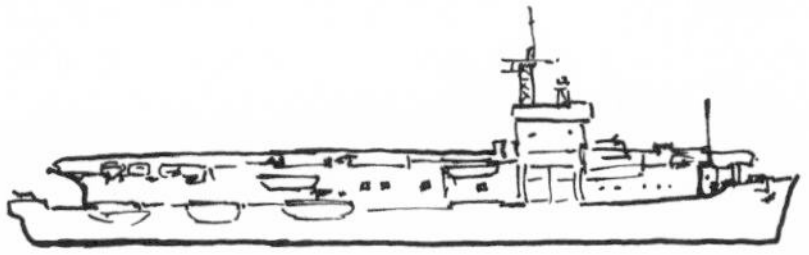

護衛空母ルーラー級（米ボーグ級と同型）
9170トン／15160トン，搭載機数24機，17ノット

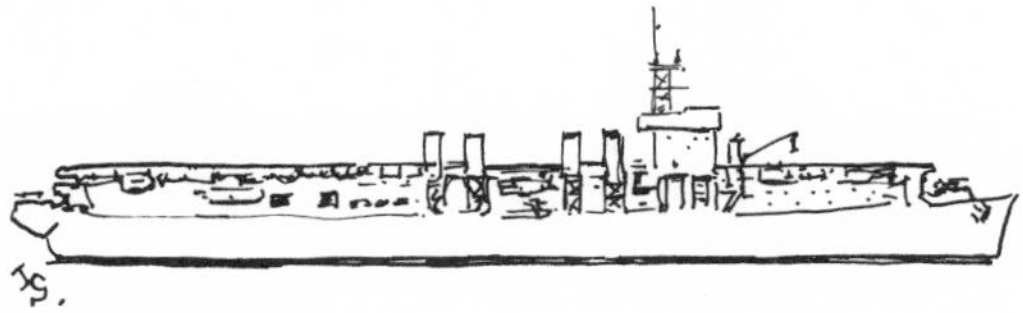

［参考出品］
アメリカ軽空母インディペンデンス級
10662トン／14751トン，搭載機数34機，31ノット

COLUMN

イギリス海軍の歴史⑥ ホレイショ・ネルソン

セント・ヴィンセント岬の海戦での果断な行動で勝利を導いたホレイショ・ネルソンは自らの将旗を掲げるようになる。ネルソンは1770年に12歳で士官候補生として海軍に入隊、数々の戦闘に参加した。ネルソンは1794年にコルシカ島で砲弾の破片で右目の視力を失い、さらに1797年にはカナリア諸島でスペイン財宝船を襲撃して失敗、右腕を失うという重傷を負うが、艦隊に復帰、ジャーヴィスにより1個戦隊の指揮を任される。彼の戦隊にはフッドやソーマレズ、トロウブリッジらジャーヴィスの下で共に戦った優秀な艦長らがいた。

1798年、フランスのナポレオンが、イギリスのインドとの通商路を断つことなどを目的にエジプトに侵攻する。旗艦ヴァンガードでエジプトに急行したネルソンは、ナイル河口アブーキル湾でフランス艦隊を捉えた。ネルソンの14隻にフランスは13隻、砲の数ではフランスが多かったが、フランス側は乗員が不足し、その練度も士官の経験も足りなかった。ネルソンの戦隊は夜間停泊中のフランス艦隊の陸側に入り込んで猛攻を加え、フランス側は降伏した戦列艦５隻を含め９隻を失い、イギリス側は1隻も失わなかった。

このナイル海戦でナポレオンはエジプトに孤立し、ナポレオンの不敗神話に傷がつくこととなった。海戦後、ナポリに寄港したネルソンは現地の外交官ハミルトン卿から勝利を祝われ、その席でハミルトン夫人エマと出会って二人の恋が始まった。

1801年にはバルト海の情勢が不穏となり、イギリス海軍は通商路の安全を確保するため、ネルソンの艦隊をデンマークに派遣した。ネルソンはコペンハーゲン湾でデンマーク艦隊を破り、デンマークと和平を結んだ。

この後1802年にフランスとの戦争はひとまず終結するが、翌年にはまた戦争が始まる。

1805年、ナポレオンはヴィルヌーヴ提督の艦隊にスペイン艦隊とともにイギリス海峡を制圧することを命じて、大西洋に送り出す。ネルソンはこの艦隊を捕捉するべく追撃するが、ヴィルヌーヴは逃れ、スペインのカディスに帰港する。しかしナポレオンはヴィルヌーヴのこの行動が気に入らず、出撃を命じ、ヴィルヌーヴは迷った末にジブラルタル海峡へと向かった。

この艦隊の動きをイギリス海軍のブラックウッド艦長がネルソンに急報、ジブラルタル西方のトラファルガー岬沖で、ネルソンはついにフランスとスペインの連合艦隊を捉える。イギリス側の戦列艦27隻に対し、フランス・スペインは33隻、ネルソンは艦隊を2列に編成、敵の戦列の２ヵ所に横から突入することとした。世にいう「ネルソン・タッチ」だ。イギリスの隊列は旗艦ヴィクトリーとテメレーアなど、もう１隊はロイアル・ソヴァレンのコリングウッドが率いた。トラファルガーの海戦は約4時間にわたり、フランス・スペイン艦隊は22隻を失い、イギリス側は突入の先頭に立ったヴィクトリーやロイアル・ソヴァレンなどが大破したが損失艦はなかった。しかしネルソンはフランス艦ルドゥタブルの狙撃手の射撃に斃れ、戦死した。

この海戦でイギリスの制海権は確固としたものとなった。ネルソンの遺骸はロンドンに運ばれ、盛大な国葬が行なわれた。

File no. 11

空母発達史のかすかな輝き

コロッサス級軽空母（後編）

Colossus class aircraft carriers

1944年～2001年

基準排水量：1万3190トン
満載排水量：1万8040トン
全長：212.0m
全幅：24.5m
喫水：5.6m
機関：ギアードタービン2軸、4万0000shp
速力：25ノット
搭載機数：52機
兵装：2ポンド4連装機関砲×6基
　　　20mm連装機関砲×16基

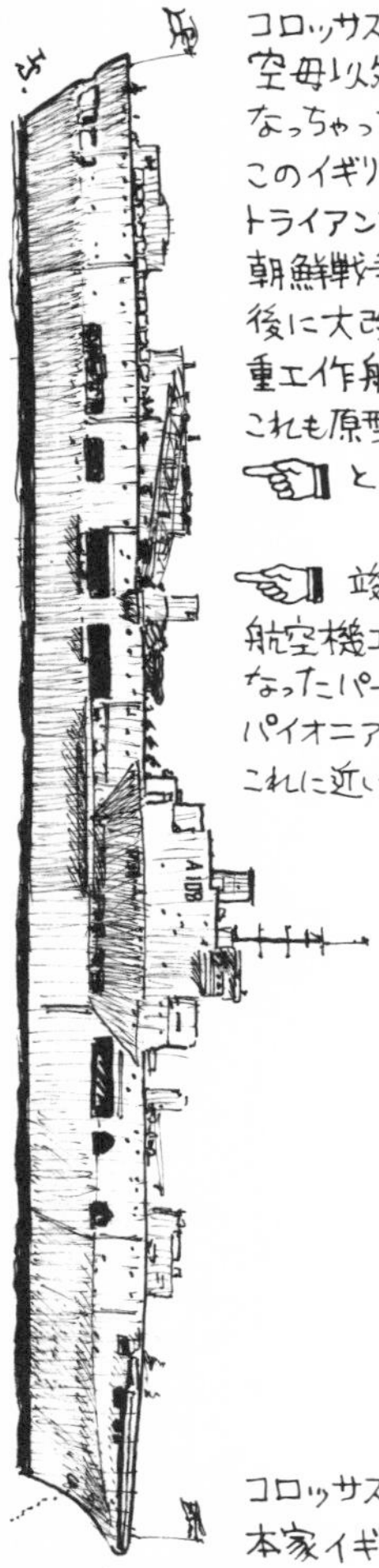

コロッサス級の中には
空母以外のものに
なっちゃった艦もあって、
このイギリス海軍の
トライアンフは、
朝鮮戦争を戦った
後に大改装されて、
重工作艦になった。
これも原型をあんまり
とどめてない。

竣工前に
航空機工作艦に
なったパーシアスと
パイオニアも、艦容は
これに近い感じだった。

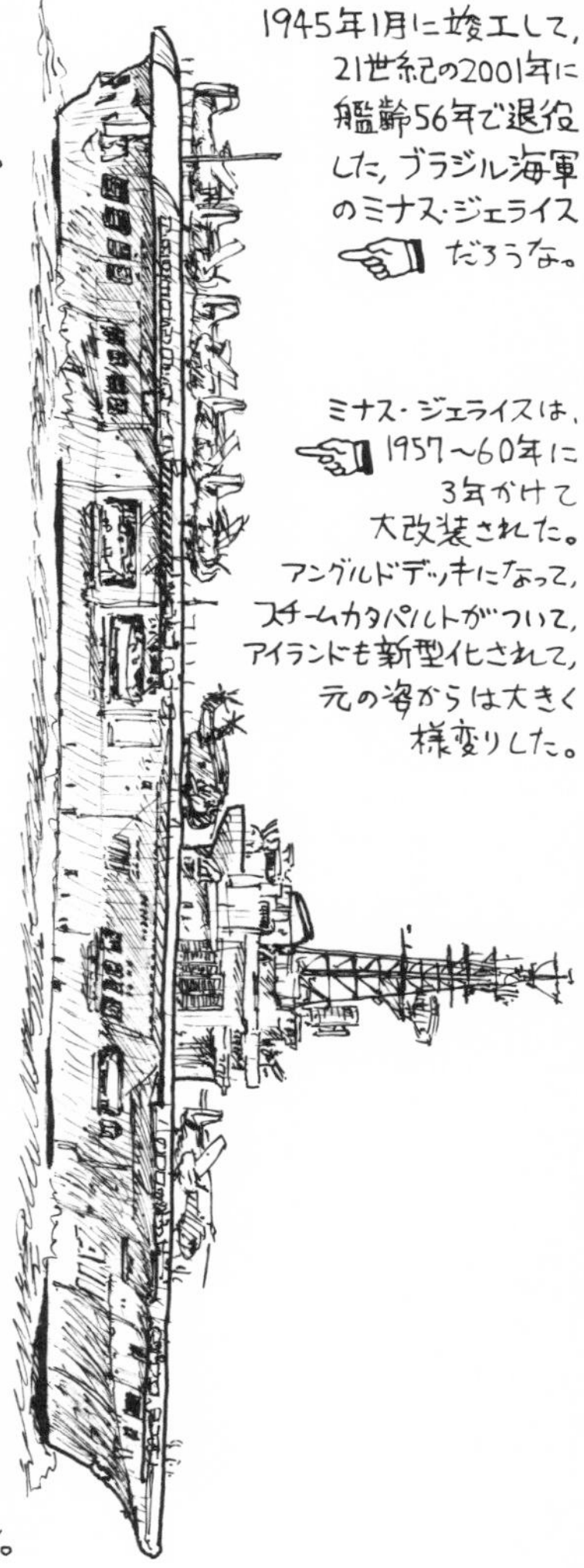

戦時急造のコロッサス級軽空母
10隻は、長かったり短かかったり、
いろんな生涯を送った。中でも最も
長命だったのは、ヴェンジャンスとして
1945年1月に竣工して、
21世紀の2001年に
艦齢56年で退役
した、ブラジル海軍
のミナス・ジェライス
だろうな。

ミナス・ジェライスは、
1957～60年に
3年かけて
大改装された。
アングルドデッキになって、
スチームカタパルトがついて、
アイランドも新型化されて、
元の姿からは大きく
様変りした。

コロッサス級は、
本家イギリス海軍の
他に、英連邦のカナダとオーストラリア、
それにオランダ、アルゼンチン、ブラジルの
6カ国の海軍で使われた。
ちなみにインド海軍のヴィクラント
(先代)は、コロッサス級じゃなくて
マジェスティック級のハーキュリーズが前身。

シーフューリー対ミグ！

第２次世界大戦で空母が足りなくなったイギリス海軍が、戦局厳しき１９４２年に計画して、大急ぎで建造した簡便な空母がコロッサス級軽空母だった。

コロッサス級は16隻が建造される予定だったけど、後期の６隻は航空機の大型化と性能向上に対応できるように途中で設計が変更されて、基準排水量がちょっと大きくなった。かくしてこの後期計画艦は別のクラスとしてマジェスティック級と呼ばれるようになったから、それはまた別の話としておこう。

さて、イギリス海軍のコロッサス級は、第２次世界大戦じゃ戦う機会がなく終わったんだけど、１９５０年６月からの朝鮮戦争ではイギリス海軍の主力として働いてる。まずトライアンフが７月からスーパーマリン・シーファイアＦＲ47やフェアリー・ファイアフライＦＲ１を搭載して、アメリカ空母フィリピンシーとともに作戦に参加、地上目標の攻撃にあたった。でもシーファイアは航続距離が短くて、しかも兵装搭載量が少ないんで、それがけっこう作戦の足かせになったそうだ。

７月28日には、トライアンフ搭載のシーファイアがアメリカ空軍のＢ-29に誤射されて撃墜されるという事件が起きてる。幸いパイロットは救出されて軽傷で済んだんだけど、アメリカ軍極東海軍司令官からは、謝るどころか、「同士討ちの被害は、予想される危険として受け入れるべきである」なんて言われちゃった。

１９５０年の秋からはトライアンフに交代してシーシアスが、シーファイアとファイアフライＦＲ５を搭載して朝鮮戦争に投入されて、アメリカ軽空母とともに主に黄海側で作戦にあたった。アメリカとイギリスの軽空母はけっこうライバル意識があったらしく、そのおかげで作戦や運用を互いに切磋琢磨して向上させていったんだそうだ。

シーシアスは厳しい冬の間も作戦を続けて、この間に救難捜索機としてアメリカ海軍からヘリコプターが貸し出された……いや、むしろそれまでのイギリス空母部隊の救難機が複葉のスーパーマリン・シーオッターだった、ってことがびっくりだよ。言われてみれば「ああ、そうだよな」でもあるんだが。

１９５１年４月にはシーシアスはグローリーと交代する。グローリーの搭載機はホーカー・シーフューリーＦ11戦闘機とファイアフライＦＲ５で、艦上機の能力も向上した。グローリーは９月にオーストラリア海軍の空母シドニーと交代した。このシドニー、実は先述の改コロッサス級ともいうべきマジェスティック級のテリブルで１９４８年にシドニーとして就役した艦だ。シドニーは約４ヵ月行動して、１９５２年１月にはグローリーが戦線に復帰、５月にオーシャンと交代する。

オーシャンの航空部隊は引き続き主に近接支援や阻止攻撃で対地攻撃任務についてたんだけど、８月９日、オーシャン搭載の№８０２スコードロンのシーフューリーに乗ったピーター・カーマイケル大尉は、共産軍のジェット戦闘機ＭｉＧ－15を撃墜した。これは朝鮮戦争でのイギリス海軍機による唯一のＭｉＧ－15撃墜となった。

朝鮮戦争ではこの４隻に加えて、ウォーリアも航空機や兵員の輸送に働いてるから、結局５隻のコロッサス級空母が参加したことになる。

帝国主義の後始末

大戦後、イギリス海軍が艦隊規模を縮小すると、コロッサス級にも余所に出される艦が出てきた。まずはネームシップのコロッサスが、１９４６年８月、フランスに貸し出されて、アロマンシュという名前になった。アロマンシュっていう艦名は、１９４４年６月のノルマンディー上陸作戦で、上陸地点のひとつになった村で、人工港が作られた場所だ。

フランス空母アロマンシュはさっそく１９４８年にインドシナ戦争に駆り出された。１９４９年、アロマンシュはフランスに帰って、１９５１年にフランス海軍はアロマンシュをイギリスからの貸与を購入に切り替えて、アロマンシュは１９５３～１９５４年、インドシナ戦争の末期にまた参加してる。このときにはフランス海軍は元アメリカのインデペンデンス級軽空母のボア・ベロー（旧名ベロー・ウッド）も投入してる。

その後、アロマンシュはまた実戦を経験する。１９５６年のエジプトのスエズ運河国有化に対する武力介入、スエズ動乱だ。インドシナ戦争といい、このスエズ動乱といい、どちらも昔の帝国主義時代の後始末で、コロッサス改めアロマンシュの実戦参加は、どちらもフランスの勝利とはならなかった。

アロマンシュは１９５７～１９５８年にかけて、アングルドデッキ化やミラー着艦システムの追加などの改装を受けて、対潜空母になって、１９６８年にはフランス海兵隊を搭乗させるヘリコプター空母となったけど、その期間は短くて１９７４年に退役、１９７８年に解体された。

南米の3隻

ウォーリアは１９４６年1月に竣工、カナダ海軍に2年間貸し出されたんだけど、実はウォーリアには暖房設備や寒冷地対策が充分じゃなくて、とても寒かったうえに、装備が凍ったりした。カナダ海軍は、空母を北大西洋で使うつもりだったから、これではとても使えないとしてイギリスに突っ返しちゃった。その代わりにイギリスから未竣工のマジェスティック級マグニフィセントを手に入れるんだけど、それはまた別の話。

出戻りのウォーリアは１９４８年に飛行甲板をゴム張りに改造して、シーヴァンパイア戦闘機を用いた「脚なし艦上機」のテストにあたった。プロペラのないジェット機なら、脚なんかなくても柔らかいゴム張り甲板に降りられるから、将来の艦上機は脚をなくすことができるんじゃないか、というアイディアだ。

着艦そのものはいちおう成功したんだけど、着艦したあとの機体の取り回しや、陸上基地での運用を考えたら、やっぱり脚なし艦上機は不便だ、ということになって、研究もそこで終わっちゃったんだけどね。

飛行甲板を元に戻したウォーリアは１９４９年に予備艦となったけど、１９５０年に現役に復帰、朝鮮戦争では兵員や航空機の輸送艦として働いた。１９５５年、ウォーリアはイギリスの水爆実験の支援艦として資材や人員の輸送にあたった。

実はこのころ、すでにイギリス海軍はウォーリアは必要ないんで外国に売ろうと考えていた。売り先の候補がアルゼンチンで、ウォーリアは水爆実験支援の帰りにアルゼンチンに立ち寄って、セールス活動を行った。

その甲斐あって、イギリス政府はまんまとアルゼンチンにウォーリアを売りつけることに成功し、ウォーリアはアルゼンチン初の空母インデペンデンシアとなったのだった。

インデペンデンシアはＦ４ＵコルセアやＳ２Ｆトラッカーを搭載、後にアメリカからＦ９Ｆパンサーとクーガーも購入したけど、ウォーリアではジェット艦上戦闘機は運用できなくて、実際には搭載しなかったらしい。それでもインデペンデンシアは１９６９年、新空母ヴェインテシンコ・デ・マヨ（これもまたコロッサス級）が来るまで現役空母を務めて、翌１９７０年に退役、１９７１年にスクラップになった。

そのヴェインテシンコ・デ・マヨになったのはヴェネラブルなんだけど、実はヴェネラブルは１９４８年にオランダに売却されてカレル・ドールマンとなった。当初はシーフューリーやファイアフライを搭載してたのが、１９５５～１９５８年に改装されて、アングルドデッキにスチームカタパルトを装備、ジェット戦闘機ホーカー・シーホークやＳ２Ｆを搭載するようになった。でもカレル・ドールマンは１９６８年に火災を起こして大きく損傷、退役艦の部品を使って修復されたものの、このころにはオランダ海軍は空母運用を見直して、カレル・ドールマンは現役に復帰することなく、アルゼンチンに売却されたのだった。

ヴェネラブル改めカレル・ドールマン、改めヴェインテシンコ・デ・マヨは、インデペンデンシアじゃ使えなかったＦ９Ｆパンサー／クーガーを搭載してたけど、後にＡ-４スカイホーク攻撃機に更新された。さらにアルゼンチン海軍は１９８０年ごろにはフランスからシュペル・エタンダールも輸入した。

１９８２年のフォークランド紛争じゃ、ヴェインテシンコ・デ・マヨはアルゼンチン海軍の切り札としてイギリス艦隊を迎撃するはずだった。でも荒天だとフル搭載のA－4攻撃機を発進させるのが難しくて、出撃の機会を待ってるうちに、アルゼンチン海軍の巡洋艦ヘネラル・ベルグラーノがイギリス原潜コンカラーの雷撃で撃沈されちゃった。アルゼンチン海軍はイギリス原潜を恐れて、ヴェインテシンコ・デ・マヨを港内にとどめることにしたんで、結局ヴェインテシンコ・デ・マヨはフォークランドの戦いには出撃しなかった。

その後ヴェインテシンコ・デ・マヨは機関が故障して１９８６年以降はほとんど動くことがなくなった。修理や近代化改修の予算もないまま１９９７年に除籍されて、いろいろ部品を引き剥がされた末に、２０００年に解体された。アルゼンチン海軍は長年にわたって空母を保有してたのに、最も空母が必要とされた１９８２年のフォークランド紛争に空母を使えずに終わったわけだ。

そのヴェインテシンコ・デ・マヨから引き剥がした部品は、隣国ブラジル海軍の空母ミナス・ジェライスの整備や修理に使われた。で、ミナス・ジェライスもコロッサス空母なのだ。元はヴェンジャンス。

ヴェンジャンスは１９５２～１９５５年に一時的にオーストラリアに貸し出されてた。オーストラリアが購入する空母マジェスティックの近代化改修が完了するまでの穴埋めだったんだな。オーストラリアから返却されたヴェンジャンスは１９５６年にブラジルに売却されて、オランダで１９５７～１９６０年にかけて長期の大改装を施された。飛行甲板はアングルドデッキになって、スチームカタパルトを装備、エレベーターの能力も強化された。

こうして生まれ変わったヴェンジャンスはミナス・ジェライスとして１９６０年12月にブラジル海軍に就役

した。ところが当のブラジル海軍の航空隊は、法律上の制約でＳ－２Ｅトラッカーと各種ヘリコプターしか運用できないことになってたんで、せっかくのミナス・ジェライスもジェット戦闘機や攻撃機は搭載させてもらえなかった。

その後ブラジルの法律が変わって、１９９９年にブラジル海軍はＡ－４ＫＵスカイホークを導入したんだけど、ミナス・ジェライスは２００１年に寄る年波に勝てずに退役しちゃった。ヴェンジャンス改めミナス・ジェライスは第２次世界大戦中に就役したイギリス空母として最後まで残存してたんで、退役後のミナス・ジェライスをイギリスに帰還させて、博物館にしようという運動もあった。でも募金が必要な額に届かずに頓挫して、結局２００４年にインドでスクラップになった。

空母史にぼんやり輝く

２番艦のパーシアスは航空機工作艦として１９４５年10月に就役した。第２次世界大戦には間に合わなかったけど、それでも12月にはオーストラリアに進出して、兵員や飛行機をイギリス本国に連れ帰る任務についた。それが終わった１９４６年の５月、パーシアスは予備艦に編入されちゃった。最初の現役期間は７ヵ月程度だったんだな。

でもパーシアスはこの後空母史に名を残すことになる。１９５０年に改造されて、飛行甲板前部の上にスチームカタパルト一式を載せて、実験艦になったのだ。発射試験は最初はドリーの射出から始まって、イギリス海軍航空隊の当時の艦上機全機種まで１５６０回に及んで、スチームカタパルトの実用性を確立した。パーシアスは１９５２年にはアメリカに行って、アメリカ海軍にもスチームカタパルトをデモンストレーションしてみせてる。今日でもニミッツ級原子力空母からＦ／Ａ-18Ｅ／Ｆスーパーホーネットがフル装備で発進してるのは、パーシアスのおかげだ、と言ったら言い過ぎかもしれないけどな。

テストが終わるとパーシアスはカタパルトや航空機の整備施設を撤去して、単なる航空機輸送艦になって、１９５３年のエリザベス女王戴冠記念観艦式じゃ飛行甲板に観覧スタンドを設けて、要人を乗せたそうだ。その後１９５５年には潜水艦母艦に改装することになったけど、予算削減で中止になって、１９５８年にスクラップになった。

パーシアスと同じく航空機工作艦になったパイオニアは１９４５年２月に竣工したんで、第２次世界大戦中の６月には太平洋のマヌス島まで進出してた。でもそこで終戦を迎えちゃって、９月には香港で復興支援にあたった。翌１９４６年までオーストラリアとマヌス島を行動して、２月にイギリス本国への帰路についた。帰国後パイオニアは予備艦になって、そのまま１９５４年に除籍、解体された。パイオニアが太平洋～香港で実際に活動していた期間は１９４５年６月から１９４６年２月まで、８ヵ月ぐらいだったみたいだ。

朝鮮戦争を戦ったグローリー、オーシャン、シーシアス、トライアンフのうち、オーシャンとシーシアスは１９５６年のスエズ動乱に参加して、ヘリコプターを搭載して海兵隊部隊を上陸させてる。これは強襲揚陸へリコプター空母のハシリだ。また、トライアンフは朝鮮戦争への参加を終えた後の１９５２年にアングルドデッキの実験艦に改造された。パーシアスのスチームカタパルトといい、スエズ動乱でのヘリコプター空母ぶりといい、トライアンフのアングルドデッキといい、コロッサス級は図らずも第２次世界大戦後の軍艦史上重要な働きをしてるのに、知名度が低いなあ。

　その他は特に華々しいことはなく、グローリーは１９５６年に予備艦となって、１９６１年にスクラップにされた。シーシアスもスエズ動乱後に予備艦にされ、オーシャンも１９５８年に予備役に編入、１９６２年にともにスクラップになっている。ただしオーシャンは１９４５年12月にデハヴィランド・ヴァンパイアの着艦テストに成功し、史上初のジェット艦上機を着艦させた空母になっている。さらに言うと、１９４５年10月にフェアリー・ソードフィッシュがイギリス海軍航空隊での最後の飛行を行なったのもオーシャンからだった。

　トライアンフはその後１９５５年まで士官候補生練習艦を務めて、１９５６年から１９６５年まで改装工事を受けて重工作艦になった。工事期間が長かったのは、予算が乏しかったのと、特に急がなかったからだろうな。トライアンフはシンガポールに配備されて、地味に働いた後、１９７５年に予備艦になり、１９８１年に除籍されてスクラップになった。

　コロッサス級は、戦時中の急造空母なんで3年もてばいいと考えられてたともいう。でもイギリス海軍じゃ早々に退役したものの、外国じゃ予想外に長命を保った艦が多かったんだな。空母として特に優れた部分があった、っていうわけでもないのにねえ。

コロッサス級空母が載せた飛行機
—まだ他にもあるんだけど，とりあえず。
ヘリコプターも
いろいろ載せてた。

フランスのアロマンシュが搭載した
グラマンF6Fヘルキャットと………
カーチスSB2Cヘルダイバー。

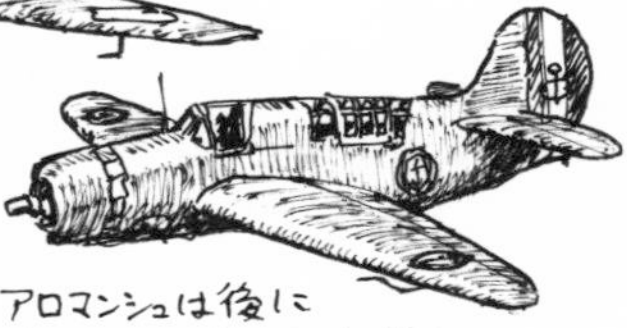

アロマンシュは後に
ブレゲー・アリゼ対潜哨戒機を
載せたこともあった。

ホーカー・シーフューリー。イギリスの他，
オランダ，カナダ，オーストラリアが使った。
この絵は，MiG-15を撃墜した
No.800スコードロンの
カーマイケル大尉機。

オランダの
カレル・ドールマンが搭載した
ホーカー・シーホーク。オランダ海軍は
TBFアヴェンジャーも使った。

オランダ，ブラジル，アルゼンチンの海軍で
艦上対潜哨戒機を務めた
グラマンS-2トラッカー。これは
ミナス・ジェライスが載せてた
ブラジル海軍の機体。

アルゼンチン海軍のグラマンF9F-2パンサー。
アメリカ以外で，この機種を使ったのは
アルゼンチンだけ。

アルゼンチン海軍のヴォートF4U-5N。
フランス海軍もF4Uを使った。

アルゼンチン海軍のマクダネル・ダグラスA-4Q
スカイホーク。ヴェインテシンコ・デ・マヨに
搭載されてたけど，フォークランド紛争じゃ
陸上基地から出撃した。

狩 場 の 駆 逐 艦

ハント級駆逐艦

Hunt class destroyers

1940年〜1965年

基準排水量：1050トン
満載排水量：1430トン
全長：85.3m
全幅：9.6m
喫水：2.5m
機関：ギアードタービン2軸、1万9000shp
速力：27ノット
兵装：4インチ連装砲×3基
　　　2ポンド4連装機関砲×1基
　　　20㎜単装機関砲×2門
（データはタイプⅡ）

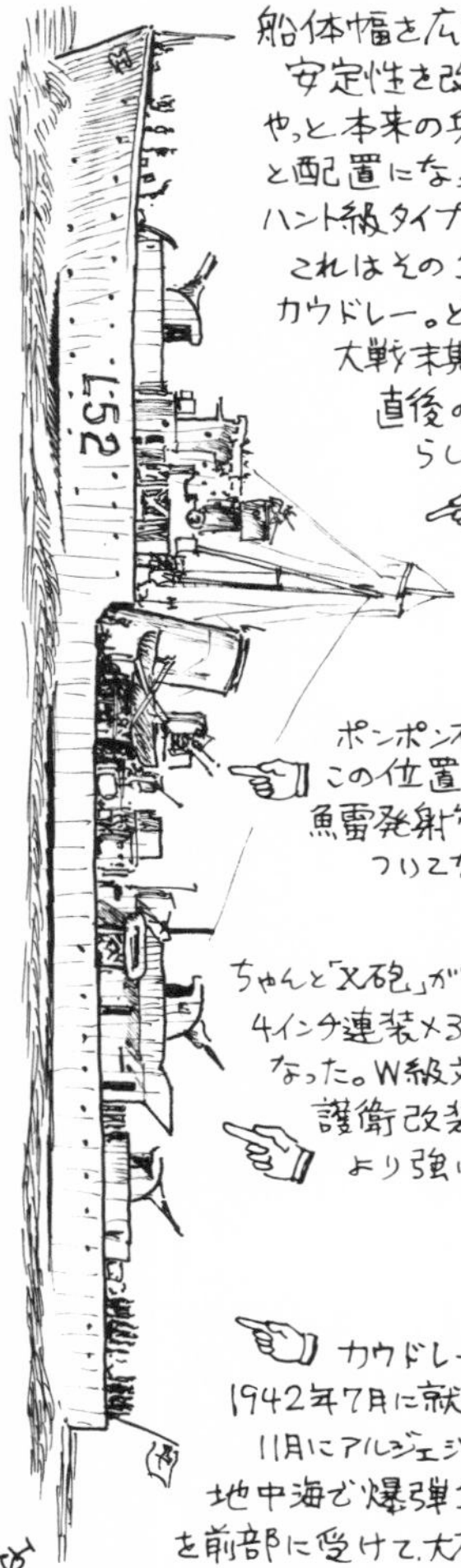

船体幅を広げて安定性を改善，やっと本来の兵装と配置になった，ハント級タイプII。これはその1隻，カウドレー。どうも大戦末期か直後の姿らしい。

ハント級タイプIの1隻，リッデスデール。なにしろ安定性の計算が間違ってたんだから大変だ。結局，連装砲を1基減らしたり，ドタバタの改設計と100トンのバラストでなんとかつじつまを合わせた。

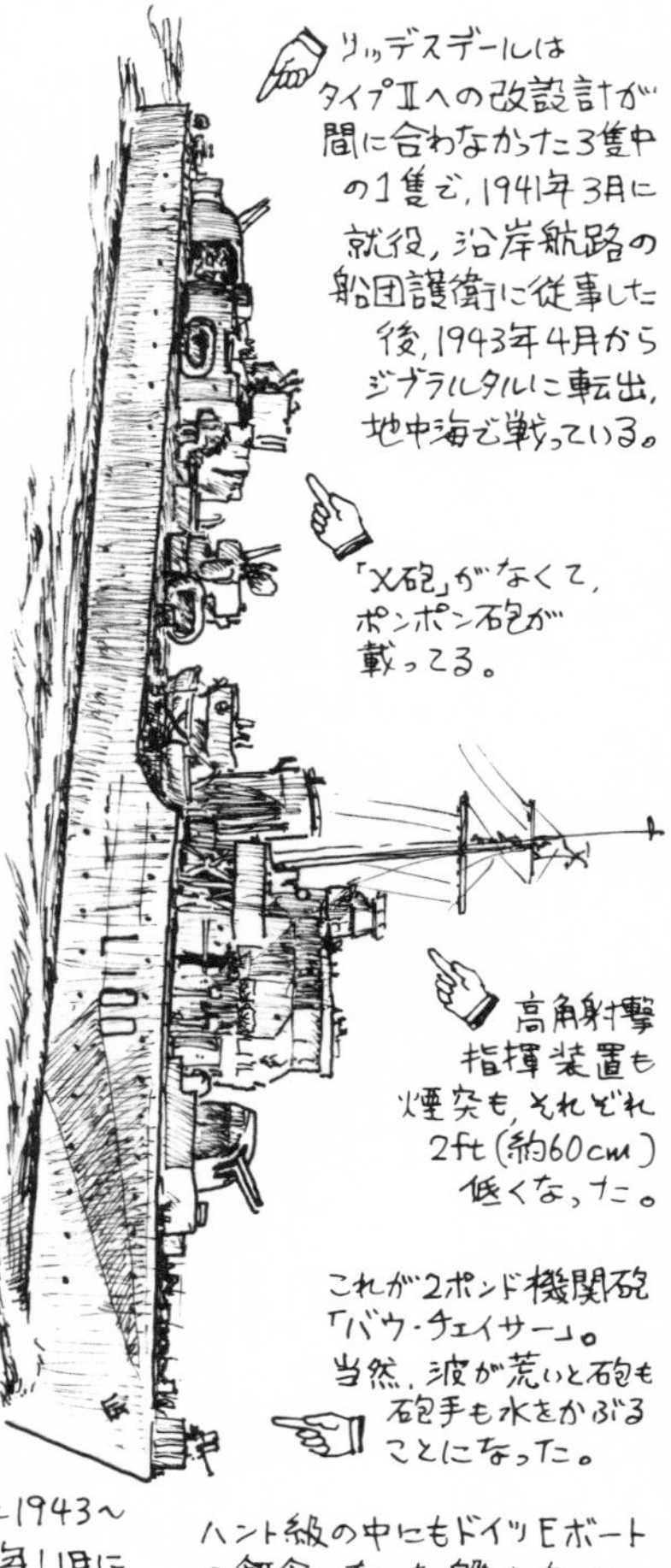

リッデスデールはタイプIIへの改設計が間に合わなかった3隻中の1隻で，1941年3月に就役，沿岸航路の船団護衛に従事した後，1943年4月からジブラルタルに転出，地中海で戦っている。

ポンポン砲はこの位置。でも魚雷発射管はついてない。

「X砲」がなくて，ポンポン砲が載ってる。

ちゃんと「X砲」がついて4インチ連装×3基になった。W級対空護衛改装艦より強いぞ。

高角射撃指揮装置も煙突も，それぞれ2ft（約60cm）低くなった。

カウドレーは1942年7月に就役，11月にアルジェ沖の地中海で爆弾1発を前部に受けて大破，なんとか座礁して沈没をまぬがれた。その後，応急修理と本国への回航，本国での本格修理に1943～44年のほぼ2年を費して，やっと1944年11月に艦隊に復帰した。アルジェ沖の被弾で全損とする資料もあるけど，どうやら生き残ったようだ。

これが2ポンド機関砲「バウ・チェイサー」。当然，波が荒いと砲も砲手も水をかぶることになった。

ハント級の中にもドイツEボートの餌食になった艦もあって，イギリス沿岸航路の船団護衛もけっこう激戦だったのだ。

安い、早い、小さい

イギリス海軍の駆逐艦が、大きくて火力が強くて建造費の高いトライバル級から、その縮小版だけど、やっぱり高価なＪ級／Ｋ級、さらに高速で強武装のＬ級／Ｍ級へと発展しつつあった１９３７年ごろ、イギリス海軍本国艦隊じゃ、艦隊用の大型駆逐艦を補完する小型で安価で、早く建造できる駆逐艦が必要と考えられた。その答えのひとつが、Ｊ／Ｋ級を基に簡素化して武装も簡略にしたＯ級／Ｐ級で、これがその後の戦時建造型駆逐艦の原型になっていくわけなんだけど、１９３８年９月にそれとは別にもうひとつ、艦隊任務以外の船団護衛や哨戒にあたる小型駆逐艦も必要とされた。考えてみればどうやら戦争は近いようで、ここで小型の護衛駆逐艦を作らないと、建造に30ヵ月かかる正規の駆逐艦と、建造期間21か月の低速の護衛艦ブラックスワン級スループしかないことになってしまう。

そこでイギリス海軍建艦本部でいろんな案を考えて検討を進めるとともに、早くも１９３８年度建造計画の補充として、この「ハント級」護衛駆逐艦10隻の建造を滑り込ませ、１９３９年度建造計画にも10隻の建造を盛り込んだのだった。建造開始は１９３９年の後半に予定されて、それまでに設計を決めなくちゃならないんで、これはもう大変だった。しかも40㎜４連装対空機関砲「ポンポン砲」を積もうとか、駆逐艦である以上、敵の駆逐艦や軽巡洋艦に反撃できるように魚雷発射管を積もうとか、途中でいろんな意見が出てきた。

結局まとまった案は、基準排水量８９０トン、水線長82・９ｍ、幅８・６ｍ、喫水２・４ｍ、４インチ連装両用砲×３基というものだった。後にこれにポンポン砲が追加されて、排水量も９２５トンに増加、幅も多少増えるんだが、こうして見ると、古いＷ級駆逐艦の対空強化改装艦の新造版みたいな艦ともいえる。

この新型の護衛駆逐艦はイギリス各地のキツネ狩りの猟場「ハント」の名前をとって命名されて、「ハント(Hunt)」級駆逐艦と呼ばれることになった。

ハント級の4タイプ

その１番艦アザーストンは１９３９年６月に起工、第２次世界大戦開戦から３ヵ月後の１９３９年12月に進水、１９４０年３月に竣工した。なんとハント級駆逐艦は９ヵ月の工事で完成させることができたのだった。それはいいんだけど、実はハント級の設計には重大な欠陥があった。大慌ての設計作業のうちに、安定性の計算が大幅に甘くなっていたのだった。そのためアザーストンは竣工前、まだ兵装を搭載しない状態での造船所側による試験のときからすでに深刻な安定性不足を露呈していた。

そこでハント級の艦は安定性を補うためにすぐに改設計された。まず後部の「Ｘ砲」位置の４インチ連装砲を撤去、後部甲板室を短縮、射撃指揮装置の位置を低くして、煙突も約60㎝短くした。ポンポン砲の位置も、当初の煙突直後から、トリムを保持するために後部甲板室上に移された。しかもそのうえバラスト１００トンを積まなければならなかった。

結局１９３８年～１９３９年計画で１９３９年３月に建造発注された20隻はこの応急的な仕様で完成して、ハント級タイプⅠと呼ばれた。それと１９３９年９月発注の20隻のうち３隻（ブレンカスラ、ブロックレスビー、リッデスデール）は、すでに進水していて本格的な改設計が間に合わず、応急仕様のタイプⅠとして完成している。排水量は当初予定の９２５トンから１０００トンに増えて、満載排水量は１３４０トンとなった。全長は85・３ｍ、幅８・８ｍ、機関はボイラー２基、タービン２基２軸、１万９０００ｓｈｐ、速力27・５ノットだった。ハント級タイプⅠの23隻は１９４０年３月から１９４１年３月にかけて竣工した。

これに続く、１９３９年９月発注の20隻中17隻と、１９３９年12月発注の16隻は１９４０年２月から10月にかけて起工された。このグループは幸いなことに起工前に安定性の問題が明らかになったんで、設計を改めて船体幅を広げて、安定性を確保することができた。

この拡幅型はタイプⅡと呼ばれて、基準排水量が１０５０トンに増えて満載排水量は１４３０トンになった。全長は変わらず85・３ｍだけど、幅は９・６ｍになった。機関はタイプⅠと変わらず、速力は27ノットに若干低下している。兵装はＸ砲位置の４インチ連装砲が復活して、ポンポン砲は煙突直後の位置に戻った。これで晴れてハント級本来の兵装配置になったわけだ。それとハント級タイプⅡでは、対空射撃時の安定性を向上させるためにフィンスタビライザーが装備された。ただしスタビライザーは12ノット以下では効果がなく、15ノット程度ではかえって艦の動揺がギクシャクして砲の照準がやり難くなるという問題があって、装備に反対する意見もあった。しかし追い波を受けたときでも操縦性が保てることや、動揺を10％軽減できるという利点は大きくて、採用されることになった。

ハント級タイプⅡの33隻は１９４１年２月から１９４２年６月にかけて竣工した。建造期間は初期の艦は11ヵ月程度だったが、後期の艦は１年８ヵ月（20ヵ月）かかっていて、多くの建造計画が同時に進められる状況になると、ハント級の設計でも建造に時間がかかるようになってきたことがうかがえる。

１９４０年４月、イギリス海軍はハント級にやっぱり魚雷を装備することを求めるようになった。魚雷発射管はさすがに４連装じゃ重すぎて無理なので、４連装発射管の真ん中の２本を除いた連装発射管を搭載することにした。当初は船体も大型化することも考えられたが、もちろん費用も時間もかかるので、結局タイプⅡと同じ船体で、魚雷発射管のぶんのトップウェイトを削るために艦尾の「Ｙ砲塔」位置の４インチ連装砲は撤去されて、爆雷投射機と投下軌条が設けられた。タイプⅠとⅡでは傾斜していた煙突も、タイプⅢでは直立するようになった。タイプⅢは基準排水量１０５０トン、満載排水量１４３５トン、船体寸法や機関はタイプⅡと同じだった。

この型の建造は１９４０年７月に発注され、ハント級タイプⅢと呼ばれることになった。ハント級タイプⅢは１９４０年11月から１９４１年３月にかけて28隻が建造発注されて、１９４２年１月から９月にかけて竣工している。建造期間はタイプⅡの後期艦と同じく、14ヵ月〜18ヵ月かかっている。

ハント級は余裕の少ないぎりぎりの設計だったため、戦時改造での追加装備も少なく、マスト上端のＡＷ２８６／２９０無線方位探知機や高角射撃指揮装置上のＡＲ２８５レーダーは多くの艦が装備したが、ごく少数の艦だけが水上捜索用のタイプ271レーダーの「ランタン」型アンテナハウジングを艦の中央部に装備した。対空兵装もほとんどの艦で20㎜単装機関砲が艦橋側面に追加され、戦争の末期には20㎜機関砲を連装のものに換装したり、タイプⅢの中には40㎜ボフォース機関砲を艦橋前に装備するものもあった。

特徴的な装備としては、北海沿岸のイギリス東海岸航路の船団護衛の任務に就いた艦には、艦首先端に40㎜2ポンド単装機関砲（つまりポンポン砲の単装だ）1門が装備された。これは高速で姿勢の低いドイツ軍の魚雷艇「Eボート」に対処するため、発射速度の速い機関砲を、射界が広くとれる位置に装備したもので、艦首にあって敵を追い払うための砲という意味で「バウチェイサー」と呼ばれた。バウチェイサーを装備したのは、タイプⅠのエクスムーアとタインデール以外の艦、タイプⅡのエイヴォンデール、タイプⅢのブリースデールとグレイスデールだった。

実はハント級にはもうひとつ、タイプⅣと呼ばれるグループがある。これは小型高速艦の建造で知られるソーニクロフト社が、艦隊駆逐艦とスループの中間の艦として独自に設計したもので、それまでのイギリス駆逐艦とは大きく異なる、幅が広いロングフォクスル型の船体設計を採用している。これで横揺れを軽減して、燃費を向上させた。しかもロングフォクスル型なので、乗員は露天甲板を通らずに砲や機関砲の配置につくことができ、艦首側面には大きなフレアとナックルがついているので、艦首4インチ連装砲が波を受けにくく、ほぼどんな天候でも戦闘可能となった。艦の前部の居住区画も広く取ることができた。

その反面、側面積が大きいため風の影響を受けやすく、強風下での低速航行時には針路の保持が難しかった。

また機関部の換気が悪く、ボイラー室は非常に暑かった。ソーニクロフト製の護衛駆逐艦はハント級タイプⅣとして、ブレコンとブリッセンデンの２隻が建造され、１９４１年２月にそろって起工、ブレコンは１９４２年12月に、ブリッセンデンは１９４３年２月に竣工している。ハント級タイプⅣは、基準排水量１１７５トン、満載排水量１５６１トン、全長90・２m、幅10・１m、喫水２・４m、機関は他のハント級と同じで、速力も27ノット、兵装は４インチ連装両用砲×３基、２ポンド４連装機関砲×１基とタイプⅡと同じだが、さらに３連装魚雷発射管１基を備え、20㎜連装機関砲×２基と単装×２門を装備していた。

戦うハント級

第２次世界大戦でハント級は、就役早々から次々に実戦に投入されて、当初は本来の目的どおり、イギリス近海での船団護衛などに当たっていた。しかしそのうち１９４１～１９４２年には激戦の地中海に送られる艦も増えて、次第に艦隊駆逐艦と同じような任務に就くようになっていった。

ハント級で最初に戦没したのは、タイプⅠの６番艦エクスムアで、１９４０年11月に竣工したものの、それから３ヵ月後の１９４１年２月にはテームズ川河口からスコットランドに向かう船団を護衛中に、イングランド東海岸のロウェストフト沖でドイツ魚雷艇Ｓ30の魚雷を受け、10分後に転覆して沈没した。イギリス側の機雷に触れたとする説もある。

スティーヴンストーンは1942年3月に就役，
イギリス海峡や北海での船団護衛や
哨戒に働いて，1944年6月には
ノルマンディ上陸を支援，10月には
Uボート1隻を沈めてる。でも11月に
触雷して大破，修理には1945年6月
までかかって，その後は実戦には
出ずに大戦終結を迎えた。

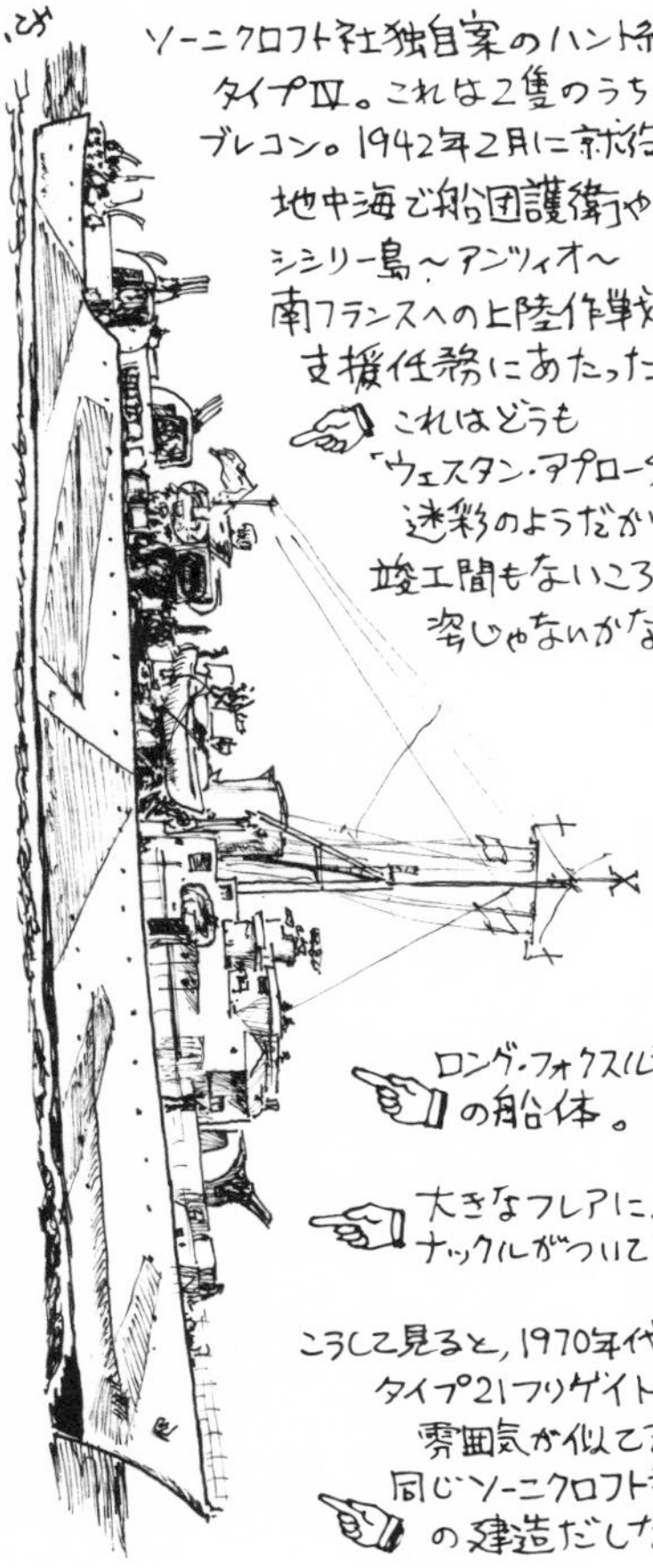

ソーニクロフト社独自案のハント級
タイプIV。これは2隻のうちの
ブレコン。1942年2月に就役，
地中海で船団護衛や，
シシリー島～アンツィオ～
南フランスへの上陸作戦の
支援任務にあたった。

これはどうも
「ウェスタン・アプローチ」
迷彩のようだから，
竣工間もないころの
姿じゃないかな。

ロング・フォクスル型
の船体。

大きなフレアに，
ナックルがついてる。

こうして見ると，1970年代の
タイプ21フリゲイトに
雰囲気が似てる。
同じソーニクロフト社
の建造だしな。

ハント級タイプIIIは，駆逐艦は
駆逐艦らしく魚雷を装備した型
で，これはその1隻，スティーヴンストーン。
直立した煙突で「艦の進行方向が
判別しにくくなった」としている本も
あるんだけど，果たしてどれほどの
効果があったのやら。

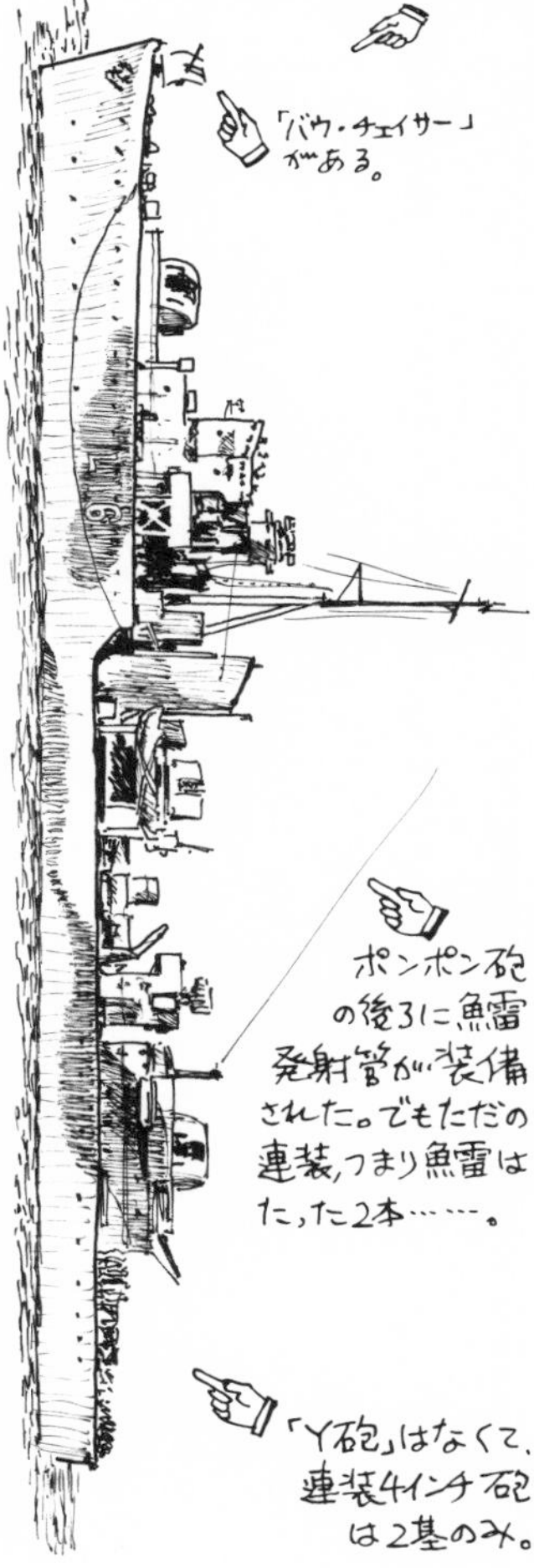

「バウ・チェイサー」
がある。

ポンポン砲
の後ろに魚雷
発射管が装備
された。でもただの
連装，つまり魚雷は
たった2本……。

「Y砲」はなくて，
連装4インチ砲
は2基のみ。

エクスムアのようにイギリス周辺で沈んだ艦は他にもあり、タイプⅢのペニランは１９４２年12月にデヴォン州沖でドイツ魚雷艇Ｓ１１５の雷撃を受けて沈んだ。１９４３年４月には、ノルウェー海軍に移籍されていたタイプⅢのエスクデールがコーンウォール州南方でドイツ魚雷艇Ｓ90とＳ１１２からの魚雷を受けて沈没している。１９４３年10月には同じくタイプⅢのリンバーンが、巡洋艦カリブディスや駆逐艦グレンヴィル、ロケット、それにハント級タイプⅢのウェンズレーデール、スティーヴンストーン、タリボントとともに、極東からドイツを目指す封鎖突破の輸送船ミュンスターランドの迎撃に出動したが、ドイツ水雷艇Ｔ22の魚雷を受けて大破。航行不能となり、結局駆逐艦ロケットの魚雷で処分されている。この海戦では巡洋艦カリブディスも失われている。

他には１９４２年８月にディエップ強襲作戦でタイプⅠのバークレーが失われ、ノルマンディー上陸作戦後の１９４４年７月にはタイプⅢのゴースランドが触雷で、８月にはタイプⅠのクォーンが爆薬艇の突入を受けて沈没している。また１９４４年11月にはタイプⅢのウェンズレーデールがイギリス海軍のＬＳＴ３６７と衝突、全損となっている。

他のハント級の戦没艦は、すべて地中海で失われている。タイプⅠではタインデールが、タイプⅡではダルヴァートン、エリッジ、ヘイスロップ、パッカリッジ、ポーランド艦クジヴィアクとなっていたオークレー、グローヴ、ハーワース、サウスウォルドが、タイプⅢではエアデール、オルデンハム、ブリーン、ホルコム、ロックウッドと、各タイプ合わせて15隻が、西はジブラルタルから東はクレタ島まで、激戦の地中海で沈んでいる。沈没の原因はドイツ潜水艦の雷撃によるものが6隻、ドイツ空軍機の爆撃が4隻、触雷が4隻、魚雷艇の雷撃が1隻となっている。ハント級の全戦没艦をタイプ別に数えると、タイプⅠは23隻中4隻、タイプⅡは33隻中9隻、タイプⅢは28隻中10隻となる。ハント級タイプⅣには戦没艦はない。

ハント級の中には、ドイツ軍の占領から逃れてイギリス海軍の下で戦う外国海軍に移籍された艦もあり、タイプⅢのシルヴァートンとオークリー、ビデールは、それぞれポーランド海軍のクラコウィアク、クジウィアク、スラザクとなっている。他にもギリシャ海軍やノルウェー海軍、それにフランス海軍に属した艦がある。

ハント級護衛駆逐艦86隻の後、イギリス海軍は護衛駆逐艦を作らず、船団護衛任務にはコルヴェットやフリゲイトなど専用の艦艇が建造されて、ハント級は結局艦隊駆逐艦と同じように働くこととなった。ハント級の性能や兵装は単なる船団護衛にはスペックが高すぎたということなんだろう。同じ護衛駆逐艦でも、アメリカ海軍はもっと割り切った設計で大量に建造して、それらを貸与されたイギリス海軍は「キャプテン級フリゲイト」として使った。イギリス海軍の当初の目論みに対して、ハント級が成功したのかどうかはよくわからないが、ハント級が第2次世界大戦を必死に戦ったことは間違いないな。

COLUMN

イギリス海軍の歴史⑦ パックス・ブリタニカと新技術

1815年にナポレオンが敗北して失脚、フランス革命戦争以来の長い戦争が終わると、イギリスは世界最強の国となっていた。その力は産業革命による工業力と経済力、世界各地の植民地、そして世界最大の海軍によって支えられていた。「パックス・ブリタニカ（イギリスによる平和）」の時代だ。この平和の時代への移行にイギリス海軍はいろいろと苦労し、下士官階級の確立とその保証や、士官選抜と教育などの改革が行なわれた。ラム酒の配給は減らされて、ビールの配給は廃止された。

実はイギリス海軍は1812年のアメリカとの短い戦争で射撃技術でアメリカに引けを取ったことから、1830年に砲術学校を開設、合理的で体系的な射撃訓練と教育の体制を整えている。

イギリスの海洋覇権に挑む国や海軍はもはやなく、大きな艦隊決戦はなかったが、それでも帝国主義の時代の大英帝国海軍は1827年のオスマントルコとのギリシャ独立戦争や1840年の中国・清帝国との阿片戦争、1850年のクリミヤ戦争などで戦っている。

その一方で、産業革命と技術革新は海軍にも大きな変革をもたらした。イギリス海軍は1816年に蒸気機関の曳船を試験的に使ってみたが、1822年には初の蒸気機関を持つ船を建造する。外輪式の曳船コメットだ。すぐに軍艦にも蒸気機関と外輪を持つものが現れるが、外輪は側面からの砲撃に脆弱で、木造の船体は蒸気レシプロ機関の振動に弱かった。1840年には鉄製の船体で外輪式の砲艦アルバートが建造されるが、鉄製の船体は砲撃にも強かったが、錆に弱く、磁気コンパスが狂うなどの問題もあった。

外輪よりも効率が良い推進器としてスクリュープロペラが考えられ、1845年にスクリュー式のフリゲイトであるラトラーと、外輪式のアレクトが引っ張り合いをした結果、ラトラーがアレクトを2.7ノットの速さで引っ張り、スクリューの優位が決定的となった。

これらの技術的進歩の結果、イギリス海軍は1860年に鋼鉄製の船体でスクリュープロペラの戦艦ウォーリアを建造する。ウォーリアは9200トン、最大速力13.5ノットで、砲40門を備え、当時世界最大にして最強、最速の軍艦となった。最初の乗員はイギリス海軍でも選りすぐりの者が集められ、その中の1人が若い砲術士官、ジョン・アーバスノット・フィッシャーだった。

軍艦の砲もライフルなしの前装砲からライフルつきの前装砲へ、さらには後装砲へと進化し、1868年には初の航洋型砲塔艦モナークを建造する。モナークは12インチ前装砲の連装砲塔２基を艦の中央部に備えていた。さらに1870年代にはイギリス海軍は魚雷を実用化、1879年に水雷艇ライトニングに魚雷発射管を装備する。

1897年に蒸気タービンを機関とする初の実験船タービニアがイギリスで建造され、海軍はその高速性に注目、1899年にタービン機関の駆逐艦ヴァイパーを建造する。イギリス海軍は世界最強海軍でありながら、積極的に新技術、新兵器を開発していった。

イギリス海軍の軍艦を題材とした能天気なコミックオペラ、ギルバート＆サリヴァンの『HMSピナフォア』が1878年に初上演され、大当たりとなったのもこの時代だ。

1861年に就役した、最初の鋼鉄製軍艦、戦艦HMSウォーリア。ちなみに、フィギュアヘッドを備えたイギリス海軍最後の新造艦でもあるそうだ。

File no. 13

2級のフリゲイト

ブラックウッド級フリゲイト

Blackwood class frigates

1955年～1985年

基準排水量：1180トン
満載排水量：1553トン
全長：94.5m
全幅：10.7m
喫水：4.7m
機関：ギアードタービン1軸、1万5000shp
速力：25ノット
兵装：40㎜単装機関砲×3門
対潜魚雷連装発射管×2基
リンボー3連装対潜迫撃砲×2基

前甲板には兵装が何もない。どうせ波をかぶって使えないし,という割り切り方なんだろうな。

タイプ14 ブラックウッド級フリゲイトの1隻,HMSパリザーPalliser。こうして見ると,第2次大戦の軍艦みたいな砲や射撃指揮装置はないし,かといって今の軍艦みたいなレーダーや電子装備,ましてやヘリコプター甲板もないし.どっちともつかない不思議な姿。これが1950年代の,大戦後第1世代の水上戦闘艦の一つのカタチだったのだな。

1960年,パリザーは同級のダンカン,マルコム.ケッペルとともに「漁業保護スコードロン・第1ディヴィジョン」を編成.北大西洋アイスランド近海で働いた。

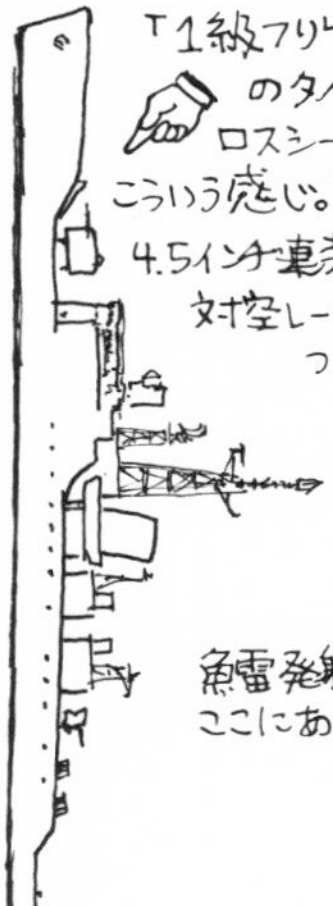

「1級フリゲイト」のタイプ12ロスシー級はこういう感じ。ちゃんと4.5インチ連装砲や対空レーダーがついてる。

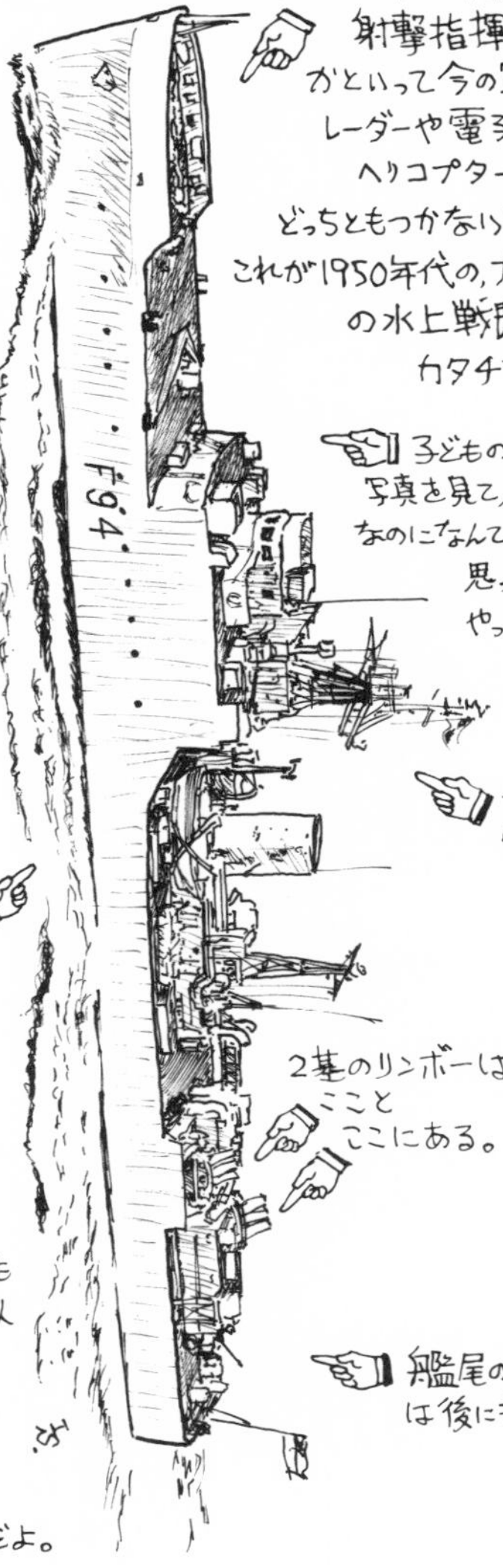

子どものころ,このクラスの写真を見て,「イギリスの軍艦なのになんて弱っちいんだ」と思ったけど,今見てもやっぱり弱っちいな。

マストの両脇に40mm機関砲。

魚雷発射管はここにある。

2基のリンボーはここと ここにある。

漁業保護っていうと呑気そうだけど,荒れる北大西洋を来る日も来る日もパトロールして,漁船でケガ人や急病人が出れば,救命イカダで医務員や患者を移乗させなくちゃならなかった。タイプ14フリゲイトは海と闘ったんだよ。

艦尾の40mm機関砲は後に撤去された。

船団護衛の対潜艦ふたたび

第２次世界大戦が終わってしばらくした頃、イギリス海軍には対潜兵力をどうするか、っていう大きな問題があった。大戦でナチスドイツ海軍も日本海軍もなくなったし、冷戦相手のソ連海軍の水上艦は旧式だし数も少ないし、洋上の仮想敵としてはほぼ恐るるに足らず。でも問題はソ連の潜水艦だった。ソ連海軍には潜水艦がたくさんあったし、第２次世界大戦末期のドイツのＸＸＩ型Ｕボートをもとにした、水中高速型のＷ級を建造しようとしてた。これで海上輸送路を攻撃されたら、イギリスはまた第２次世界大戦のときのように窮地に追い込まれるかもしれない。

１９４９年の時点で、イギリス海軍が考えてた艦隊構想では、フリゲイトの必要数は１８２隻、うち対潜艦が１０７隻、対空任務艦が59隻、対空指揮艦が16隻と見積もられていた。対潜艦としては新型の２０００トン級のタイプ12フリゲイト、対空艦としてタイプ41、対空指揮艦としてタイプ61という3種の新造が計画されたけど、それだけじゃ足りそうもなかったし、当時のイギリスは戦争で国力を使い果たして、軍備に使える予算も乏しかったんで、新型フリゲイトをたくさん作るわけにはいかなかった。

この頃のイギリス海軍には第２次世界大戦中に建造した戦時計画の駆逐艦や、フリゲイト、コルヴェットやスループといった対潜艦艇もまだ残ってて、駆逐艦の一部を大改装して対潜フリゲイトにするタイプ15、それよりは小規模な改装である程度の対潜能力を持つフリゲイトとするタイプ16の計画は進めることにした。でももっと小さいクラスの大戦中の対潜艦艇は旧式化してて、残りの実用寿命も長くないので、改装してもあんまり得がない。

そんなわけで、じゃあ安い対潜フリゲイトを作って、とにかく数を増やそうということになった。それが「2級フリゲイト」のタイプ14だった。対潜を主任務としながら、4・5インチ連装砲を備え、対空・対水上任務もこなせるフリゲイトのタイプ12が1級なのに対して、タイプ14は小さくて装備や性能を切り詰めてるんで2級とされたのだった。第2次世界大戦の経験からすると、対潜艦艇は性能よりも数が必要で、もし第3次世界大戦になったら、こういう簡素な対潜艦を急速建造することになる。タイプ14はそんな戦時フリゲイトの原型みたいな含みもあったようだ。

実際、タイプ14が就役した後に流れた噂では、イギリス各地にタイプ14のコンポーネントが分解状態で保管してあって、一朝有事の際にはそれらを組み立てて、急速に建造することになってる、という話もあったという。もちろんそんなことはなかったんだが。

あ、ちなみに当時のイギリス海軍は、対潜フリゲイトのタイプ名は10番台、対空フリゲイトを40番台としていた。タイプ11というのはハント級Ⅱ型と紛らわしいので使わず、タイプ13は運が悪そうなので使わず、タイプ12からはじまってる。

タイプ14はまず小さい排水量で充分な航洋性を持たせることが考えられた。船体はロングフォクスル型で、向かい波でも高速が出せる細長い船体とした。プロペラは静粛性を高めるために大直径のものをゆっくり回すことにして、喫水も深めとされた。艦内容積を広くとるため、艦橋を含む甲板室は甲板幅いっぱいに設けられた。タイプ14の初期設計では、核爆発の爆風の被害を少なくするように艦橋はフォクスルデッキのレベルの低い位置に置くことが考えられたけど、そこだと波をかぶることが水槽試験で分かったんで、一段高くされた。駆逐艦を大改装するタイプ15でも、初期艦の艦橋は甲板と同じレベルだった。

機関はボイラー２基と蒸気タービンで、プロペラは１軸、出力は１万５０００馬力で、速力は25ノットとされた。経費低減のためにボイラーを１基にしようか、という意見もあったが、故障したら動力が失われるので、さすがに２基にすることにしたという。

兵装は３連装対潜迫撃砲Ｍｋ．10リンボー２基が中心だった。潜水艦の水中速度が向上して、第２次世界大戦のように対潜艦艇が追いかけても逃げられかねないし、上から爆雷を落としても、爆雷が沈下するまでに潜水艦がさっさと逃げてしまうかもしれない。そこで第２次世界大戦後期に使われたヘッジホッグのように、対潜艦艇から前方に撃ち出して、多少距離があっても潜水艦を攻撃できる対潜兵器が求められたのだった。

まだヘリコプターが駆逐艦やフリゲイトに搭載されるようになる以前のことで、水上艦が遠距離から潜水艦を攻撃する兵器として、当時はこのような「前方投射兵器」が各国で開発され、実用化された。アメリカ海軍のＭｋ．１０８対潜ロケット砲や、日本でも「～くも」型護衛艦に装備されたスウェーデン製のボフォース４連装対潜ロケットがその例だ。今日じゃもはや有効じゃないし、ヘリコプターが多用されるようになったんで前方投射兵器は廃れたけど、ロシア海軍や中国、インドじゃＲＢＵ－６０００などの多連装対潜ロケット弾発射機がまだ使われてる。

リンボーは重さ１８０kgの近接信管／時限信管付き爆雷を３３６ｍ～９１４ｍの距離に飛ばすもので、砲身の口径は30cm、先込め式のため、再装填のときには横に倒して装填する。つまりリンボーは甲板上の横幅をけっこう必要とする。それに波をかぶると装填作業や発射が困難になるので、リンボーは艦の後部に搭載する必要があった。

そんなわけで、タイプ14フリゲイトでは、２基のリンボーを艦の後部甲板に前後にずらして装備し、前のものは左舷側に、後ろのものは右舷側に寄って配置されていた。１基の重量は、爆雷51発（斉射17回分）を含めて35トンだった。

タイプ14フリゲイトはこれに加えて連装の５３３㎜対潜魚雷発射管２基を装備してた。といっても一部の艦だけだったけど。あとはボフォース40㎜単装機関砲Ｍｋ.Ⅸが前部甲板室の左右と、艦尾甲板に合計３門を装備してた。もちろん対空用にしてもジェット機を相手にしては大した役には立ちそうもなかったが、小艦艇との交戦や、浮上してきた潜水艦を撃ったりするのには使えるはずだった。

これでタイプ14フリゲイトは、基準排水量１１８０トン、満載排水量１５３５トン、全長94・５ｍ、全幅10・７ｍ、喫水４・７ｍ、乗員１４０名となった。排水量ではタイプ12フリゲイトの半分強だった。やっぱり「2級フリゲイト」だ。建造費はタイプ12が約１３０万ポンドと見積もられたのに対して、タイプ14は約65万ポンド、ちょうど半分ぐらいで、安く作れるフリゲイトという意味では、タイプ14は目的に合っていたことになる。

兵装を見てもわかるとおりタイプ14は対潜作戦に特化した艦で、レーダーも簡単な対空警戒用と航海用のものを備えるだけで、そのかわりソナーは捜索用のものが2タイプとリンボー射撃用の目標捕捉ソナーが装備されていた。タイプ14は戦時には大西洋の船団護衛として、装備の優れたタイプ12フリゲイトを指揮艦に、タイプ14が2〜3隻で対潜警戒スクリーンを展開する、という運用になると考えられていたようだ。

12人の艦長たち

ちょうどこのタイプ14を計画してるときに朝鮮戦争が始まって、大規模な戦争に発展する恐れがあった。そこでタイプ14の建造は１９５１〜１９５２年に2隻、１９５２〜１９５３年に10隻が計画されて、さらに計画数は１９５４〜１９５５年と１９５５〜１９５６年に10隻ずつ、合計32隻にまで増やされた……けど、朝鮮戦争が第３次世界大戦へと延焼することはなく、タイプ14の建造は１９５３年計画までの12隻で終わった。

タイプ14はまず最初の艦が１９５２年10月に起工され、１９５３年中に8隻、１９５４年に2隻、１９５５年に1隻が起工された。造船所が5社に分かれてたんで、起工時期はけっこうばらついた。最初に竣工、就役したのは１９５５年2月のマーレイで、建造期間は2年３か月だった。続いて１９５５年12月のハーディ、以後ケッペル、ペリュー、グラフトン、ラッセル、ブラックウッド、マルコム、パリザー、エクスマス、ダンダス、ダンカンの順で就役した。最後のダンカンが就役したのは１９５８年10月のことだった。
その前、１９５８年３月に11番目に就役したダンダスは、じつは１９５２年10月に最初に起工した艦で、竣工までに５年５か月もかかったことになる。小さくて簡素な艦のわりにずいぶん長い建造期間だった。

このタイプ14はブラックウッド級と呼ばれるんだけど、ブラックウッドは１９５７年８月に８番目に就役して、起工は１９５３年９月だから、そちらの順番でも５番目だ。なんでブラックウッドがこのクラスのネームシップになってるのかと思ったら、どうやら艦名のアルファベット順で、ブラックウッドは頭文字がＢなので一番目ということらしい。

ブラックウッドという艦名は、フランス革命戦争～ナポレオン戦争で活躍した艦長、サー・ヘンリー・ブラックウッドにちなむもので、ほかの艦もいろいろな時代のイギリス海軍の著名な艦長の名前を艦名にしてる。ブラックウッドの先代は、第２次世界大戦中の「キャプテン」級フリゲイト、つまりアメリカから貸与された護衛駆逐艦だったし、ほかのダンカン、マルコム、エクスマスも第２次世界大戦中の駆逐艦、とくに他の同級艦よりもちょっと大きくて旗艦要員を乗せられる戦隊旗艦、「フロティラリーダー」だった艦の名前を継いでる。

ちなみに５３３㎜連装魚雷発射管を装備したのは、ブラックウッドとダンカン、エクスマス、マルコム、パリザーの５隻だけだった。

こうして就役したタイプ14ブラックウッド級だったが、戦時の対潜任務と急速建造に最適化しようとして、大きさや装備を切り詰めたもんだから、結果として融通の利かない艦になっていた。しかも１９６０年代になると、ソ連海軍にもノヴェンバー級原子力潜水艦が現れて、たとえ静粛性が低いとしても、なにしろ水中を高速で走られては、従来の水上対潜艦で捕まえるのが難しくなった。装備の充実や近代化、特にヘリコプターを搭載するなど改装しようにも、小さいブラックウッド級はそうもいかなかった。ブラックウッド級は急速に能力不足になって、１９７０年代には第一線から下げられて、練習艦として用いられるようになっていった。

　ブラックウッド級は、イギリス海軍以外ではインド海軍が１９５８～１９５９年に３隻を採用しただけだった。１９５０年代の初め、アメリカが援助計画の一環としてポルトガルなどＮＡＴＯ諸国向けにフリゲイトを建造しようと計画した際には、タイプ14の発展型も候補に挙がったが、対空能力の欠如から不採用になった。

　またオーストラリアやニュージーランドの英連邦の海軍にとってもタイプ14は小さすぎたし、装備も貧弱で、それらの国はむしろタイプ12を採用することとなった、というかタイプ14は考慮の外だった。

返り討ち

　そのインド海軍のタイプ14の３隻、ククリ、キルパン、クタールのうち、ククリはインド・パキスタン戦争で１９７１年12月にパキスタン海軍のフランス製ダフネ級潜水艦ハンゴールの魚雷攻撃を受けて撃沈されてしまった。

　このときインド海軍はボンベイ西方沖にパキスタン潜水艦の無線通信を探知、ククリとキルパンを含む艦隊を出動させ、対潜掃討に当たらせた。しかし対潜索敵のために低速で航行中、先にパキスタン潜水艦ハンゴールに接近を探知されてしまった。

ハンゴールはまずキルパンに魚雷を発射したが、これは命中しなかった。キルパンはすぐにリンボーで反撃、ククリも増速してハンゴールを捉えようとした。ハンゴールは退避しながら、今度はククリに対してホーミング魚雷を発射、これが命中してククリは２分足らずで沈没、士官18名と下士官・兵１７６名が死亡した。マヘンドラ・ナトゥ・ムッラー艦長は退艦を拒み、救命胴衣を若い下級士官に譲って艦と運命を共にしたという。キルパンはさらにリンボーを発射しようとしたが、リンボーが故障、そこに再びハンゴールが雷撃して、キルパンの艦尾に命中、キルパンは大破した。ハンゴールは対潜掃討部隊を返り討ちにして、まんまと逃げおおせた。

これがタイプ14フリゲイトの唯一の実戦記録で、対潜を任務としながら、潜水艦を相手に1隻が沈没、1隻が大破、しかも主兵装のリンボーは役に立たなかった。ククリは今日までのインド海軍史上、実戦で沈没した唯一の艦となってる。

イギリス海軍のブラックウッド級はもちろん実戦を経験せずに済んだが、１９７０年代のアイスランドとの漁業権争い、いわゆる「タラ戦争」では漁場警備任務でイギリス海軍の主力艦を務めている。

ブラックウッド級は１９７０年代半ばに次々に退役していった。エクスマスはガスタービン機関の実験艦として１９６６〜１９６８年に改装されて、ブリストル・シドレー・オリンパスを高速用に、同じくプロテュースを巡航用に装備するCODOG方式の機関となった。テストの後、エクスマスは1979年に解体された。

　インド海軍の生き残り2隻も、1978年には沿岸警備隊に移管されている。

　ブラックウッド級と同じころ、というか少し早く、アメリカ海軍は新世代の「護衛駆逐艦」ディーリー級13隻を1954〜1958年にかけて就役させている。こちらは排水量が約1200トンとブラックウッド級より若干大きく、機関もボイラー2基にタービン1基、1軸で、出力は2万馬力と多

リンボーは装填も発射も自動で行われるので、大戦中のスクィッドやアメリカのヘッジホッグのような初期の「前方投射兵器」のように、乗員が甲板に出て、波をかぶりながら再装填したり、発射操作をしなくてもいいようになった。

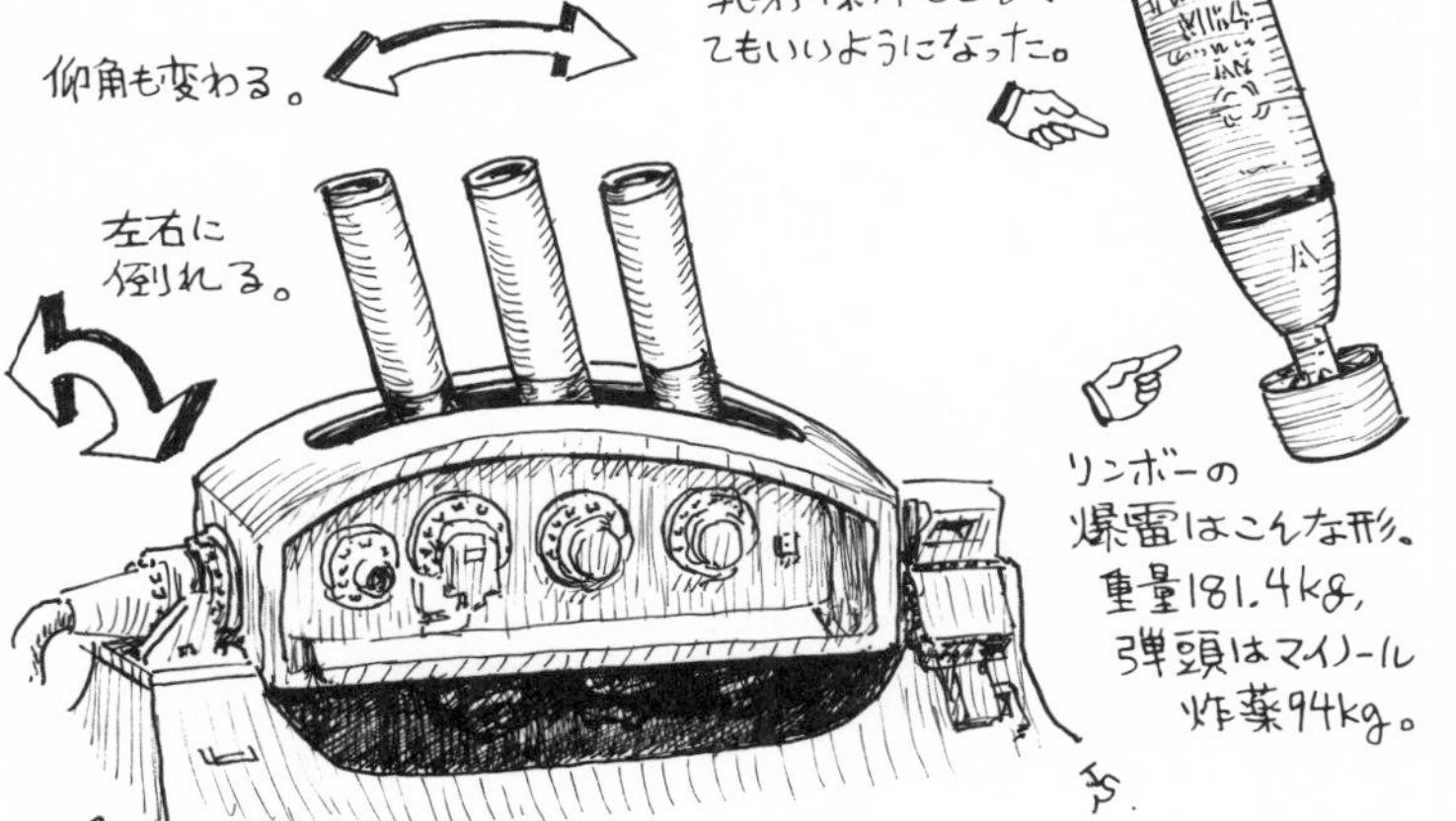

リンボーとはこんな風なもの。口径30cmの迫撃砲が3連装になってて、発射機が左右に倒れ、砲身が前後に動くことで射撃の方向を変えて、飛距離はガスのベントの開閉で調節できた。精度は非常に高かったそうだ。発射はタイプ170ソナーと連動して行われ、3発の爆雷は目標を3次元で包囲するパターンで落下、爆発する。

少大きいが、速力は25ノット。

兵装は3インチ連装砲1基と、ヘッジホッグ、爆雷、魚雷発射管4門だった。ディーリー級は砲の火力ではブラックウッド級より勝ってたが、対潜装備は第2次世界大戦当時のままで、その点ではブラックウッド級は大戦後の第1世代の対潜艦としては果敢な割り切り方をした、大胆な設計だったといえるかもしれない。結局アメリカ海軍の護衛駆逐艦も、イギリス海軍のフリゲイトも、この後次第に大型化して装備も強化されて、ヘリコプターを搭載するようになっていくわけで、タイプ14ブラックウッド級フリゲイトはその方向性を見出すまでの試みのひとつだったんだろうな。

File no. 14

怖れを知らぬ者たち

“ドレッドノート級”戦艦（前編）

"Dreadnought class" battleships

1906年～1928年

基準排水量：1万8800トン
満載排水量：2万2102トン
全長：160.3m
全幅：25.2m
喫水：8.3m
機関：タービン4軸、2万3000shp
速力：20.75ノット
兵装：12インチ連装砲塔×5基
　　　4インチ速射砲×16門
　　　魚雷発射管×3門（水線下）
（データはベレロフォン級）

もちろんドレッドノートただ1隻で海軍史が変わったわけじゃなくて，ドレッドノートに続いて，新世代の戦艦が次々に，それも急速に現れた，ということが変革の実体だった。

戦艦と海軍の歴史を変えたHMSドレッドノート。

基準排水量18110トン，満載排水量21845トン，全長160.6m，全幅25.0m，喫水（満載時）9.4m。

そのドレッドノートが切り開いた新時代の第1陣となったのがベレロフォン級の3隻だった。ドレッドノートの陰であんまり注目されないし，第1次大戦じゃすでに最新でも最強でもなくなってたけど，その意味じゃ戦艦史上にそれなりに意義のあるクラスだったんじゃないか？

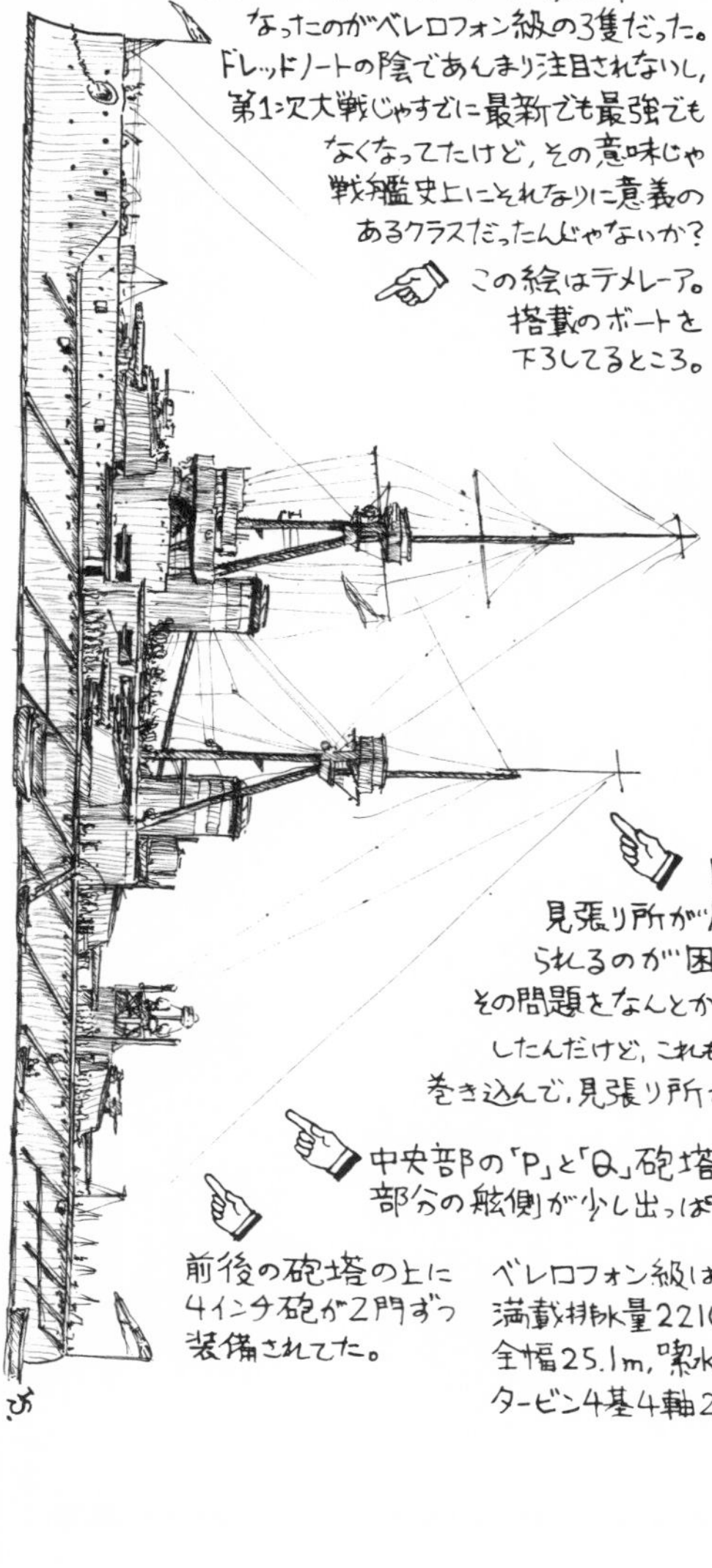

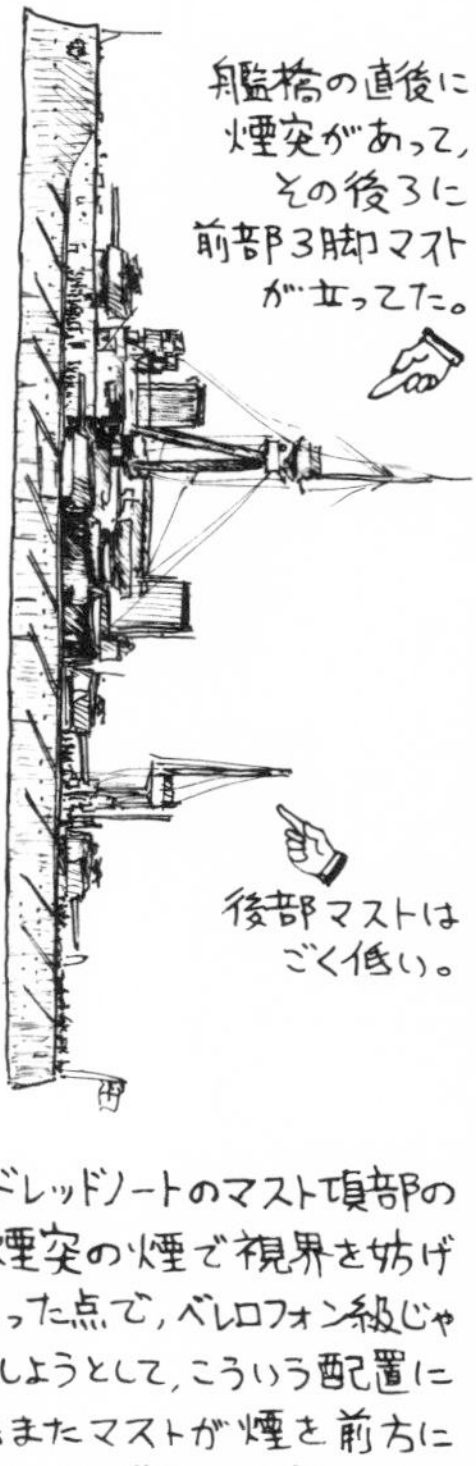

この絵はテメレーア。搭載のボートを下ろしてるところ。

艦橋の直後に煙突があって，その後ろに前部3脚マストが立ってた。

後部マストはごく低い。

ドレッドノートのマスト頂部の見張り所が煙突の煙で視界を妨げられるのが困った点で，ベレロフォン級じゃその問題をなんとかしようとして，こういう配置にしたんだけど，これもまたマストが煙を前方に巻き込んで，見張り所が使い難くて大変だった。

中央部の「P」と「Q」砲塔の基部にあたる部分の舷側が少し出っぱってる。

前後の砲塔の上に4インチ砲が2門ずつ装備されてた。

ベレロフォン級は基準排水量18800トン，満載排水量22102トン，全長160.3m，全幅25.1m，喫水（通常）8.3m，タービン4基4軸23000shp，速力20.75ノット。

戦艦の革新

イギリス海軍はときどき大した発明をして、その後の海軍や、あるいは世界のあり方にまで大きな変革を起こしたりすることがある。航空母艦だってイギリスの発明だし。それ以前には戦艦ドレッドノートの建造で、軍艦の時代を大きく変えてしまってる。

ドレッドノートの何がすごいかというと、ひとつにはそれまでの戦艦が何種類かの砲を色々揃えてたのを、大口径の主砲のみに統一して、しかもそれをたくさん装備したことだ。例えば１９０４年の日本海海戦の立役者の戦艦「三笠」は、１８９９年起工で１９０２年就役なんだが、主砲は30・５cm（12インチだな）連装砲２基４門で、あと15・２cm副砲が単装で14門、それに水雷艇撃退用の７・６cm砲20門を装備していた。

ところが日本海海戦の翌年、１９０５年に起工したドレッドノートは１９０６年に就役するんだが、主砲は12インチ連装砲５基10門と、それ以前の戦艦よりも倍以上に増やして、あとは水雷艇撃退用７・６cm砲24門のみ。副砲はやめちゃったのだ。

そうなると敵艦と間合いを詰めて主砲や副砲まで動員して手数多く撃ち合うというよりも、主砲の数を頼みに遠距離で射ち合うという戦い方をすることになる。それには、以前のように砲塔や砲ごとに敵艦を狙ってたんじゃ効果が心もとない。そこでイギリス海軍は主砲の射撃を統一して指揮する射撃指揮装置を考え出した。これを装備するようになったのもドレッドノートのすごいところだ。

そしてドレッドノートは機関に蒸気タービンを採用して、21ノットの速力を得た。「三笠」は蒸気レシプロで18ノットだ。

ドレッドノートに続くものたち

こうして１９０６年にドレッドノートが現れると、それ以前の戦艦は一挙に旧式化してしまった。火力でも速力でも、射撃精度でも、従来の戦艦ではドレッドノートに「勝てる気がしねえ！」だ。そこで各国はドレッドノートと同じように、12インチ／30・５cm砲を多数装備する戦艦の建造を大急ぎで進めることになる。イギリスと張り合おうとしてたドイツや、建造能力も技術力も高いアメリカはすぐに追随していくんだけど（というか、アメリカじゃすでに新型サウスカロライナ級の計画がはじまっていた）、フランスやイタリア、日本、それにロシアはもう必死で後を追うようになってくんだな。

それは実は当のイギリス海軍でも同じだった。だってドレッドノートは、イギリス海軍自身の既存の戦艦をも時代遅れにしてしまったから、各国に対するイギリス戦艦勢力の圧倒的優位もチャラになる怖れが生じることになったのだ。

もちろんそんなことになっては困るわけで、イギリス海軍は戦艦勢力での優越を維持するために、他国を上回るスピードでドレッドノートに続く新世代戦艦を続々建造していった。

そもそもドレッドノートは１９０５年10月２日に起工して、４カ月後の１９０６年２月10日に進水、10カ月後の１９０６年12月11日に竣工、という当時世界最大の戦艦でありながら、起工から竣工まで14カ月というすさまじい早さで建造されたのだった。もちろん他国もドレッドノートに対抗する戦艦を建造するだろうから、それより先に新型戦艦を就役させようと考えたのだ。

そしてイギリス海軍は１隻のみのドレッドノートに続いてすぐに次の戦艦の建造にとりかかった。なにしろ急いで新世代戦艦を揃えなくちゃならないから、大幅な改良や改設計を盛り込んでいる暇はない。次々に戦艦を建造しながら、その都度、改良や新技術を採り入れていくしかない。

そんなわけで１９０６～１９０７年計画の新造戦艦６隻、第１陣のベレロフォン級３隻、つまりベレロフォンとシュパーブ、テメレーアは、ほとんどドレッドノートと変わらなかった。いうなれば「ドレッドノート量産型」、もしくは「ドレッドノート改Ⅰ」か。

ベレロフォン級では、ドレッドノートで主砲塔の上などに露天装備された水雷艇撃退用３インチ砲は威力も不足だし、使いにくいので評判が悪かったが、それを４インチに強化して16門を上部構造物の中に装備するようになる。あとはドレッドノートで前部煙突の後方に位置したマストを、煙突の前方に移して、後部煙突の前に後部マストを立てたのが大きな違いだけど、主砲の口径も配置もドレッドノートと同じだった。大きさはドレッドノートとほとんど変わらず、基準排水量が７００トンぐらい大きくなって、機関は同じ出力で速力は20・75ノット。まあドレッドノートと実質同じ速力といっていいんだろうな。

ベレロフォンは１９０６年12月起工、１９０９年２月竣工で、建造に26カ月を要している。２番艦シュパーブは１９０７年２月起工、１９０９年５月竣工で25カ月、３番艦テメレーアは１９０７年１月起工、１９０９年５月に竣工で、やはり26カ月で完成している。さすがにドレッドノートほどの早さではないが、それでもかなりのペースで建造されている。

次の「ドレッドノート改Ⅱ」ともいうべきセント・ヴィンセント級３隻は、12インチ連装砲５基を主砲とする点は変わらないが、砲はそれまでの砲身長45口径のＭｋ.Ｘから、もっと砲身の長い50口径Ｍｋ.Ⅻに替わった。イギリス海軍は少しずつ改良を採り入れつつ、戦艦の建造を進めていたのだ。

でも、同じ12インチ砲でも砲身を長くすれば初速も速くなって射程は伸びるし、平たい弾道で遠くに届くんで遠距離射撃の精度も向上する……と思いきや、このＭｋ.Ⅻ砲は発射のときに砲身がビクンとなってしなっちゃうもんだから、主砲が斉射するときの散布界が広がりすぎる、つまり弾着の集中が悪いということがわかった。あんまり成功した砲ではなかったのだな。

セント・ヴィンセント級は、主砲の砲身が長くなったせいで全長がまた少し伸びて、幅と喫水はむしろ小さくなったんだけど、排水量も増えて、その分機関を強化して速力21ノットを維持した。４インチ砲の数は20門に増えて、そのうち８門は艦橋構造物に２層に装備された。それ以外は見た目の変化はごく少なくて、ベレロフォン級では前後の煙突が同じ大きさだったのが、セント・ヴィンセント級では前部煙突がちょっと細いぐらいが目立った違いだった。

セント・ヴィンセント級は、最初にコリングウッドが１９０７年２月に、セント・ヴィンセントが１９０７年12月に、ヴァンガードが１９０８年４月に起工していて、竣工はそれぞれ１９１０年４月（建造期間38カ月）、１９０９年５月（17カ月）、１９１０年２月（22カ月）に竣工している。

当然、セント・ヴィンセント級の建造時期はベレロフォン級と重複していて、これらの戦艦はポーツマスやデヴォンポートの海軍工廠だけでなく、タイン川のエルズウィック社やバロー・イン・ファーネスのヴィッカース社と民間の造船所で建造が行なわれたんだけど、当時のイギリスの造船工業の能力が軍民合わせていかに大きかったがうかがえるし、イギリス造船工業が総力をあげて戦艦を建造していたことを示してもいる。

ドレッドノートたちの名前

これらの戦艦の艦名は、意味や頭文字ではあんまり一貫性がない。イギリスの軍艦にはよくあることなんだけど、特に主力艦である戦艦には伝統的な名前をつける傾向にあるから、イギリス海軍としてみれば、それなりに戦艦らしい名前をつけてるんだろう。

ドレッドノートは「怖れを知らない人」、つまり「勇者」というような意味の名詞で、イギリス海軍の艦名としては16世紀半ばの初代の40門艦以来、この戦艦で8代目の伝統ある名前だ。

この戦艦ドレッドノート以来、12インチ砲を集中装備する戦艦を「ドレッドノート・クラス」、日本語で「弩級」と呼ぶようになって、それから転じて「すごく大きくて強い」ことを「弩級」というようになった。今だと「超弩級」という形容をときどき見るけど、これは12インチよりも大きい口径、13・5インチ砲を備えた戦艦を「スーパー・ドレッドノート・クラス」と呼んだのが本来の意味だ。

ベレロフォンはギリシャ神話の英雄のひとり、ペガサスを駆って怪物キマイラを斃した人だ。後にペガサスに乗って天に昇ろうとして、大神ゼウスに雷で撃たれてしまうんだけど。イギリス軍艦の艦名としては、初代の18世紀の戦列艦から4代目にあたる。

シュパーブは「素晴らしい」「傑出した」という形容詞で、この戦艦で9代目。初代のイギリス軍艦シュパーブは１７１０年に捕獲したフランスの64門艦シュペルブで、その艦名を英語訳したものだ。

テメレーアも元はフランス語。Temeraire「向こうみずな」「無謀な」という形容詞を英語読みしてテメレーア。イギリス軍艦テメレーアの初代は18世紀に捕獲したフランス戦列艦で、それ以来この戦艦で5代目。18世紀末に建造された98門艦、３代目テメレーアはトラファルガー海戦にも参加して、１８３８年に解体されたんだけど、解体に向けて蒸気の外輪式タグボートに曳航されていく光景が、ジョセフ・M.ターナーの名画「戦艦テメレーア」になった。

セント・ヴィンセントはイギリス軍艦の艦名としては17世紀末に捕獲したフランスの小型艦サン・ヴァンサンと、18世紀後期に分捕ったスペインのスループ、サン・ヴィセンテが、英語でセント・ヴィンセントに改名してるんだけど、どっちも小物だ。艦名の由来は、１７９７年にポルトガル沖合でスペイン艦隊を打ち破ったセント・ヴィンセント（サン・ヴィセンテ）岬沖海戦の指揮官で、この勝利の功によりセント・ヴィンセント伯爵となったジャーヴィス提督の称号だ。捕獲艦を別にすればイギリス軍艦の艦名としては、１８１５年の戦列艦に続く2代目にあたる。

　コリングウッドは、ジャーヴィスと同時代の海軍軍人で、トラファルガー海戦でネルソン提督の副指揮官を務めたカスバート・コリングウッド提督が艦名の由来で、１８４０年代の戦列艦から数えて3代目だ。

　ヴァンガードは「前衛」という意味。フランス語のアヴァン（前）ギャルド（守る・衛兵）が語源だそうだ。初代のイギリス軍艦ヴァンガードは16世紀のガレオン船で、この戦艦で9代目。でも先代の甲鉄艦ヴァンガードは１８７５年に中央砲郭甲鉄艦アイアンデュークと衝突して沈んでいて、このヴァンガードも１９１７年にスカパフローで停泊中に爆発事故で沈んでるし、次のヴァンガードはイギリス最後の戦艦だけど第２次世界大戦に間に合わず、何もせずに退役していて、どうも19世紀以来ヴァンガードは縁起の悪い艦名とみなされてるようだ。

　というわけで、１９０６年12月のドレッドノートの就役から１９１０年2月のヴァンガードの就役までの３年と２ヵ月ぐらいの間に、イギリス海軍は7隻の「弩級戦艦」を揃えてしまったのだった。

　とはいえ新世代戦艦の建造を急いだために、ドレッドノートで不満足だった点が、修正したり改良したりする暇がなく、そのままこれらの戦艦に引き継がれてしまった。水雷艇撃退用の小口径砲の強化はなんとかなったけど、ドレッドノートの大きな問題はその主砲配置にあった。

ドレッドノートの12インチ連装砲塔は、前甲板に1基、艦の中央部左右両舷に1基ずつ、後部に2基という配置だった。これで前後方向には連装×3基の計6門が発射でき、それ以前の戦艦の2門に比べて3倍になったし、片舷斉射も連装×4基の8門が発射可能で、旧式戦艦が4門しか撃てなかったのに対して、倍に増えた。でも中央部の砲塔は反対側には撃てなかったので、片舷斉射のときには1基の砲塔が無駄に遊んでいることになる。

そこでイギリス海軍は1908～1908年計画の戦艦では主砲塔の配置をドレッドノートから改めることになるんだけど、それはまた別の機会に。

ドレッドノートに勝てる気がしない!

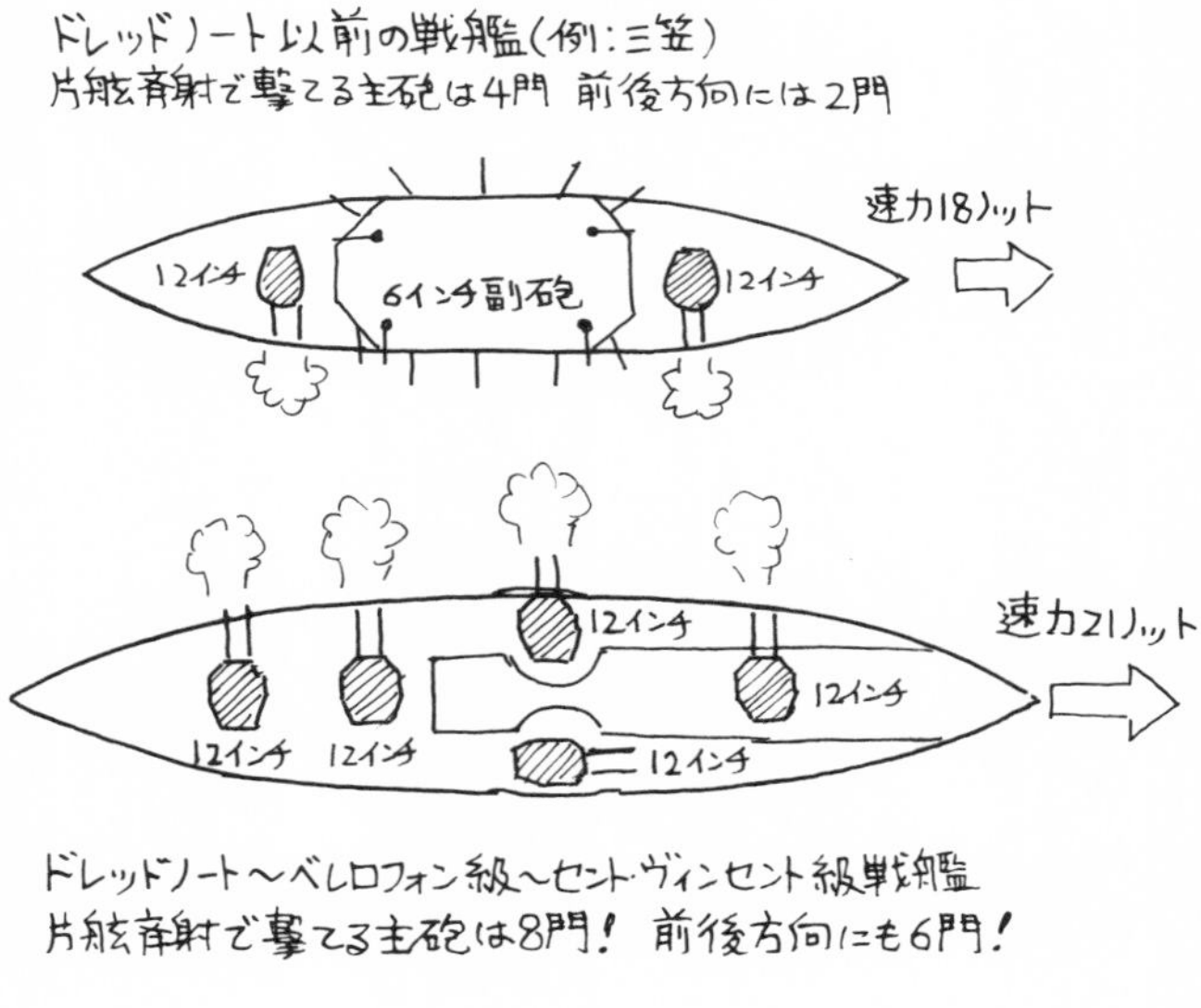

で、第1次世界大戦がはじまると、すでに次の世代の戦艦も現れてはいたんだけど、もちろんドレッドノートとその改良型計7隻もまだイギリス戦艦部隊の主力の座にあった。１９１６年5月31日~6月1日のジュットランド海戦にも、整備中だったドレッドノート以外の6隻が参加してる。

ベレロフォンとテメレーア、それにヴァンガードは第4戦艦戦隊第4戦艦隊に所属、シュパーブは第4戦艦戦隊第3戦艦隊だが、スターディ中将の戦隊旗艦を務めていた。ちなみに総司令官ジェリコー大将の旗艦アイアン・デュークもこの第4戦隊第3戦艦隊に加わっていた。セント・ヴィンセントとコリングウッドは第1戦艦戦隊第5戦艦隊の所属だった。

ベレロフォンはイギリス戦艦部隊の戦列の中ほどに位置していて、その中でドイツ巡洋戦艦部隊を最初に視認、最初に砲撃を開始した艦のひとつだった。ベレロフォンは主砲62発を発射、被弾はなかった。テメレーアはドイツ巡洋戦艦デアフリンガーや軽巡ウィスバーデン、駆逐艦に対して主砲72発、4インチ砲50発を発射、やはり被弾なしだった。シュパーブも敵弾を受けることなくジュットランド海戦を終えている。

ヴァンガードは主砲80発を発射、被弾なし。セント・ヴィンセントは主砲98発を発射、ドイツ巡洋戦艦モルトケに2発の命中弾を与え、1発は後部4番砲塔基部に命中して、砲塔を使用不能にした。コリングウッドは84発を発射して、デアフリンガーに1発を命中させている。いずれの艦も被弾してない。この海戦の後、6隻のドレッドノート改グループの戦艦は敵艦と戦闘を交えることはなかった。

でもヴァンガードは１９１７年７月９日の午後11時過ぎ、スカパフロー泊地のフロッタ島沖に停泊中に突然爆発、たちまち沈没した。乗員８０６名中、生存者は２名だけだった。死亡者のなかには、観戦武官として乗り組んでいた日本海軍の江藤恭介大佐も含まれていた。目撃者によると、ヴァンガードの前部マストの根本より火柱が立ち上り、その直後に大きな爆発が起きたというから、中央部の砲塔の弾薬庫が爆発したのは間違いなさそうだが、爆発の原因そのものについては、装薬のコルダイト火薬が不安定になっていたのではないか、と推測はされるものの、不明のままだった。

第１次世界大戦が終わると、ヴァンガード以外の５隻は１９１９年に予備艦となって間もなく除籍、１９２１～１９２３年にはスクラップとして売却された。

File no. 15

それに続く者たち

“ドレッドノート級”戦艦（後編）

"Dreadnought class" battleships

1906年～1928年

基準排水量：2万0255トン
満載排水量：2万3050トン
全長：166.4m
全幅：25.9m
喫水：8.8m
機関：タービン4軸、2万5000shp
速力：21ノット
兵装：12インチ連装砲塔×5基
　　　4インチ速射砲×16門
　　　魚雷発射管×3門（水線下）
（データはコロッサス級）

ドレッドノートには同型艦がないから、「ドレッドノート級」というクラスはない。でも12インチ砲単一主砲の戦艦をどの国のでも「ドレッドノート級」と呼ぶんで、なかなかややこしい。

「ドレッドノート級フライトII」ともいうべき戦艦ネプチューン。まだ後部フライング・ブリッジがあるから、遅くても1914年の途中までぐらいの姿だろう。

ネプチューン～コロッサス級だと、砲塔の配置はこうなった。

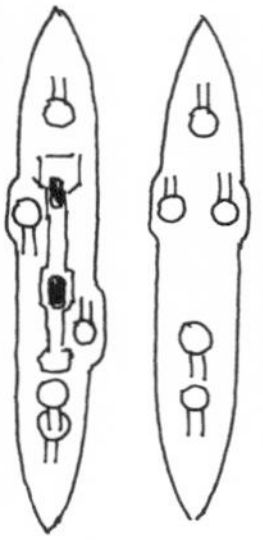

ドレッドノート～ベレロフォン級～セント・ヴィンセント級の砲塔配置。

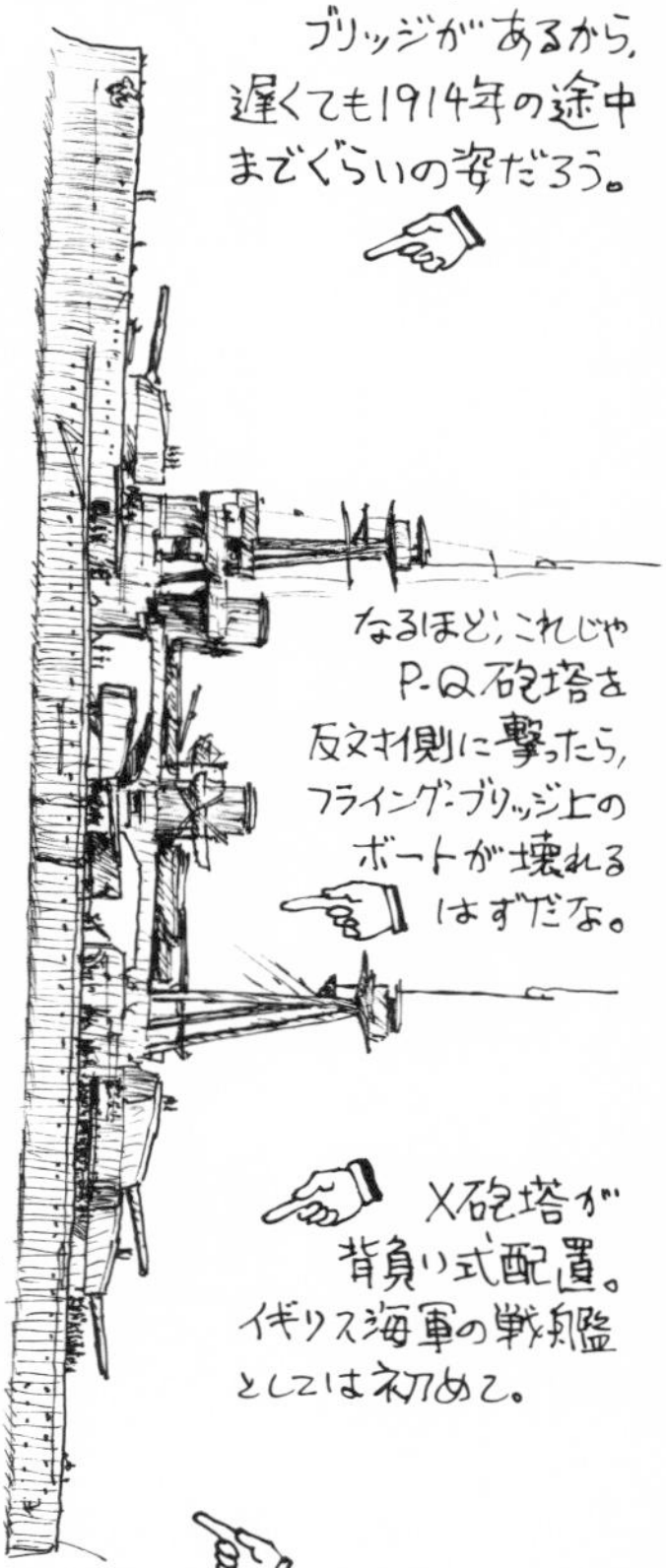

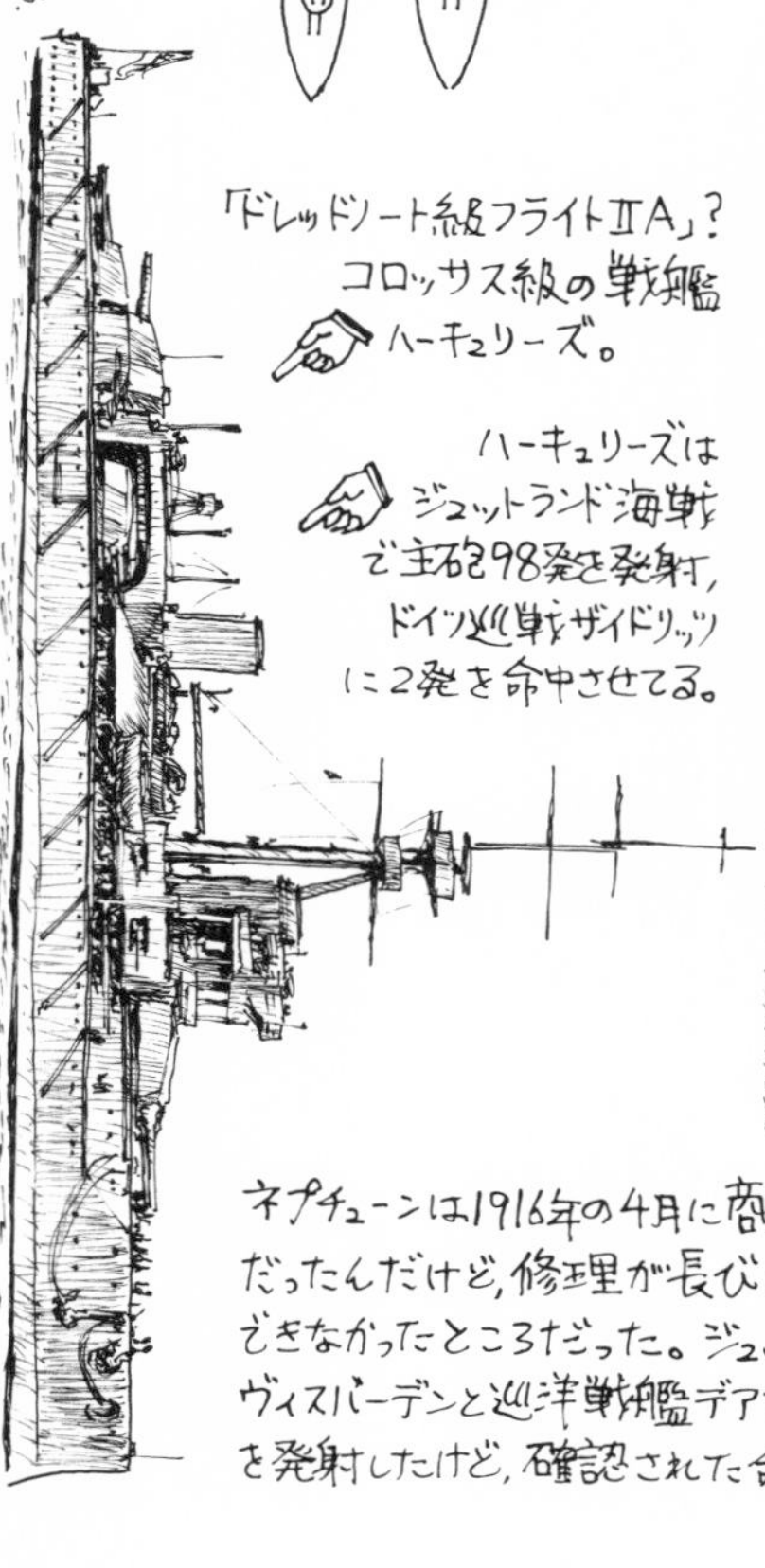

「ドレッドノート級フライトIIA」？コロッサス級の戦艦ハーキュリーズ。

ハーキュリーズはジュットランド海戦で主砲98発を発射、ドイツ巡戦ザイドリッツに2発を命中させてる。

なるほど、これじゃP-Q砲塔を反対側に撃ったら、フライング・ブリッジ上のボートが壊れるはずだな。

X砲塔が背負い式配置。イギリス海軍の戦艦としては初めて。

ネプチューンは1916年の4月に商船とぶつかって、損傷はごくわずかだったんだけど、修理が長びいてたら、ジュットランド海戦に参加できなかったところだった。ジュットランド海戦では、ドイツの軽巡ヴィスバーデンと巡洋戦艦デアフリンガーに対して48発の主砲弾を発射したけど、確認された命中弾はなかった。

ドレッドノート級フライトII？

イギリス海軍は１９０６年に革新的な新型戦艦ドレッドノートを就役させて、このドレッドノートの出現で、当時の世界の海軍が持っていた従来型の戦艦は一挙に旧式化されちゃった。それまでの戦艦は２～３種類の口径の砲を装備して、主砲の数はだいたい連装２基の計４門だったのが、ドレッドノートは砲を12インチの主砲のみに統一、しかも連装砲塔５基10門と圧倒的な火力を持ち、蒸気タービン機関の採用で速力も優れていた。

でも当のイギリス海軍も、ドレッドノートを建造したことで、自分のところの多数の戦艦も時代遅れにしてしまった。せっかくイギリス海軍は海軍の規模でも戦艦の数でも世界最強だったのに、ことドレッドノート的な新世代戦艦については、イギリス海軍だって他国に対して数的優位にはないのだ。

もし他国、例えば海軍を増強しつつあるドイツが、ドレッドノートと同じような構想の戦艦をイギリスを上回る建造ペースで続々建造したら、イギリス海軍の数的優位は崩れ去ってしまう。旧世代戦艦がたくさんあっても、ドレッドノート世代の戦艦にはとてもかなわないんだもの。

それはもちろんイギリス海軍も気付いていて、ドレッドノートを驚異的な早さで完成させ、すぐに同様の新世代戦艦を次々に建造していった。他国が新世代戦艦の建造を進めないうちに、数的優位を確立してしまおうとしたわけだ。

でも新戦艦を急速建造して数を揃えるためには、次々に建造する新戦艦に大幅な改良を加えてる余裕がない、ということになる。そうして順次改良しながら、建造を遅らせることなく、戦艦を建造していくしかなかったのだった。

　そんなわけでイギリス海軍は、試作艦としてドレッドノートを完成させたのに続いて、それとほぼ同様の量産型としてベレロフォン級3隻を１９０６～１９０７年に起工して、１９０９年に就役させ、さらに砲身長の長い砲を装備する改良型セント・ヴィンセント級3隻を１９０９～１９１０年に就役させた。ドレッドノート就役からたった4年で、早くもイギリス海軍は新世代戦艦を7隻、艦隊に配備したのだった。

　これら12インチ砲に主砲の口径を統一した新世代戦艦を、一般に「ドレッドノート・クラス」と呼んで、日本じゃドレッドノートの「ド」に漢字の「弩」を当てて「弩級戦艦」なんて呼ぶようになった。それを用いて、今風に言うなら、ベレロフォン級は「ドレッドノート級フライトⅠ」、セント・ヴィンセント級は「ドレッドノート級フライトⅠＡ」といったところかな。

　しかしここまでのドレッドノート級では、いくつか不満な点も現れていた。ドレッドノート級では、なにしろ主砲の数が従来の戦艦よりも格段に多いんで、マスト頂部に射撃方位盤を置いて、主砲の射撃を統一して指揮・管制するようにした。でもそのマストと煙突の位置関係が難しくて、煙突からの煙がマストの後流に巻き込まれて、射撃方位盤の視界を大いに妨げるのだった。

　これの改善にイギリス海軍はずいぶん腐心するんだけど、それよりもっと抜本的な改良を要する問題点もあった。主砲塔の配置だ。

ドレッドノートからセント・ヴィンセント級までの戦艦は、12インチ連装砲塔5基が艦首と、中央部左右両舷に1基ずつ、後部に2基という配置だった。これだと前方に3砲塔6門が射撃可能で、片舷斉射だと4基8門、後方にも3基6門が撃てる。ドレッドノート以前の戦艦に比べて圧倒的な火力なんだが、ちょっと待って、砲塔が5基なのに片舷斉射でも4基が撃てるだけで、1基は撃てないままになる。これってもったいないじゃないか。

かといって砲塔5基全部を中央線上に並べると、艦の長さが大きくなりすぎるし、前方に6門の砲で撃てるようにもしたいので、中央部の左右に砲塔を配置するのも捨てがたい。そこでイギリス海軍は、左右の砲塔を前後にずらして、それぞれ反対舷にも撃てるようにすることを考えた。

その砲塔配置を採り入れたのが、1909年に起工されたネプチューンだったが、じつはネプチューンの砲塔配置には、この前後でずれた舷側砲塔の他に、もうひとつ新機軸が導入されていた。後部の2基を背負い式にしたのだ。つまり艦首寄りの「X」砲塔が艦尾寄りの「Y」砲塔より1段高い位置に置かれた。

この背負い式（スーパーインポーズ）の砲塔配置は、すでにアメリカ海軍が1906年起工のサウスカロライナ級戦艦で実現していた。アメリカ海軍はイギリス海軍と同じように戦艦の主砲を大口径のものに統一するべきと考えて、ドレッドノートの設計とは全く別個に、12インチ主砲を連装4基に装備するサウスカロライナ級戦艦を設計したのだった。

サウスカロライナ級は排水量を小さく抑えるために艦の長さを短くする必要から、主砲塔は前後に2基ずつ背負い式に配置し、この背負い式砲塔配置が、結局その後の戦艦の主砲配置の主流になった。その意味では、戦艦の革新をもたらしたのは本当はドレッドノートよりもサウスカロライナ級だった、といってもいいのかもしれないけど、サウスカロライナ級は１９１０年に（2番艦のミシガンのほうが先に）就役して、ドレッドノートより後だったし、速力も18・５ノットと遅かったので、主砲配置以外はぱっとしなかった。

　イギリス海軍がネプチューンの後部砲塔2基で背負い式配置を採用したのには、このサウスカロライナ級の設計の影響もあったようだが、それ以上にイギリス造船界もネプチューン以前にすでに背負い式砲塔配置を用いていた。イギリスのアームストロング社がブラジル向けに設計した輸出用戦艦ミナス・ジェライスとサンパウロが、前後に12インチ連装砲塔を2基ずつ背負い式に置き、さらに中央部左右に1基ずつ配置していた。１番艦ミナス・ジェライスの竣工は１９１０年1月12日で、アメリカのサウスカロライナ級ミシガンが竣工した1月10日より2日遅かっただけだった。

　このような先例に続いて、イギリス海軍はネプチューンでやっと背負い式砲塔を採用したことになる。ただしそれまでのクラスでは、左右両舷の砲塔の後方の甲板上に短艇などを搭載するスペースがあったが、左舷の砲塔が前に、右舷の砲塔が後ろにと前後にずれて配置されているので、甲板上に短艇類を並べるわけにはいかなくなった。そこでネプチューンでは、艦橋から中央の煙突へ、そこからさらに後部マストへと橋のような上部構造物、フライング・ブリッジを設けて、その上に短艇類を搭載した。左右の砲塔は、このフライング・ブリッジの下を通して反対舷への射撃を行なうようになっていた。

こうすることによって、ネプチューンは前方には艦首砲塔（Ａ砲塔）と左右両舷の砲塔（Ｐ砲塔、Ｑ砲塔）の３基６門が射撃でき、後方には背負い式のＸ砲塔とＹ砲塔、両舷のＰとＱ砲塔の４基８門が射撃可能で、しかも片舷斉射にはＡ、Ｐ、Ｑ、Ｘ、Ｙの５基全部が射撃できるようになった。

それはそれでいいのだが、そこで気になる点がある。Ｐ・Ｑ砲塔を反対舷に向けて撃ったとき、フライング・ブリッジに載せてある短艇は爆風に対して大丈夫なのか？　当然大丈夫じゃなかったのだった。ネプチューンが両舷の砲塔が反対舷に向けて射撃すると、短艇が損傷するのはもちろん、その他の上部構造にも被害が出てしまった。そのため前方のフライング・ブリッジは、第１次世界大戦が始まると早々に撤去されることになったのだった。

ネプチューンは機関のほうでもそれまでのクラスよりも進歩していて、蒸気タービンが巡航用と高速用の２種類となったのだ。このおかげで巡航時の燃料消費が少なくなった。さらにボイラーもタービンも新型化されたおかげで、それまでのクラスよりも速力が向上し、公試では22・５ノットが出せるようになったのだった。

ネプチューンは１９０９年１月に起工されて、この年の９月に進水、１９１１年１月に就役した。

イギリス海軍はさらに１９０９年にネプチューンとほぼ同じ戦艦を２隻建造した。これがコロッサス級で、Ｐ・Ｑ砲塔の前後間隔が少し狭まって、艦橋構造物が拡大された。それと前部マストがドレッドノートと同じように前部煙突よりも後ろに配置された。マストを高めたので射撃方位盤は排煙の影響を免れると考えたようだが、実際にはやっぱりマストが煙に包まれてしまった。

コロッサスと姉妹艦ハーキュリーズはともに１９０９年７月に起工され、それぞれ１９１０年４月と５月に進水、１９１１年７月と８月に就役した。イギリス海軍は１９１１年中にネプチューンとコロッサス級２隻の計３隻のドレッドノート級戦艦を艦隊に加えたことになる。このころにはすでにイギリス海軍では、ドレッドノートの次の世代の戦艦として、主砲の口径を13・５インチとする「スーパー・ドレッドノート」を計画しつつあった。つまりコロッサス級がイギリス海軍が建造した最後の12インチ砲戦艦＝ドレッドノート級戦艦となった。今風にいうなら、ネプチューンが「ドレッドノート級フライトⅡ」、コロッサス級は「フライトⅡA」か。

これらの艦名は、ネプチューンはもちろんローマ神話の海神ネプトゥーヌスの英語読みで、ギリシャ神話のポセイドンと同じ神様とされてる。コロッサスは元々はロードス島に立っていた太陽神ヘリオスの巨像のことで、比喩的に巨大なもの、巨大な人物、巨神のことをいうようになった。いわゆる「大立者」もコロッサスと表現されたりするな。ハーキュリーズはもちろんギリシャ神話の大力の英雄ヘラクレスの英語読み。この３隻の艦名は戦艦の名前として当たり前至極だな。

連装砲塔7基14門！「ジン・パレス」

コロッサス級の後、イギリスの戦艦建造はより強力な主砲を備えた「スーパー・ドレッドノート」へと移行していくんだけど、イギリス海軍は１９１４年、第１次世界大戦の直前にもう１隻、12インチ砲を持つ戦艦を就役させている。この戦艦はエジンコート、そもそもの発注主はブラジルで、１９１１年に起工された。

　ブラジルは先に述べたように、１９１０年にミナス・ジェライス級戦艦２隻を就役させたけど、それに対抗して隣国アルゼンチンは１９１０年にアメリカに12インチ砲連装砲塔６基を備えるリヴァダヴィア級戦艦２隻を発注した。

　この頃ブラジルとアルゼンチン、それにチリはそれぞれ互いに緊張状態にあって、チリもこの後イギリスに戦艦を発注することになる。これら南米３国の戦艦建造競争（といっても自国で建造するわけじゃないから発注競争なんだが）のことを、イギリスの本なんかだと「バトルシップ・メガロマニア（戦艦誇大妄想）」と、上から目線の身も蓋もない言い方をしてたりする。

　そんな競争のなかで、今度はブラジルがアルゼンチンのアメリカ製戦艦に対抗して、さらに新型戦艦をイギリスに発注した。それも12インチ連装砲塔7基を中心線上に並べるという空前の砲塔配置の艦だ。１９１１年にアームストロング社で起工されたこの戦艦は、１９１３年に進水、リオデジャネイロと命名された。

　しかしながら南米の大国とはいえブラジルはまだ発展途上で、リオデジャネイロの進水後になって、経済の不調から建造費が払えるか危なくなってしまった。そこでブラジルは建造途中のリオデジャネイロをトルコ（当時はオスマントルコ帝国だ）に売却し、後はトルコ海軍向けにスルタン・オスマンⅠ世という艦名で艤装工事が続けられることになった。

　スルタン・オスマンⅠ世は１９１４年7月に竣工、その直後に第1次世界大戦が勃発した。本当ならスルタン・オスマンⅠ世はトルコ海軍に引き渡されるはずだったが、時のイギリスの海軍大臣ウィンストン・チャーチルは引き渡しを遅らせ、トルコがドイツやオーストリアの側に着くか、それとも中立か、イギリスやフランスの側に着くかを見定めようとした。結局、オスマン・トルコはドイツ側に立って参戦し、イギリスはもちろんスルタン・オスマンⅠ世を接収して、エジンコートと命名したのだった。

連装砲塔７基という設計も奇異なら、ここまでの運命も数奇だが、おかげでエジンコートは満載排水量３万２５０トン、全長２０４・７ｍ×全幅27・１ｍという巨艦になった。コロッサス級が満載排水量２万３０５０トンで全長１６６・４ｍ×全幅26・０ｍだから、それより断然大きい。第１次世界大戦中に就役した最後のイギリス戦艦で、15インチ砲を搭載したクイーン・エリザベス級が満載排水量３万１５００トン、全長１９６・８ｍ×全幅27・６ｍで、さすがに排水量と全幅ではエジンコートを上回ったが、こと全長に関してはエジンコートは第１次世界大戦のイギリス戦艦のなかで最大だった。

エジンコートとは、１４１５年にイギリス王ヘンリーⅤ世が３倍のフランス軍を打ち破ったアジャンクールの戦いのことで、アジャンクールという地名を英語読みしてエジンコートだ。Agincourt を A Gin Court と分けて読むと「ジンの庭」のような意味になる。18世紀～19世紀に、イギリスの下層階級に当時の安酒ジンを飲ませる安酒場が「ジン・パレス」と呼ばれたことから、エジンコートはイギリス海軍では「ジン・パレス」とあだ名されたそうだ。ブラジル～トルコの発注で上級士官の居住区の内装が豪華だったことも、あだ名の元になったらしい。

エジンコートには当初は艦の中央部にネプチューン／コロッサス級のようなフライング・ブリッジが設けられていたが、イギリス海軍はこれを撤去し、後部マストの配置も変更した。砲塔7基が前部に背負い式に2基、

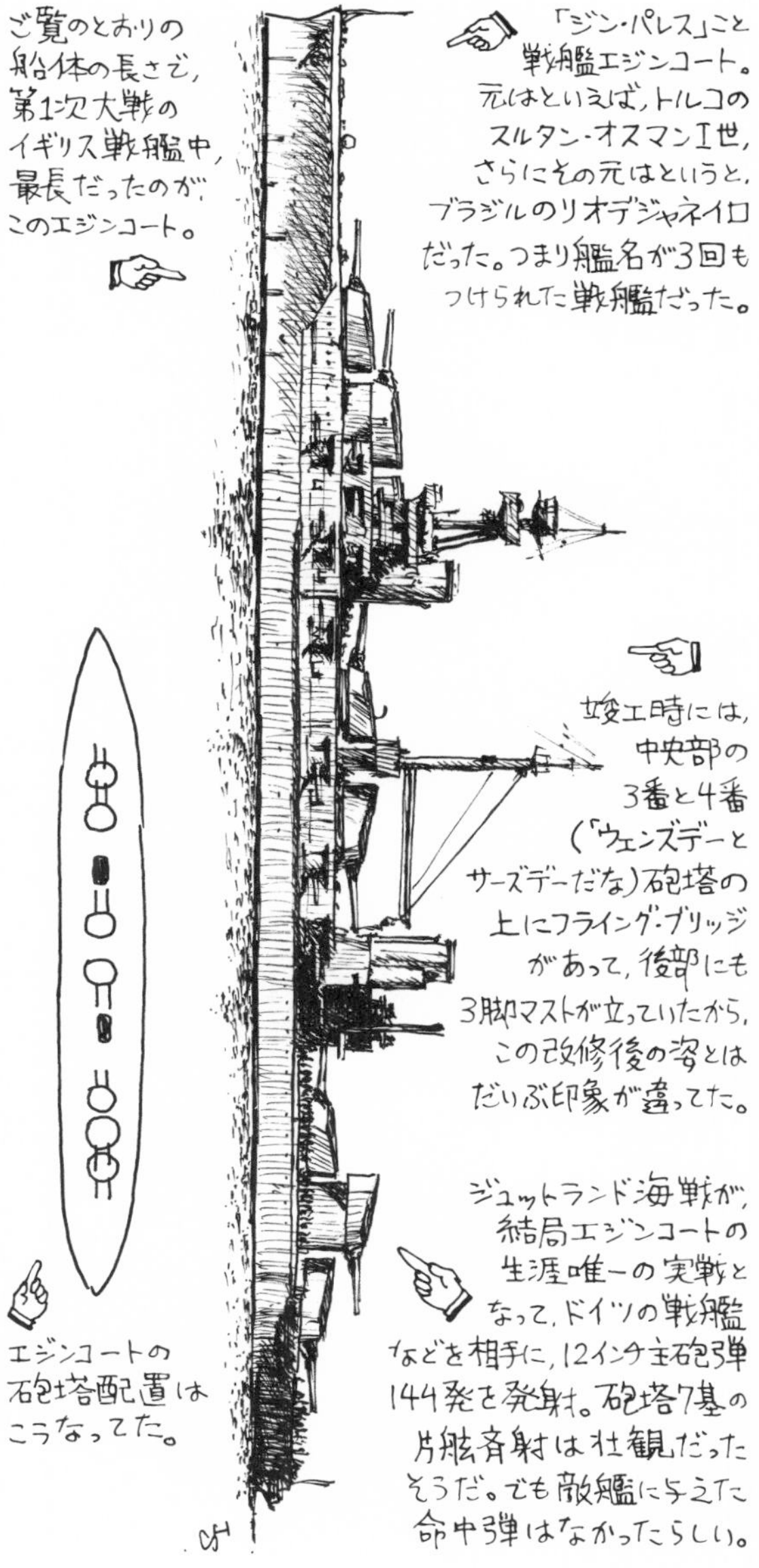

中央部前後に2基、後部に3基もあり、従来のA～Y砲塔という呼び方ができなかったので、エジンコートの場合は単純に1～7番砲塔と呼ばれた。でも乗員たちは7基の砲塔に前から「マンデー」～「サンデー」と7つの曜日を当てて呼んでいたそうだ。

ネプチューンとコロッサス級、エジンコートは、結局ジュットランド海戦に参加した以外に第1次世界大戦では目立った戦闘は経験しなかった。コロッサスはジュットランド海戦で2発被弾し、乗員5名が負傷しているが、イギリス海軍のドレッドノート級戦艦でジュットランド海戦で損傷したのはコロッサスだけだった。エジンコートが7基の砲塔から一斉に射撃したのは、このジュットランド海戦が初めてで、艦の全長にわたって主砲が火を吹く様は、まるで艦が爆発したかのように見えたともいう。第1次世界大戦後間もなく、これらの戦艦は退役している。

File no. 16

「シャイニー・シェフ」

“タウン級”軽巡洋艦シェフィールド

"Town class" cruiser HMS Sheffield

1937年～1964年

基準排水量：9102トン
満載排水量：1万1193トン
全長：180.3m
全幅：19.0m
喫水：5.2m
機関：ギアードタービン4軸、7万5000shp
速力：32ノット
兵装：6インチ3連装砲塔×4基
　　　4インチ連装高角砲×4基
　　　2ポンド4連装機関砲×2基
　　　0.5インチ4連装機関銃×2基
　　　3連装魚雷発射管×2基
　　　カタパルト1基、搭載機×2機
(データは竣工時)

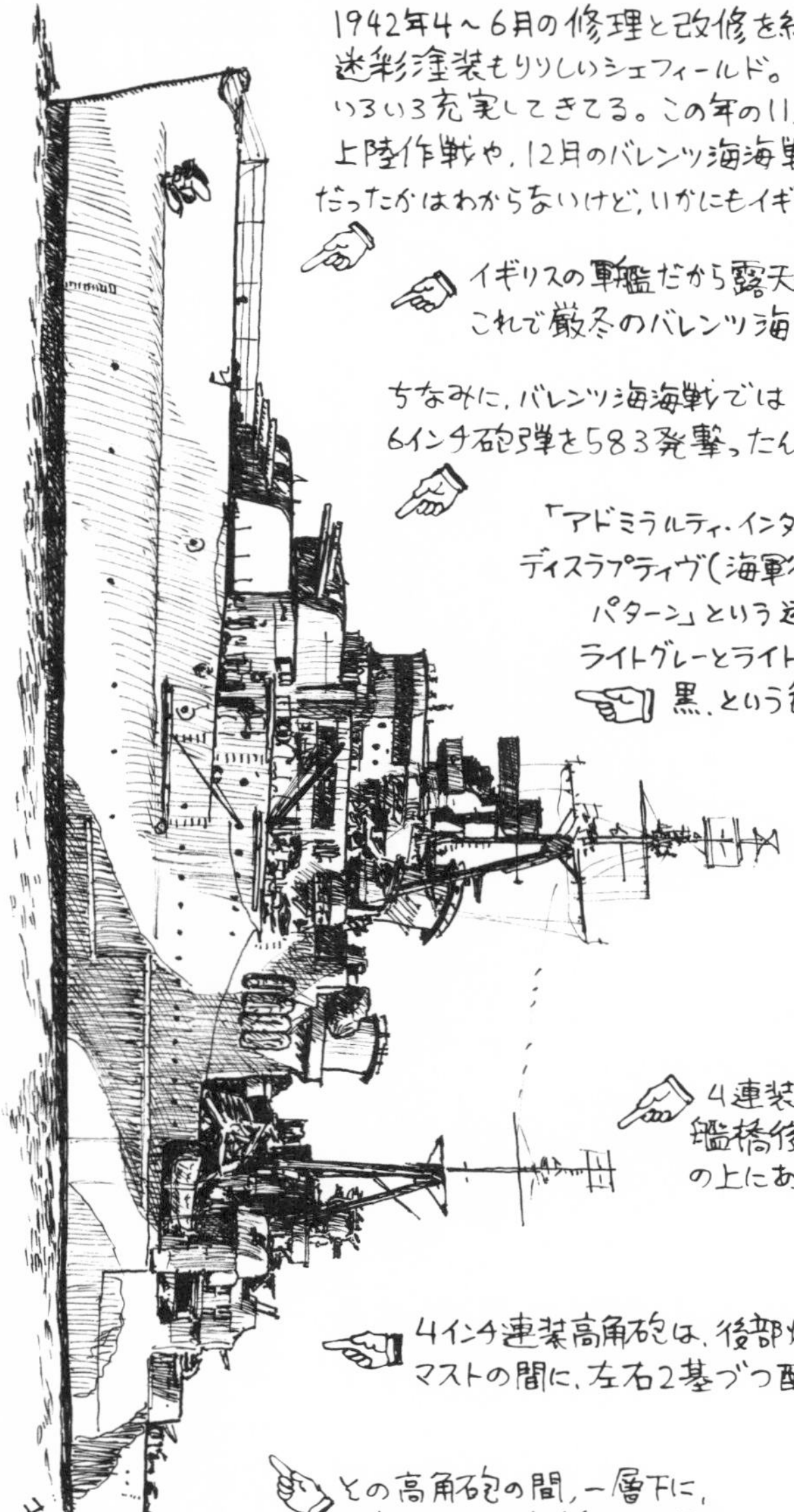

1942年4～6月の修理と改修を終えて、新しい
迷彩塗装もりりしいシェフィールド。レーダー装備も
いろいろ充実してきてる。この年の11月の北アフリカ
上陸作戦や、12月のバレンツ海海戦もこの塗装
だったかはわからないけど、いかにもイギリス軽巡らしい。

イギリスの軍艦だから露天艦橋なのだ。
これで厳冬のバレンツ海で戦うのだ。

ちなみに、バレンツ海海戦ではシェフィールドは
6インチ砲弾を583発撃ったんだそうだ。

「アドミラルティ・インターミディエイト・
ディスラプティヴ（海軍省中間断裂）
パターン」という迷彩の一つで、
ライトグレーとライトブルー、それに
黒、という色合いだった。

4連装ポンポン砲は
艦橋後ろの格納庫
の上にある。

4インチ連装高角砲は、後部煙突と後部
マストの間に、左右2基づつ配置されてる。

その高角砲の間、一層下に、
3連装魚雷発射管が配置されてる。

輝くシェフ

第２次世界大戦で武運赫々たる働きをしたイギリスの軍艦は数々あって、戦艦ならウォースパイト、空母ならアークロイアル、あるいはイラストリアスといった名前がすぐに出てくるところだ。巡洋艦ならおそらくシェフィールドだろう。ほかにもラプラタ沖海戦や地中海で幾つもの海戦を戦ったエイジャックスも武運に恵まれた艦だけど、シェフィールドはなにしろビスマルク追撃戦とバレンツ海海戦、それにシャルンホルスト撃沈と、大西洋でのイギリス海軍の決定的な戦いの全てに参加してる、という武運めでたい巡洋艦だ。

シェフィールドはご承知のとおり、サザンプトン級軽巡の１隻だ。このクラスはイギリスの都市名を艦名としてるんで「タウン級」とも呼ばれてる。シェフィールドはそのタウン級軽巡のうち、第１グループとよばれるタイプで、基準排水量９１０２トン、満載排水量で１万１１９３トンと、その前のイギリス軽巡リアンダー級の基準７２９３トン、満載９２７８トンよりも一回り大きくて、しかも砲の数もリアンダー級が６インチ連装砲塔４基８門だったのに対して、タウン級は６インチ３連装砲塔４基12門と、５割も火力が増してる。

そもそもイギリス海軍がこんな大きな６インチ砲巡洋艦を作ろうと思い立ったのは、日本の「最上」型に対抗するためだった。日本が約６インチの15㎝３連装砲塔５基15門装備で基準排水量８５００トンの「軽巡」を作ってるという情報が伝わって、イギリス海軍もじゃあ同じような排水量で同じような兵装の巡洋艦を求めたんだが、設計側からは、その排水量でその兵装の巡洋艦は速力や航続距離、防御を切り詰めなくちゃならないし、そんな巡洋艦は使い物になりませんよ、と言われちゃった。

実は日本は「最上」型の排水量が本当はもっと大きいことは隠してたんだけど、イギリス海軍はロンドン条約を律儀に守って新巡洋艦の排水量を１万トン以下に抑えるつもりだったんで、設計側の言い分を飲まざるを得なくて、３連装砲塔を５基じゃなくて４基で我慢することにしたのだった。

それでもイギリス海軍が計算してみると、８インチ砲連装４基８門のカウンティ級重巡よりも、６インチ砲３連装４基12門の軽巡の方が、砲弾の１発あたりの重量は軽くても、発射速度が速いのと門数が多いのとが相まって、１分間あたりの投射弾量を砲弾の重量で上回る、っていうことになって、それなりに納得はできたのだった。ここらへんのいきさつは、いつかタウン級軽巡をクラスとして採り上げるときに書くことにしたいんで、ここではごく簡単にとどめておきます。

というわけで、こうして１９３３年度計画から建造が始められたのがタウン級だった。タウン級は１９３４年５月にまず２隻が発注されて、同年12月にもう２隻、さらに１９３５年３月に１隻が発注された。これがタウン級の第１グループで、１９３５年11月に発注された２隻と１９３６年３月発注の１隻は、細部に改良が加えられて第２グループとなった。これからさらに１９３６年８月に、機関室や弾庫の配置がかなり変わった２隻が発注されて、これが第３グループなんだけど、本当は第３グループは６インチ４連装砲塔を装備するはずだったんで全長も排水量も一回り大きくなってる。

で、今回のお話のシェフィールドはこのタウン級第１グループ第２次発注分の１隻で、１９３５年１月にニユーカスルのヴィッカース・アームストロング社ウォーカー造船所で起工された。起工順ではタウン級では３番目だった。ちなみに１９３４年11月に最初に起工されたのがサザンプトンで、タウン級はサザンプトン級と呼ばれたりもする。さらにちなみに、ロンドンで記念艦になってるベルファストは第３グループだ。

シェフィールドは１９３６年7月に進水、１９３７年8月に竣工、就役した。シェフィールドという地はイングランド中部ちょっと北寄りにある都市で、鉄鋼業で知られる。それなりに大きくて歴史のある町なのに、イギリスの軍艦でシェフィールドと名付けられたのは、この軽巡が初めてだっていうのがちょっと意外。

艦の紋章は青地に銀色の矢が4本ずつ斜めに直交して、矢尻と矢羽は金色というモチーフ。実はこれはシェフィールドの市の紋章のモチーフの一部をもとにしていて、鉄鋼業や刃物工業で名高いシェフィールド市を象徴してる。艦のモットー「Deo Adjuvante Proficio（神ノ助ケトトモニ進ム）」も、市の紋章にあるモットー「Deo Adjuvante Labor Proficit（神助ニヨリ我ラガ労働ハ成ル）」を元ネタにしてる。

そんなわけで、軽巡シェフィールドとシェフィールド市の結びつきは強くて、市はなにくれとなく軽巡シェフィールドを支援したし、軽巡の方もシェフィールド市にいろいろ恩返しをしてる。軽巡シェフィールドの絹製の戦闘旗もシェフィールド市婦人会が寄贈したものだったそうだ。

それと、軍艦の艦内にはドアノブとか手すりとか、いろんな部分に真鍮が使われるのが普通だが、真鍮はしょっちゅう磨かないと錆びて緑青が湧いてくる。軽巡シェフィールドは整備の手間を軽減できるよう、真鍮部分の多くがステンレスに置き換えられてたんだと。これがステンレス生産が盛んだったシェフィールド市に気をつかったせいなのか不明だけど、おかげで軽巡シェフィールドの艦内はステンレス部分がピカピカに光っていて、ついたあだ名が「シャイニー・シェフ（ぴかぴかシェフ）」だった。

ビスマルク、バレンツ海、北岬

さて、就役した新鋭軽巡シェフィールドは１９３８年に姉妹艦に先駆けてＡＷ79Ｙ対空捜索レーダーを装備して、後部の射撃指揮装置と測距義を高角射撃指揮装置に換装したりの改修を受け、本国艦隊に所属して、近づく戦雲の下で訓練や演習を重ねた。

１９３９年９月、第２次世界大戦開戦時にはシェフィールドは本国艦隊主力とともにスカパフローにいて、開戦後は北海や北大西洋での哨戒任務にあたった。その間にノルウェー近海に進出した際にはドイツ空軍機からの爆撃で至近弾を受けたが、被害はなかった。10月には大西洋で、ドイツ商船グロリアを拿捕している。

１９４０年４月にはノルウェー侵攻作戦に参加して、乗り組みの海兵隊をナムソスに上陸させたりもしたが、ノルウェー侵攻そのものは失敗に終わって、イギリスはフランスの敗北後、それどころじゃなくなる。シェフィールドもドイツ軍の侵攻警戒の任務にあたったが、8月にはジブラルタルに転出、H部隊に所属して、空母アークロイアルや巡洋戦艦リナウンとともに地中海や中部大西洋で活動、11月にはイタリア艦隊とスパルティヴェント海戦で戦ったけど、決定的な勝敗なく終わった。

１９４１年2月、シェフィールドはイタリアのジェノアへの艦砲射撃に参加、３月にはヴィシー政権フランスの輸送船団を停船させようとして、オラン港外でフランス軍の沿岸砲や急降下爆撃機と交戦、２５０kg爆弾数発が至近弾となったが、大きな被害はなかった。

そして5月にシェフィールドはリナウン、アークロイアルとともにビスマルク追撃戦に参加する。アークロイアルからの雷撃機の最初の出撃では、シェフィールドが先行してビスマルクに触接していることを知らされていなかったソードフィッシュ雷撃機が、シェフィールドをビスマルクと思い込んで魚雷を投下した。さすがにシェフィールドのほうは、この誤認に気づいて回避行動をとり、そのおかげで被害はなくて済んだ。

この失敗に続いて発進した第2次攻撃隊は、シェフィールドの支援もあって、ビスマルクに魚雷を命中させ、それがビスマルクの舵機を破壊して、ビスマルクの逃走を阻止することに成功する。しかしビスマルクはしつこくつきまとうシェフィールドを主砲で射撃、命中弾こそなかったものの、夾叉されて破片で高角砲の砲員15名が死亡した。その破片の一つは士官室に飛び込み、飾ってあったケント公夫人の写真を傷つけて、その壊れた額入り写真が、後々までシェフィールドのビスマルク追撃戦の記念になってたんだそうだ。

ビスマルク戦の後もシェフィールドは中部大西洋で行動して、6月にはUボートへの補給任務に当たっていたドイツ補給艦フリードリッヒ・ブレーメを撃沈している。7月にはいったんイギリスに戻って整備と改修を受けて、主砲の射撃指揮用タイプ２８４レーダーと高角射撃指揮用タイプ２８５レーダー、それに近接対空火器としてエリコン20㎜機関砲６門を追加装備した。

シェフィールドは9月にマルタ島への補給輸送の「ハルバード作戦」に参加した後、10月には軽巡ケニヤとともに再び大西洋でのドイツ補給艦狩りを行ない、コタ・ピナンを沈めている。といっても実はケニヤの艦載機がコタ・ピナンを発見、捕捉する前にコタ・ピナンが自沈してしまったのだった。

この任務の後、シェフィールドは本国艦隊に戻って、ソ連向け船団の護衛任務や北大西洋の警戒任務に就くようになったが、１９４２年3月、ＰＱ12船団を護衛中にシェフィールドはアイスランド北東で機雷に触れてしまう。人的被害は見張りの海兵隊員１人死亡だけだったが、左舷後部の艦底に長さ６ｍ、幅60㎝の穴が開き、被害部分は喫水線まで浸水、後部の電気系統が失われ、舵機室とX砲塔、Ｙ砲塔がしばらく使えなくなった。６ノットの速力でなんとかアイスランドに帰り着き、応急修理の後イギリスで本格的な修理を受けた。

シェフィールドが本国艦隊に復帰したのは8月のこととなり、この修理の間に後部にもタイプ２８４レーダーを装備、タイプ２８５レーダーの追加や、対空捜索レーダーのタイプ２８１への更新などの改修が行なわれ、敵味方識別装置やＴＢＳ無線通話装置の追加、それに20㎜機関砲の増備が施された。

シェフィールドは9月に北極海で行動した後、11月には北アフリカ上陸作戦に参加、アメリカ将兵６７０人を乗せて、38隻の上陸船団を護衛しつつ地中海に進出、アメリカ兵を上陸させたあと、支援任務に就いたが、そのあいだに掃海艇カドマスと衝突している。損傷はごく軽かったが水兵1名が死亡した。

その後、シェフィールドはスカパフローに戻って修理を受けたが、イギリス本土の民間造船所での修理とその間の上陸許可を楽しみにしていた乗員たちは、これにはがっかりしたそうだ。修理を終えたシェフィールドは、12月末にはボブ・バーネット少将の旗艦として軽巡ジャマイカとともに、ソ連向け輸送船団ＪＷ51Ａをムルマンスクへ護衛し、続く船団ＪＷ51Ｂを出迎えて護衛するためソ連のムルマンスクを出港した。

12月31日、そのＪＷ51Ｂ船団に、ドイツの装甲艦リュッツオウと重巡ヒッパーを中心とする部隊が接近し、駆逐艦オンスロウ以下の部隊は船団を守って必死に戦った。そのうちにシェフィールドとジャマイカが戦闘海域に駆けつけ、重巡ヒッパーを小破させ、駆逐艦フリードリッヒ・エックホルトを撃沈した。イギリス側も護衛の駆逐艦アケイティーズと掃海艇ブランブルを失い、駆逐艦オンスロウが大破、護衛部隊の指揮官シャーブルック大佐が重傷を負うという被害を出したが、船団はほぼ無傷だった。

このバレンツ海海戦では、ドイツ部隊は戦力で勝りながら不徹底で消極的な戦いぶりで、船団を取り逃がしたばかりか劣勢なイギリス部隊により駆逐艦1隻を失い、重巡も損傷するという失態を演じてしまった。これがヒトラーの海軍不信に火をつけ、ヒトラーは一時は大型水上艦全廃の決定を下し、海軍総司令官レーダー提督は辞職するという事態になった。シェフィールドも一役を買ったバレンツ海海戦は、実際の損失以上に、ドイツ海軍にとっては決定的な敗北になったのだった。

１９４３年2月、北極海での船団護衛にあたっていたシェフィールドは荒天によって損傷、その修理の後また船団護衛に復帰して、4~5月に修理と整備を受けて、またも20㎜機関砲が追加される。6月以降はシシリー島上陸作戦の準備活動や整備で過ごし、9月にはサレルノ上陸作戦で支援砲撃任務につき、11月に本国艦隊に戻っている。

そしてまた12月、シェフィールドは、ボブ・バーネット中将の旗艦ベルファスト、重巡ノーフォークとともに、ソ連向け船団ＪＷ55Ｂの護衛にあたった。この巡洋艦部隊は、12月26日、ノルウェー北端のノルトカップ（北岬）沖合でこの船団を迎撃しようとしたドイツ巡洋戦艦シャルンホルストをレーダーで発見、シェフィールドが目視で確認して砲撃を開始、シェフィールドは第2斉射で命中弾を与えている。シャルンホルストはイギリス巡洋艦を振り切ってノルウェーの基地に戻ろうとしたが、ベルファストが追尾を続け、待ち構えていたイギリス本国艦隊司令官フレイザー中将の戦艦デューク・オブ・ヨークを中心とする部隊に捕捉され、多数の砲弾と魚雷を受けてシャルンホルストは撃沈された。

この海戦で、シェフィールドはシャルンホルストを目視で最初に確認しているが、逃げるシャルンホルストを追跡する際に、４本のプロペラシャフトのうち左舷内側の1本が故障、追跡から落伍してしまっている。

その修理が終わって、１９４４年3月と4月には、ノルウェーのフィヨルドに停泊するドイツ戦艦ティルピッツに対する、イギリス空母部隊による攻撃に参加した。もちろんシェフィールドが直接交戦したわけじゃなかったが、これでシェフィールドはビスマルクとシャルンホルストの撃沈に関与して、さらにティルピッツの攻撃にも関わったことになる。

シェフィールドはその後も北極海～北大西洋で行動して、ノルマンディ上陸作戦の支援には加わらず、7月にはアメリカのボストンで大々的な整備と補修を受けることとなった。工事が完了したのは１９４５年5月、シェフィールドがイギリスに戻ったときにはヨーロッパでの戦いは終わっていた。シェフィールドはさらに6

月からイギリスでの改修工事に入り、その改修途中に日本が降伏、第2次世界大戦は終わった。

シェフィールドは１９４６年に艦隊に復帰、西インド諸島や本国艦隊、地中海で方面で旗艦任務についた後、１９５９年に予備役となり、１９６４年に除籍、１９６７年にスクラップとして売却された。これが軽巡シェフィールド、「シャイニー・シェフ」の生涯なんだが、同じタウン級の姉妹艦、グロスターとサザンプトン、マンチェスターは地中海で沈んでいて、エジンバラもバレンツ海で沈んでいる。シェフィールドがいくつもの武勲を立てて、しかも戦争を生き延びたのは、巡り合せが良かったからで、シェフィールドは第２次世界大戦のイギリス軍艦の中でも、最も運の良かった艦のひとつだったんだろうな。

COLUMN

イギリス海軍の歴史⑧ ジャッキー・フィッシャーと2つの大戦

さまざまな技術革新を基に、まったく新しいイギリス海軍を作ったのが、ジョン・“ジャッキー”・フィッシャー提督だった。フィッシャーは1853年に13歳でヴィクトリーの士官候補生として海軍に入隊、1904年に第1海軍卿となって、海軍の刷新を進める。フィッシャーはすでに第２海軍卿時代に、士官教育と訓練の体系を改め、士官が各部門の専門知識と技能を備えるようにしていたが、今度は艦隊そのものの改革に乗り出したのだ。

フィッシャーは旧式艦の多数を整理するとともに革新的な戦艦の建造を開始した。単一の主砲と高速のドレッドノート、それに従来の巡洋艦を圧倒する高速と大火力の巡洋戦艦だ。ウォーリア同様、ドレッドノートの出現で他国の主力艦は一挙に旧式となったが、それはイギリス海軍の戦艦も同様で、イギリス海軍は質的優位とともに数的優位も保つため、強力な戦艦を急速に建造していった。折から新興ドイツ帝国も、国力の伸長とともに海軍の建設を急ぎ、イギリスとドイツは激しい建艦競争を繰り広げた。

その両国は第１次世界大戦を戦い、主力艦隊の戦艦同士がぶつかったジュットランド海戦では決着がつかずに終わった。しかしこの海戦でドイツはイギリスの制海権を崩せず、以後の行動を封じられ、それがドイツ敗北の一因となる。イギリス海軍はダーダネルス上陸作戦に失敗するが、それよりも海上輸送路に対するドイツの潜水艦作戦がイギリスにとっては大きな脅威となった。

イギリス海軍もすでに1901年には潜水艦を揃え、第１次世界大戦ではさらに飛行機も実用化した。フィッシャーのバルト海侵攻構想のために建造された「大型軽巡」は結局無用の長物となったが、その１隻フューリアスは改装されて空母となった。

第１次世界大戦でイギリスは戦勝国となったが、人的資源の損失と国力の疲弊は大きかった。フランスなども同様で、次の戦争を厭う気運も高まり、1920年には各国の海軍の規模を制限し、戦艦の新造を停止するワシントン軍縮会議が開かれる。その結果、条約でイギリスはアメリカと同じ規模の艦隊を保持することができたが、検討していた戦艦や巡洋戦艦の計画は中止され、代わって16インチ３連装砲塔３基のネルソン級戦艦２隻だけが建造された。ネルソン級はアメリカのウェストヴァージニア級３隻、日本の長門級２隻と並んで、当時の世界最強戦艦だったが、それらのなかでは最も近代的な設計だった。

しかし第１次世界大戦後の共産主義・社会主義の伸長や、1930年代の世界的な不況から世界は再び不安定となり、ドイツはヒットラーのナチス政権の下、再び軍備を増強、1939年には第２次世界大戦が始まってしまう。イギリス海軍はドイツやイタリア、そして日本を相手に、大西洋や地中海、北極海、インド洋、太平洋で戦った。とくに地中海のマルタ島やギリシャを巡るドイツ・イタリア空軍との戦いは激しく、大西洋や北極海でドイツの潜水艦から海上輸送路を守る戦いも長く厳しいものとなった。極東でも日本軍の急進撃とその航空戦力にイギリス海軍は痛手を被った。しかしイギリス海軍は北アフリカやイタリア、そしてフランスのノルマンディと上陸作戦を成功させ、海から勝利の道を開いたのだった。

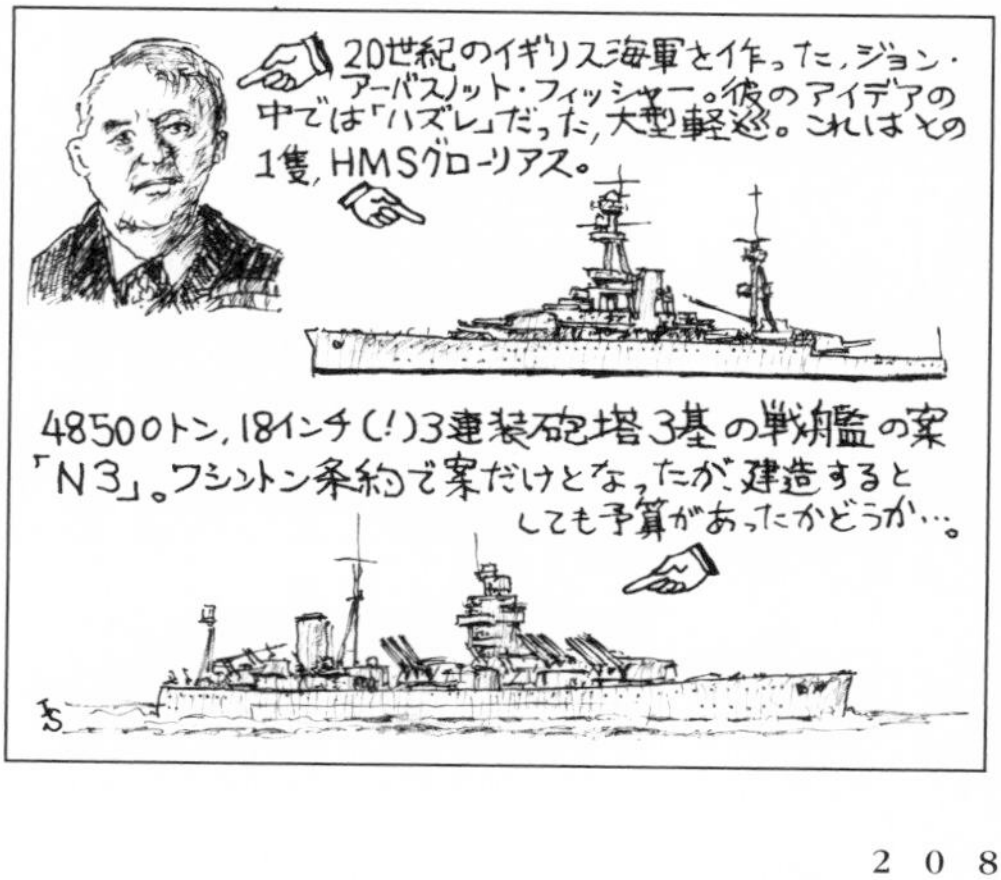

マレーからの贈り物

戦艦マレーヤ

Battleship HMS Malaya

1916年～1948年

基準排水量：3万1465トン
満載排水量：3万5380トン
全長：195.0m
全幅：1.7m（バルジ含む）
喫水：9.5m
機関：ギアードタービン4軸、7万5000shp
速力：23.75ノット
兵装：15インチ連装砲塔×4基
6インチ単装砲×12門
4インチ連装高角砲×4基
2ポンド8連装機関砲×4基
0.5インチ4連装機関銃×2基
カタパルト×1基、搭載機×3機
（データは第2次改装時）

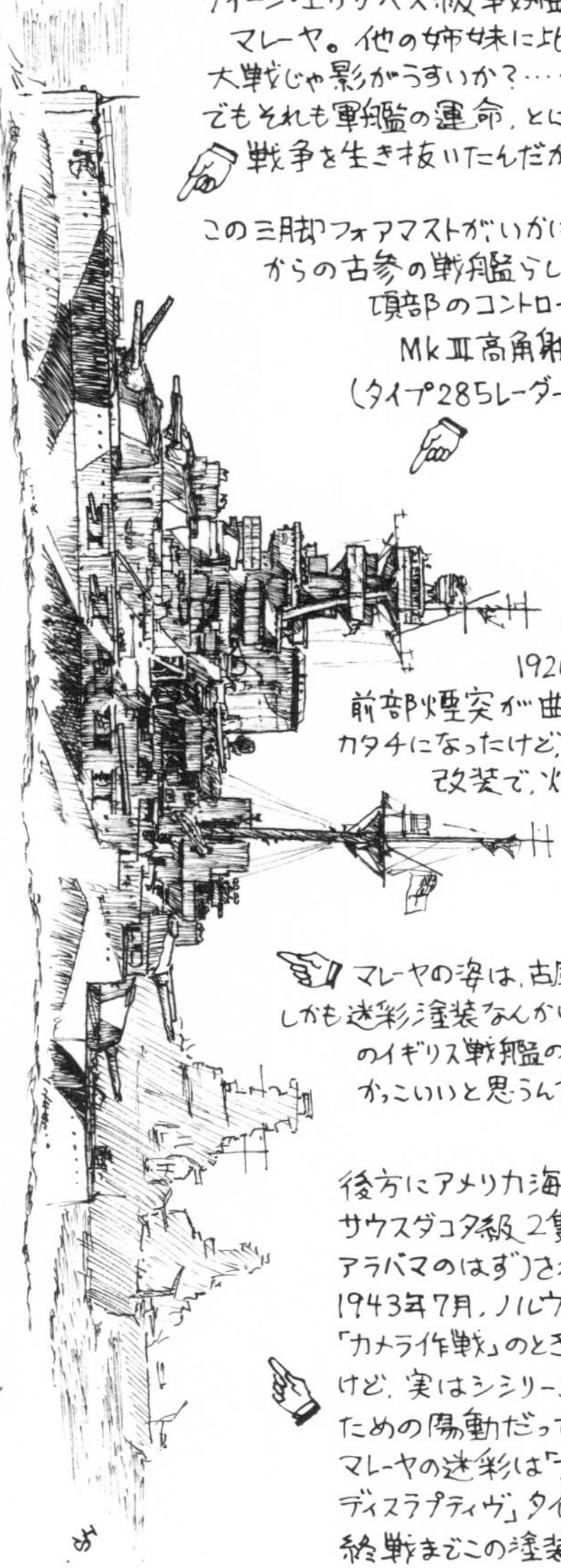

クイーン・エリザベス級戦艦5隻の末娘、マレーヤ。他の姉妹に比べると、第2次大戦じゃ影がうすいか？……まあ、うすいな。でもそれも軍艦の運命、とにかく生きのびて戦争を生き抜いたんだから、良しとしよう。

この三脚フォアマストがいかにも第1次大戦からの古参の戦艦らしくていいやね。頂部のコントロール・トップには、MkⅢ高角射撃指揮装置（タイプ285レーダーつき）が載ってる。

1920年代の改装で前部煙突が曲げられてこんなカタチになったけど、1934〜36年の改装で、煙突の下のちは格納庫に埋もれてしまいました。

マレーヤの姿は、古風でいて重厚で、しかも迷彩塗装なんかして、第2次大戦のイギリス戦艦の中でもそれなりにかっこいいと思うんだけどなあ。

後方にアメリカ海軍の戦艦サウスダコタ級2隻（サウスダコタとアラバマのはず）を従えているから、1943年7月、ノルウェー近海での「カメラ作戦」のときの姿。勇ましいけど、実はシシリー島上陸作戦のための陽動だった。
マレーヤの迷彩は「アドミラルティ・ライト・ディスラプティヴ」タイプで、マレーヤは終戦までこの塗装だった。

マレーヤは主砲の射程が、大改装されたウォースパイトに比べて短かくて、カラブリア海戦じゃ残念だった。

このときには、1942年9月からの戦時改装を受けてるから、B砲塔とX砲塔の上とか、艦尾甲板や艦橋まわりとかに、たくさん20mm単装機関砲が装備されてる。

中央部の横向き固定カタパルトは撤去されて、その部分の両舷に4インチ連装高角砲が増備された。この改装で、4インチ連装高角砲は6基、後部艦橋脇に8連装ポンポン砲2基が追加されて、4基になってる。

ジュットランドの最新鋭

第2次世界大戦のイギリス海軍は戦艦17隻と巡洋戦艦3隻を使って、そのうち戦艦3隻と巡洋戦艦2隻を失ってる。戦いに斃れたのは、開戦初期に港内で沈められたロイアル・オーク、長らく世界最大の軍艦として君臨しながら劇的な最期を遂げたフッド、数々の海戦に参加した末に雷撃で爆沈したバーラム、戦闘行動中に飛行機の攻撃だけで沈められた最初の戦艦となったプリンス・オブ・ウェールズとリパルスで、他の12隻は戦争を戦い抜いて生きのびてる。

その生きのびた戦艦の中にも武運の明暗はこもごもで、ロドニーとキング・ジョージV世、それにデューク・オブ・ヨークはドイツ戦艦・巡洋戦艦と撃ち合って沈めるという、イギリス戦艦の「本懐」を遂げているし、ウォースパイトはナルヴィック海戦やマタパン海戦など数々の海戦に参加、上陸作戦の支援砲撃にも働いて、推進器を1軸と砲塔1基が動かなくなった満身創痍の姿でもノルマンディー上陸作戦の支援に参加するという、鬼のような活躍ぶりだ。巡洋戦艦でただ1隻生き残ったリナウンも、その高速性能を活かして、第2次世界大戦のイギリス軍艦中で最も長い航行距離の艦として駆け回った。

そうかと思うと、いろんな巡り合せやタイミングで、ほとんど目立った働きをしないまま戦争を終えた戦艦もある。まあ、第2次世界大戦の各国の戦艦の中じゃ、ちゃんと戦艦らしく戦った艦の方が少ないから、イギリス戦艦でも武運に恵まれない艦があっても不思議じゃないんだが。

そんなイギリス戦艦中でも、第2次世界大戦を地味に戦い、地味に生きのびたのが、クイーン・エリザベス級戦艦5隻の最終艦マレーヤだ。クイーン・エリザベス級は第1次世界大戦直前の１９１２～１９１３年計画で建造され、主砲は当時最大口径の15インチ（約38㎝）、連装砲塔4基の計8門だった。それまでのキング・ジョージV世級（先代）やアイアンデューク級が13・5インチ連装砲塔5基10門だったけど、15インチ砲の方が砲弾重量が格段に大きかったから、砲塔を1基減らして8門にしても、1斉射の砲弾の重量は増えてる。しかもクイーン・エリザベス級は最大速力が無理して25ノット、普通で23ノットと、初期の巡洋戦艦並みの高速で、つまり強力な砲を備えた高速戦艦だったのだ。いうなればクイーン・エリザベス級戦艦は、ドレッドノートから発達してきたイギリス戦艦の到達点というか頂点だった。

最初このクラスはクイーン・エリザベスにウォースパイト、ヴァリアント、それにバーラムの4隻を建造するつもりだったけど、当時イギリス領だったマラヤ（だいたい今のマレーシアとシンガポール）が献金して、もう1隻建造されることになって、艦名もマレーヤ（Malaya／日本でいうマラヤの英語発音）と名付けられた。本当はさらにもう1隻、6番艦もエジンコートっていう予定艦名で計画されたんだけど、第1次世界大戦が始まったんで建造は中止になっちゃった。

そんなクイーン・エリザベス級戦艦5隻の中で、マレーヤはいちばん遅く１９１３年10月に起工されて、第1次世界大戦開戦後の１９１５年3月に進水、１９１６年2月に竣工して、4月には主力艦隊「グランドフリート」に加わって、同じクラスの5隻で第5戦艦戦隊を編成した。だから１９１６年5月31日のジュットランド海戦ではマレーヤは就役したばかりのバリバリの新鋭艦だったわけだ。

ジュットランド海戦では、エヴァン・トーマス少将率いる第５戦艦戦隊はその高速を買われて巡洋戦艦部隊の支援にあたって、ドイツ艦隊との射ち合いの矢面に立つことになった。マレーヤも主砲２１５発を発射、７発（８発ともいう）被弾して、63人の戦死者を出し、33人が負傷するという被害を受けている。

そして結局、第１次世界大戦でのマレーヤの主な働きはこのジュットランド海戦だけで、その後は敵と戦うことなく、第１次世界大戦を終えている。

大戦間の中改装

１９２２年にワシントン海軍軍縮条約が結ばれて、各国海軍が保有していた第１次世界大戦当時の戦艦の多くが退役して、イギリス海軍ではクイーン・エリザベス級が最古参の戦艦になった。クイーン・エリザベス級は１９２４年から近代化改装を受けて、マレーヤも小刻みに高角砲の強化を受けた末に、１９２７年９月から１９２９年３月まで１年半以上にわたってドック入りして、大規模な改装が施された。条約で新しい戦艦が10年間は建造できなくなったから、古い戦艦を長持ちさせなくちゃならないのだ。

マレーヤの改装は、他のクイーン・エリザベス級各艦と同様で、船体にはバルジが追加されて、いろいろと増加した重量に対して浮力を確保、艦橋と前部マストの高角射撃指揮所や主砲指揮装置、副砲指揮装置などの配置を改めて、前部マストのプラットフォームも一つ増えた。そのせいで、艦橋とマストの後流で前部煙突の排煙が巻き込まれるんで、前部煙突は後ろに屈曲して後部煙突と一緒になって、横からだと太い1本煙突に見えるようになった。

ところがマレーヤの改装から間もなく、１９３０年にはロンドン軍縮会議が始まって、戦艦の新造停止はさらに5年間延長されることになった。しかもこの頃には飛行機も発達してきて、軍艦は対空能力と爆弾に対する防御の強化も考える必要が出てきた。それに偵察や弾着観測の艦載機も高性能になってきて、主砲の砲身の上に乗っけた滑走台じゃ不十分で、どこかにカタパルトをつけたくなってきた。つまりクイーン・エリザベス級戦艦をまたも改装する必要が出てきたのだった。

クイーン・エリザベス級じゃ、まずバーラムが１９３１年から１９３４年にかけて改装されて、マレーヤはそれに続いて１９３４年から１９３６年にわたって改装工事を受けた。それと並行して、ウォースパイトが例の大改装を施されて、それをモデルにクイーン・エリザベスとヴァリアントは、１９３７年から１９４１年にさらに進んだ改装を受けることになる。

マレーヤの改装は、ウォースパイト他2隻のような箱型艦橋や新型両用砲が採り入れられたわけじゃなかったけどそれなりに大規模なもので、弾薬庫や機関部の水平防御が強化されて、煙突を囲むように艦載機の格納庫が設けられ、その後ろに甲板を横断するようにＤⅡＨカタパルトが装備された。この航空艤装はバーラムの改装じゃ施されなかったものだ。中央部両舷の高角砲は単装から4インチ連装Ｍｋ.ⅩⅨに換装、格納庫上に

2ポンド8連装機関砲「ポンポン砲」2基を装備、高角射撃指揮装置が前部マスト頂部と後部艦橋に置かれた。2度にわたる改装で、マレーヤは竣工当時の基準排水量２万７５００トンが３万１４６５トンに増加しちゃったけど、それでも改装後の公試では23・75ノットの速力を出したんだそうだ。

とにかくこれでマレーヤは、ウォースパイトや後のクイーン・エリザベス、ヴァリアントほどじゃないけど、近代化された。ただしウォースパイト他の大改装じゃ、15インチ主砲の最大仰角が20度から30度に引き上げられたのがマレーヤはそうじゃなくて、つまり主砲の射程は延ばされなかったのだった。

「いちばん適さない艦が旗艦になった」

マレーヤはこの姿で第2次世界大戦を地中海で迎えた。１９３９年中は、ドイツのポケット戦艦というか装甲艦の通商破壊を警戒して、アデン方面で行動、１９４０年初めには北大西洋での船団護衛任務に就いて、４月にはまたアレクサンドリアに戻って地中海で行動するようになった。しかし6月にはフランスは敗北、イタリアが参戦して、地中海のイギリス海軍はイタリア海軍と戦うことになる。

7月9日、シシリー島東方のカラブリアで、マレーヤは戦艦ウォースパイト、ロイアル・ソヴァレンとともに、イタリアの戦艦ジュリオ・チェザーレやコンテ・ディ・カヴールを含む艦隊と戦った。カラブリア海戦だ。この海戦でマレーヤとロイアル・ソヴァレンは高速のイタリア戦艦に追いつけずに後落しちゃうんだけど、ウォースパイトは遠距離砲戦でジュリオ・チェザーレに命中弾を与えて、運よく速力を低下させた。このチャンスにウォースパイトはいったん射撃を中止して、マレーヤが追いつくのを待った。ところがマレーヤの砲撃は着弾観測の失敗もあって、敵艦の２５００m手前に落ちて効果がなかった。結局、小破したジュリオ・チェザーレ以下のイタリア艦隊は逃げおおせてしまう。イギリス艦隊の指揮官カニンガム提督は大いにがっかりして、もっと新しい戦艦を地中海に送るよう、海軍司令部に要請することになったそうだ。

その後マレーヤはマルタやギリシャ、エーゲ海方面への輸送船団などの護衛につき、イタリア空軍機の爆撃を受けて損害なしに切り抜けたりもしてる。１９４１年1月、マレーヤは巡洋戦艦リナウン、軽巡シェフィールドと一緒にイタリアのジェノア港を砲撃して、商船を沈めたり港湾施設に被害を与えたりした。でもその帰路、ジブラルタルに向かうときには、艦隊はマレーヤが出せる最大速力の17ノットで航行しなくちゃならなかったというからどうもマレーヤの機関は調子が悪かったみたいだ。

ジブラルタルに配置されてたマレーヤは、大西洋での船団護衛にもあたって、３月にはジブラルタルからイギリスに向かうＳＬ67船団の護衛任務についた。この船団はUボートに付け狙われて、３月８日には巡洋戦艦シャルンホルストとグナイゼナウまでが攻撃に向かってきたんだが、２隻のドイツ巡洋戦艦は護衛にマレーヤが付いているのを見るとすぐに撤退してしまった。双方ともに射撃の機会はなく、マレーヤはドイツ巡洋戦艦より10ノットぐらい遅いので、もちろん追いかけても捉まえられるわけがなかったが、マレーヤはいるだけで船団をドイツ巡洋戦艦から守ることができたのだった。

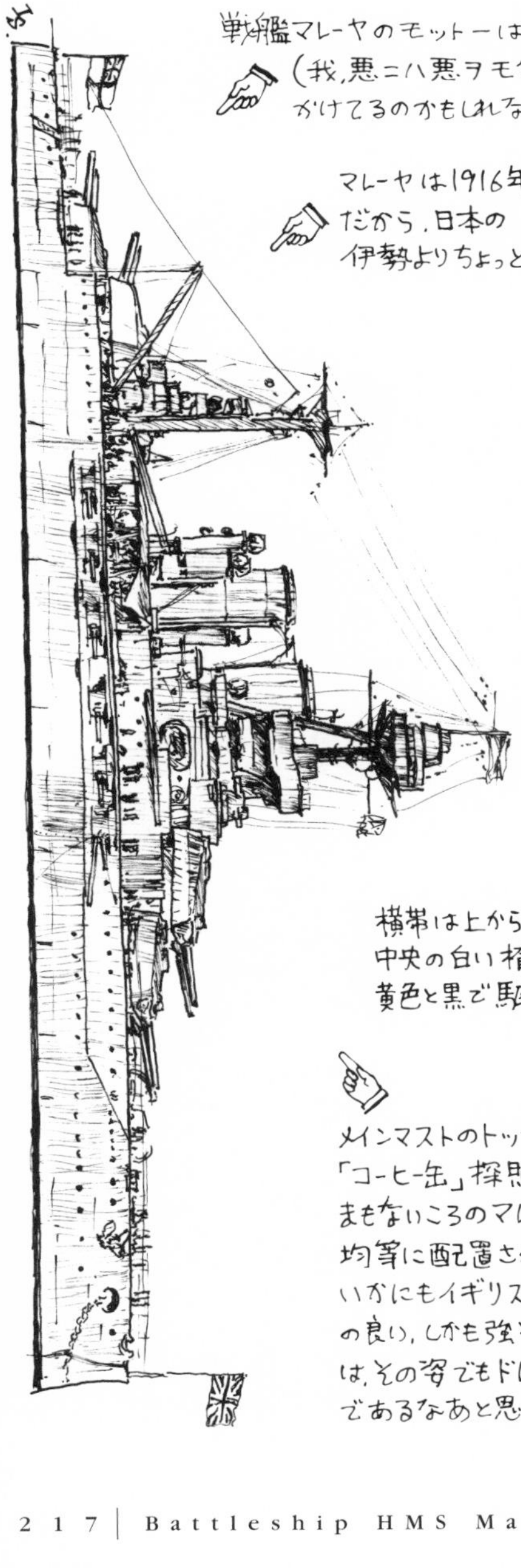

戦艦マレーヤのモットーは、ラテン語で「Malam Fero Malis（我、悪ニハ悪ヲモタラサン）」。MalayaとMalamでかけてるのかもしれない。

マレーヤは1916年竣工だから、日本の伊勢よりちょっと早い。

マレーヤのバッジのモチーフはこんな感じ。赤地に金の虎が、黒い柄の銀の剣をふりかざす。

英領マラヤの旗。ジュットランド海戦で、新鋭戦艦マレーヤはこの旗を掲げて戦ったんだそうだ。

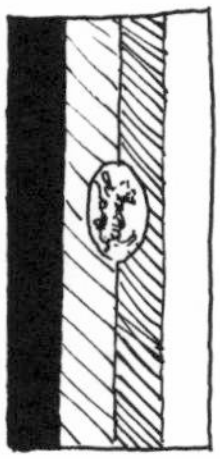

横帯は上から白・黄・赤・黒で、中央の白い楕円の中に、黄色と黒で駆ける虎。

メインマストのトップがなくて、後部煙突に「コーヒー缶」探照灯台がついた、第1次大戦後まもないころのマレーヤ。2本の煙突、前後2基ずつ均等に配置された主砲塔、三脚フォアマスト、いかにもイギリス戦艦らしい無理のないバランスの良い、しかも強そうな艦容。ウイーン・エリザベス級は、その姿でもドレッドノート以後の戦艦の到達点であるなあと思います。

しかしそれから間もない３月20日、中部大西洋で輸送船団ＳＬ68を護衛していたマレーヤは、ドイツ潜水艦Ｕ１０６の雷撃で、魚雷１本を左舷中部に受けちゃった。これでバルジが長さ12ｍぐらいにわたって破壊されて、約30ｍの部分が浸水して７度傾斜したけど、幸い機関や兵装に被害はなくて、マレーヤはトリニダード経由でアメリカに向かい、４月からブルックリン工廠で修理を受けた。

この修理には７月までかかって、８月にイギリスに戻ってからさらに各種レーダーの装備や20㎜単装機関砲11門の装備と、後にもう４門追加とかの改修を受けた。10月には艦隊に復帰、11月にジブラルタルで「Ｈ部隊」の旗艦になったけど、司令官のカニンガム提督は「いちばん適さない艦が旗艦になった」と嘆いたとか。

マレーヤは地中海や南大西洋で船団護衛にあたり、１９４２年９月にイギリスに戻ってこの年の末まで改修を受けた。今度の改修じゃカタパルトを廃止して、４インチ連装高角砲をさらに２基増備して計６基にして、後部艦橋に８連装ポンポン砲２基を追加、20㎜単装機関砲の増備などが行なわれた。

改修後のマレーヤは本国に留まり北大西洋の船団護衛や警戒にあたって、１９４３年７月には戦艦アンソン、アメリカ戦艦サウスダコタ、アラバマ、空母フューリアスなどとともにノルウェー近海で行動した。でも実はこの「カメラ作戦」、同じ頃に行われたシシリー島上陸作戦の陽動だったのだ。

この後、スカパフローに戻ったマレーヤは予備艦になって、乗員は主にヴァリアントに配置換えになった。そのまま10月から12月にかけて改修工事を受けて、今度の改修では６インチ副砲を全部撤去して、その跡を２インチ厚の装甲板で塞いだ。それまでのあれこれ戦時改修で増えた重量、特にトップウェイトを減らして、安定性と耐航性を増すためだった。あとは20㎜機関砲がさらに20門追加された。

改修後のマレーヤは予備艦のままで、１９４４年3月から5月にかけて、また20㎜機関砲８門追加やレーダーの新型化、ドイツ軍の誘導グライダー爆弾に対するジャミング装置タイプ６５０装備の改修を受け、つまりは来たるべきノルマンディー上陸作戦の支援砲撃任務に備えたのだった。

しかしマレーヤが艦隊に復帰したのは6月末、すでにノルマンディー上陸作戦は終わってた。マレーヤは９月初めに、ノルマンディーより西のブルターニュ半島サンマロ沖のセザンブル島攻略作戦のときに支援砲撃に参加して、これが結局マレーヤの第２次世界大戦最後の実戦参加になった。

この作戦を終えたマレーヤはイギリスで予備艦となって、そのまま終戦を迎えた。兵装を撤去して潜水艦学校の施設として8月まで使われた後、除籍となって、１９４８年にスクラップとして売却された。

マレーヤはカラブリア海戦でイタリア戦艦を取り逃がし、大西洋ではシャルンホルストとグナイゼナウが近寄らず、敵に砲弾を叩きつけたのはセザンブル島砲撃だけだった。第２次世界世界大戦を呑気にくぐり抜けたといえばそれまでだけど、マレーヤの乗員たちにとってはやはり戦争は戦争で、さまざまな不安や緊張、恐怖があったんだろう。それを魚雷を1本受けただけで、乗員たちと共に戦争を終えられたんだから、戦艦マレーヤの生涯は決して悪いもんじゃなかったんじゃないかな。

COLUMN イギリス海軍の歴史⑨ 第2次世界大戦後、そして21世紀

第2次世界大戦後、イギリス海軍は大幅に縮小された。大戦でイギリスは国力を消耗し、インドをはじめとする各地のイギリスの植民地も次々に独立、イギリスはかつての大英帝国ではなくなっていった。世界最大・最強の海軍の地位も、第2次世界大戦が終わったときにはイギリス海軍からアメリカ海軍へと移っていた。第2次世界大戦後に竣工した最後の戦艦ヴァンガードも1960年に除籍されてしまった。

ソビエト・ロシアを中心とする共産主義諸国とアメリカやイギリス、西ヨーロッパなど自由主義諸国が対立した冷戦の時代には、西側の圧倒的な海軍力に海上で挑むものはなく、イギリス海軍はソ連の多数の潜水艦勢力への対処が大きな任務となっていった。

それとともにイギリス海軍は空母の改良にも努め、世界で初めてジェット機を空母に着艦させ、アングルドデッキやスチームカタパルトなど、新しい設計や装備を開発した。しかし予算の乏しさから、第2次世界大戦末期に計画した空母を戦後に改良して竣工させるのが精いっぱいで、新しい大型空母を建造することはできず、イギリスの軍用機開発もアメリカに遅れをとっていた。1950年に朝鮮戦争が始まって、イギリス海軍も空母を派遣したが、アメリカ空母がジェット戦闘機を運用していたのに対し、イギリス空母はレシプロ機しか搭載していなかった。

1956年にはエジプトがスエズ運河の国有化を宣言、イギリスとフランスは艦隊を派遣して軍事介入し、共同してスエズ運河の占領を図るが、アメリカの支持が得られずに撤退する。帝国主義の時代がすでに過ぎ去ったものであることは明らかだった。

1960年代、ミサイル駆逐艦やガスタービン機関のフリゲイトなど新技術を導入するが、海軍予算は厳しく、大型空母CVA01の計画も中止し、1966年には空母を全廃することが決まってしまう。その一方でアメリカ製のポラリス水中発射弾道ミサイルを搭載する原子力潜水艦レゾリューション級を1967年から就役させ、イギリス海軍は戦略核抑止任務を担うこととなる。イギリスは1968年に経済的負担を減らすため、アデンやマレーシア、シンガポールから軍を撤退させることとする。

最後に残った空母アークロイアルも1978年に退役するが、イギリス海軍は短距離発進／垂直着艦（STOVL）戦闘機シーハリアーを導入し、軽空母ハーミズと、新造のSTOVL空母インヴィンシブル級に搭載する。

1982年、アルゼンチンが南大西洋のイギリス領フォークランド諸島に侵攻すると、イギリスはハーミズとインヴィンシブルを中心とする艦隊を派遣して奪還する。このフォークランド紛争で、シーハリアーは空軍のハリアー攻撃機とともに洋上航空戦力として威力を発揮するが、アルゼンチン航空機の攻撃にイギリス海軍も駆逐艦やフリゲイト、揚陸艦を失い、早期警戒能力の欠如や対艦ミサイルへの近接防御の不備という弱点を露呈してしまったのだった。

そのイギリス海軍も、冷戦後の時代を経て21世紀には再び大型空母クイーンエリザベス級2隻を建造、STOVL戦闘機F-35Bを搭載し、インド洋～太平洋へも展開しようとしている。今日のロイアル・ネイヴィーはなおも世界を目指そうとしているのだ。

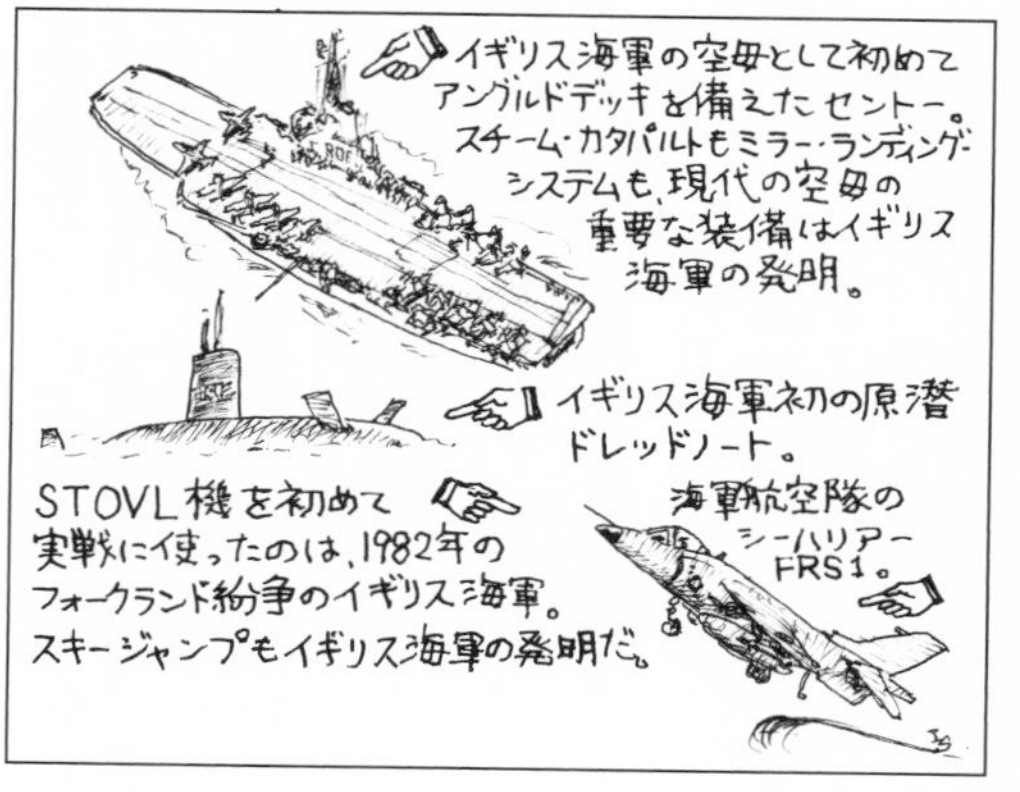

File no. 18

国王陛下の
スーパー・ドレッドノート

キング・ジョージV世級戦艦

King George V class battleships

1912年～1944年

基準排水量：2万3000トン
満載排水量：2万5700トン
全長：182.1m
全幅：27.1m
喫水：8.7m
機関：ギアードタービン3万1000shp
速力：21ノット
13.5インチ連装砲塔×5基
4インチ速射砲×16門
魚雷発射管×3門

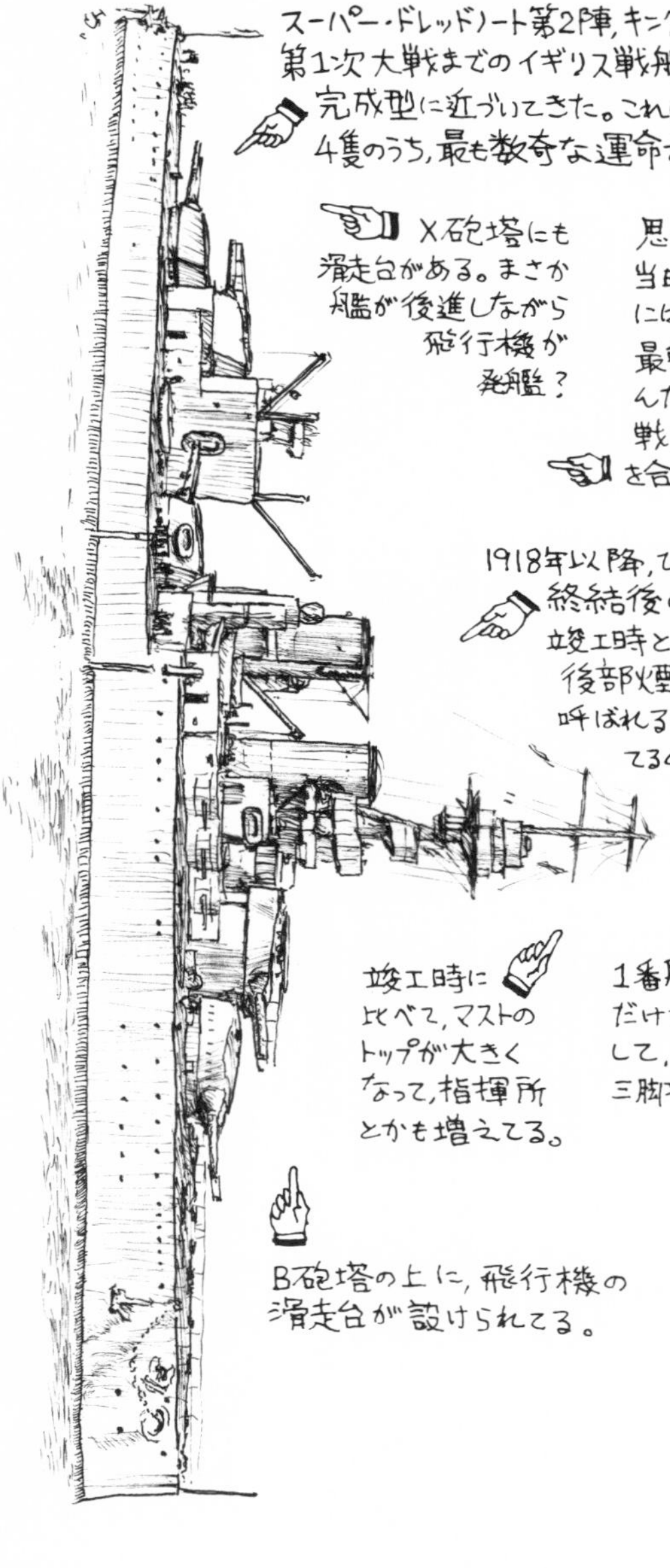

スーパー・ドレッドノート第2陣，キングジョージⅤ世級戦艦。第1次大戦までのイギリス戦艦も，ここへきていよいよ完成型に近づいてきた。これはキングジョージⅤ世級4隻のうち，最も数奇な運命を辿った，センチュリオン。

X砲塔にも滑走台がある。まさか艦が後進しながら飛行機が発艦？

思えば，こういう戦艦が当時にあっては戦術的にはもちろん，戦略的にも最重要の，最強兵器だったんだよねえ。今でいえば，戦略ミサイル原潜と空母を合わせたようなものが……。

1918年以降，ひょっとすると第1次大戦終結後の姿で，戦時改造で竣工時とはいろいろ変ってる。後部煙突の脇に「コーヒー缶」と呼ばれる探照灯台が設けられてるのも戦時改修の一つ。

竣工時に比べて，マストのトップが大きくなって，指揮所とかも増えてる。

1番艦キングジョージⅤ世だけがポールマストで竣工して，他の3隻は最初から三脚マストだったらしい。

B砲塔の上に，飛行機の滑走台が設けられてる。

スーパー・ドレッドノート・フライトⅡ

１９０６年の革新的な戦艦ドレッドノートの就役とともに、イギリス海軍は戦艦勢力の優勢を保つために、ドレッドノートに続く新型戦艦の建造を大急ぎで進めた。一方、新興のドイツ帝国もイギリスの海洋覇権に対抗するべく、ドレッドノートの後を追うように新型戦艦の建造に取りかかった。こうしてイギリスとドイツの戦艦の建造競争が始まった。

それもただ数を作ればいいというものじゃなくて、イギリスもドイツも火力や防御でもさらに優れた戦艦を、相手よりも強い戦艦を作ろうとした。つまりより大口径の主砲を持つ戦艦を作ろうとしたのだ。

ドレッドノートの主砲は12インチ（約30cm）口径で、この12インチ級の主砲を備えた戦艦は一般に「ドレッドノート級」といわれた。日本だと「弩級」だな。そしてイギリスは１９０９年の建造計画の戦艦でそれよりも強力な13・5インチ（約34cm）口径の主砲を採用する。主砲の口径がドレッドノート級よりも大きいから、13・5インチ砲戦艦は「スーパー・ドレッドノート」と呼ばれた。これが本来の「超弩級」だ。これがオライオン級戦艦で、13・5インチ45口径のMi．V砲の連装砲塔5基を前後に背負い式に2基ずつ、中央部に1基配置した。

オライオン級4隻は１９０９年から１９１０年にかけて起工されて、１９１２年1～11月に就役した。もちろんイギリス海軍の戦艦建造がそこで止まることはない。１９１０年にも新しい戦艦4隻の建造を計画した。

オライオン級に続く13・5インチ砲戦艦だから、今風に言うと「スーパー・ドレッドノート・フライトⅡ」だな。この新戦艦、実質的にはオライオン級の改良型だったけど、外見上は艦橋とマストと煙突の位置関係が変わった。

最初のドレッドノートは艦橋の後ろに煙突があって、その後ろに三脚マストが立つという配置だった。マストのてっぺんには主砲の射撃指揮所が置かれた。そのマスト配置は、射撃指揮所が煙突からの煙と熱で使いにくいんで、ドレッドノート改型として建造されたベロレフォン級では艦橋－マスト－煙突の順になった。それがそのまた改型のドレッドノート級戦艦コロッサス級で元に戻って、艦橋－煙突－マストになって、オライオン級も同じ配置を採り入れた。ベレロフォン級の艦橋－マスト－煙突っていう配置も、追い風だと艦橋やマストに煙が逆流して、やっぱり使い難かったのだ。そこのところはイギリス海軍も迷いがあったし、次から次に戦艦を建造してるんで、実際の運用の教訓を採り入れてるヒマがなかったんだろう。

そして案の定、この配置はいたって評判が悪かった。そこで１９１０年計画の新戦艦では、またまた艦橋－マスト－煙突という配置に戻したのだった。それとともに主砲の射撃指揮も、マストの頂部に指揮所を置いていたのを改めて、艦橋前の装甲司令塔の上に同じく装甲を施した指揮所を設けて、そこから行なうこととした。マスト頂部の見張り台は射撃指揮をしなくなったんで小さくされて、ポールマストになった。ただし第1次世界大戦前に、やっぱりマスト頂部の見張り台は拡大されて重くなったんで、マストはまた三脚型に強化されてる。

それともうひとつ、オライオン級からの改良点は、主砲の砲弾だった。同じ13・5インチ砲でも、新戦艦はもっと重い砲弾を発射できるようになった。オライオン級では砲弾重量が１２５０ポンド（５６７kg）だったのが、新戦艦では１４００ポンド（６３５kg）に増加して、威力が増したのだ。その他、中央部のQ砲塔の射角が広く取れるようなったりといった改良もあった。装甲防御はオライオン級とほとんど同じだったが、内部の隔壁の防御や４インチ副砲周辺の防御が多少厚くなった。

新戦艦は基準排水量２万３０００トンとオライオン級より８００トンほど重くなり、全長は１８２mとオライオン級より５mほど伸び、全幅もオライオン級より30cmほど大きくなって27・１mになった。機関出力もオライオン級の２万７０００hpから増えて３万１０００hpになって、そのおかげでオライオン級よりも重く大きくなったのに速力は同じ21ノットを維持することができた。本当はイギリス海軍は新戦艦の速力は23ノットにしたかったんだが、経費がかかるんでそれは諦めざるを得なかったんだそうだ。当時の絶頂期にあった大英帝国でも戦艦の建造には大変な費用がかかり、いろいろ妥協しなくちゃならなかったんだな。乗員は７８２人だ。

キング・ジョージV世級四姉妹

新戦艦の1番艦キング・ジョージV世は１９１１年1月16日にポーツマス工廠で起工され、２番艦センチュリオンが同日にデヴォンポート工廠で、３番艦エイジャックスが２月27日にグリーノックのスコッツ造船所で起工されて、４番艦オーデイシャスは１９１１年３月23日にバーケンヘッドのキャメル・レアード造船所で起工された。進水はキング・ジョージV世が１９１１年10月９日、センチュリオンが11月18日、エイジャックスが１９１２年３月21日、オーデイシャスが１９１２年９月14日だった。

キング・ジョージV世の竣工は１９１２年11月、センチュリオンが１９１３年２月、エイジャックスが１９１３年５月、そしてオーデイシャスが８月だった。

キング・ジョージV世級スーパー・ドレッドノート戦艦４隻は、そろってイギリス海軍本国艦隊（「ホーム・フリート」っていうんだよ）の第２戦艦戦隊に配属された。その当時のイギリス海軍においては、キング・ジョージV世級は最新にして最大・最強の戦艦だったんだけど、オライオン級から大きく性能や火力が増えたわけじゃなかった。イギリスの大衆から見ると、イギリス海軍は次々に大きく威力を増した戦艦を作ってくれるはずだったのに、新型戦艦が前の型と大して違わないんで、がっかりだったともいう。とはいえイギリスの大衆紙はこのキング・ジョージV世級を「事実上不沈」なんて持ち上げたから、やっぱり艦隊の主力としての存在感は大きかったようだ。

艦名のキング・ジョージV世は、当時のイギリス国王にちなむものだ。イギリス海軍は主力艦に国王（女王）の名前をつける習わしがあるのだ。当初は「ロイアル・ジョージ」という艦名を予定してたんだけど、進水に際してキング・ジョージV世に改名されたそうだ。

ちなみに第２次世界大戦のときのキング・ジョージV世は、本当なら当時の国王にちなんでキング・ジョージVI世になるはずだったんだけど、国王ジョージVI世が、第１次世界大戦で国民を率いた父王の名前をつけることを望んだんで、キング・ジョージV世になった。イギリス軍艦の名前としては、このスーパー・ドレッドノートのキング・ジョージV世が初代だ。

２番艦のセンチュリオンはローマ帝国の「百人隊長」のこと。今じゃ戦車の名前の方が有名だ。センチュリオンはイギリス海軍じゃ17世紀後半の初代以来、これが８代目。後に１９４５年に計画された巡洋艦の１隻の艦名に予定されたけど、建造中止になった、１９５０年代にはイギリス海軍の募集と給与センターの施設名としてセンチュリオンというのがあったそうだ。

３番艦オーデイシャスは「大胆不敵」というような意味の形容詞で、18世紀末の74門３等戦列艦からこの戦艦で３代目にあたる。第２次世界大戦末期に計画された大型空母の１番艦にオーデイシャスという艦名が予定されたけど、進水前にイーグルに改名されてる。オーデイシャスの艦名は今日のイギリス海軍のアステュート級攻撃型原潜の４番艦に引き継がれてる。

４番艦エイジャックスはギリシャ神話のトロイア戦争で戦ったギリシャ側の戦士、アイアースのラテン語名経由の英語読み。アイアースは体が大きく力が強く、勇猛無比だったが、性格が猛々し過ぎた。アキレウスの戦友で、アキレウスが斃れたときに遺品の鎧を、オデッセウスと取り合いになり、結局鎧がオデッセウスのものとなったことに悲憤して死んだという。エイジャックスも18世紀の74門３等戦列艦以来の艦名で、この戦艦で５代目。この後に第２次世界大戦のラプラタ沖海戦で名高いリアンダー級軽巡と、１９６０年代のリアンダー級フリゲイトの１隻がエイジャックスの名を継いでいる。

第１次世界大戦とその後の偽アンソン

１９１４年７月に第１次世界大戦が始まったとき、イギリス海軍の戦艦では、次のスーパー・ドレッドノート、アイアンデューク級の就役が始まったところで、つまりキング・ジョージＶ世級は最新鋭戦艦で、前述のとおりこのクラスの４隻はポーツマス基地の第２戦艦戦隊を構成していた。

第１次世界大戦の開戦直後、イギリス海軍は艦艇に迷彩を施すテストを行なって、９月にはオーデイシャスとオライオンが「豹柄」の迷彩を施されたという。具体的にどういうものだったか写真がないんでわからないんだけど、上部構造物や砲塔、煙突を白と黒のストライプに塗ったらしい。でもこれはあくまで実験で、10月には元の全面グレーに戻されたんだそうだ。

その１９１４年10月、早くもキング・ジョージＶ世級の１隻が沈没した。27日の朝10時ごろ、整備を終えて砲撃訓練に出たオーデイシャスが、アイルランド南方で機雷に触れたのだ。機雷は後部機関室の真下で爆発、機関室や後部Ｘ砲塔の弾薬庫など広い範囲に浸水して、艦は左に10～15度傾斜した。傾斜は反対側への注水でいったんは多少回復したが、浸水は蒸気管を通じて防水隔壁の向こう側の中央部機関室へと広がり、蒸気管のバルブを閉めようとしたときには、防水隔壁が歪んでしまって閉められなくなっていた。

浸水で機関が停止、付近にいた客船オリンピックや軽巡リヴァプールがオーデイシャスを最寄りの港へ曳航しようとしたが、索が切れて曳航に失敗、オーデイシャスは艦尾甲板が水面下へと沈み始めた。すると甲板の戦艦センチュリオンの奇妙な生涯。これは1930年、標的艦だったころの姿。5基の主砲塔も副砲も全部撤去、マストのトップも切ってしまって、なんともさみしくなった。

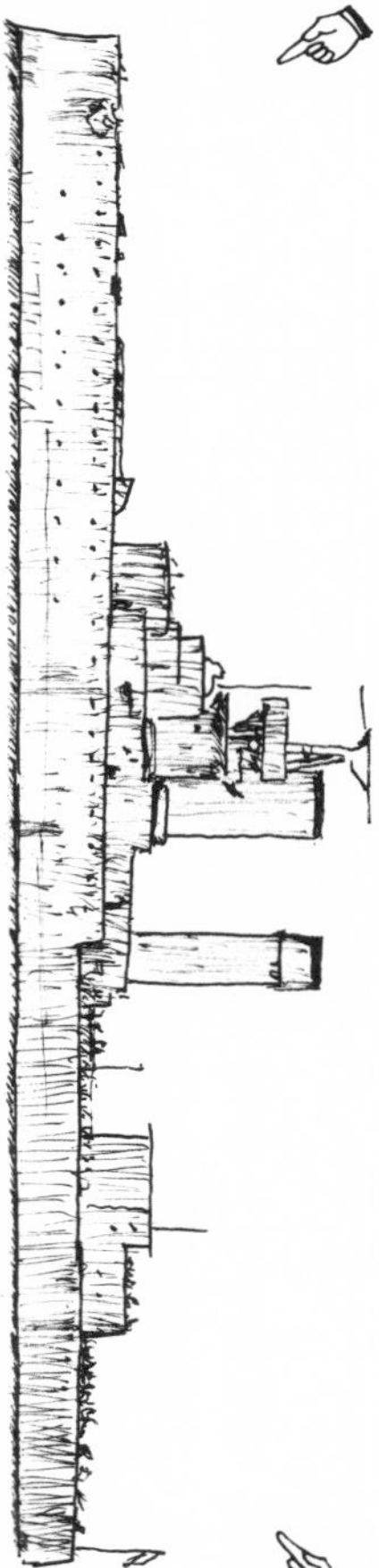

そして1942年、偽の戦艦アンソンになってたときのセンチュリオン。偽の砲塔や艦橋構造物を設けて、後部に三脚マストを立てて、なにやら変な迷彩というか、偽装塗装を施してる。乗員はどんな気持ちだったんだろうなあ。

果たして、センチュリオンの偽アンソンで、枢軸軍をどのぐらいだませたんだろう。マルタ輸送船団に囮として加わったときのことについて、「イタリア軍はだまされなかったが、ドイツ軍はひっかかった」と、どこかでイギリス人が書いてたのを読んだ憶えがある。

艦首の形状は塗装でごまかしてる。

初代のキングジョージV世級の艦が、2代目キングジョージV世級に化けたのだな。

アメリカ海軍も、12インチ砲連装×5基のフロリダ級戦艦ユタを、ワシントン条約で標的艦にしてる。でも、ユタの場合は砲こそ撤去したけど、砲塔とマストは残してた。

通気口などからさらに浸水して、ついに触雷から8時間後の夕方6時過ぎに総員退去が発令された。オーデイシャスは転覆して、直後に爆発、沈没した。爆発はおそらくB砲塔の弾薬によるものと考えられた。乗員は全員無事だった。新鋭のスーパー・ドレッドノートの1隻が何もしないうちに失われたことはイギリス海軍にとっては大打撃で、オーデイシャスが沈没したことは秘密とされた。

1916年5月31日に、イギリス海軍本国艦隊とドイツ海軍の大海艦隊（ホッホゼー・フロッテだな）が正面からぶつかったジュットランド沖海戦が、キング・ジョージV世級戦艦が初めて敵艦と撃ち合う機会となった。この海戦でキング・ジョージV世級の残る3隻は、戦艦エリンとともに第2戦艦戦隊の第1戦艦隊を編成して、本国艦隊の戦艦部隊の単縦陣の先頭に立っていた。キング・ジョージV世には第2戦艦戦隊司令のトーマス・ジェラム中将が座乗していた。

第2戦艦戦隊はドイツ巡洋戦艦を捕捉し、午後7時過ぎに先頭のキング・ジョージV世はデアフリンガーに対して2斉射9発の被甲弾を発射したが、ドイツ駆逐艦の攻撃を避けるために転進、さらにイギリス軽巡部隊をも避けたために、それ以上の射撃の機会は得られなかった。続くエイジャックスは1斉射6発を発射したところで、味方の軽巡部隊に視界を遮られて砲撃を中止した。3番目のセンチュリオンはリュッツオウに対して4斉射19発を発射したが、後ろに続くオライオンが視界を塞いだためにそこで射撃を止めた。ジュットランド沖海戦では結局その後もキング・ジョージV世級戦艦に射撃の機会はなく、3隻とも無傷だったが戦果もなかった。

３隻はそのまま第１次世界大戦を終え、キング・ジョージＶ世とセンチュリオンは１９１８年11月にドイツ艦隊がスカパフローで降伏するのに立ち会ってる。ジュットランドでほとんど主砲を撃たなかったスーパー・ドレッドノートはこうして勝者になったのだった。

キング・ジョージＶ世は１９２３年に砲術練習艦になり、その後係留練習艦インプレグナブルと艦名を改めて、１９２６年に除籍、スクラップとして売却された。15年に満たない生涯だった。エイジャックスとセンチュリオンはワシントン条約で、新型戦艦ネルソンとロドニーの就役まで保有を認められて、エイジャックスはしばらく地中海～黒海で活動した後、１９２４年に予備艦となって、１９２６年に売却された。

第１次世界大戦後に数奇な運命をたどったのはセンチュリオンで、１９２６年に無線操縦の標的艦となり、１９３９年に第２次世界大戦が始まったときもまだ標的を務めていた。１９４０年のノルウェー戦ではセンチュリオンを防空巡洋艦にしようかとか、１９４１年にはイタリア・ドイツ軍が握る北アフリカのトリポリ港を使用不能とするための閉塞船として沈めようかとか、さまざまな案があったが、どれも実現しなかった。

代わりにセンチュリオンは１９４２年に囮艦を務めることになった。鉄板や木でそれらしい砲塔や艦橋を作って、迷彩を施して、キング・ジョージＶ世級戦艦センチュリオンは、今度は2代目キング・ジョージＶ世級戦艦の同型艦アンソンに化けたのだった。センチュリオン扮する偽アンソンは、ジブラルタルやケープタウン、紅海、インド洋などを行動し、ケープタウンでは兵員輸送船と衝突したり、インド洋では荒天で偽砲塔1基を失ったりした。偽砲塔はボンベイ（今のムンバイ）で付け直したそうだ。

偽アンソンはマルタ輸送船団に囮として加わって、ドイツ急降下爆撃機の至近弾を受けたが、逆に20㎜機関砲で1機を撃墜した。1944年にはエジプトで対空砲台になったが、6月のノルマンディー上陸作戦の際に、人工港湾施設マルベリーを保護する防波堤にするため、6月9日にセンチュリオンは沈められて、その不思議な生涯を終えたのだった。

キング・ジョージV世級スーパー・ドレッドノート4隻の中では、案外このセンチュリオンが最もイギリス海軍のために貢献したのかもしれないな。

彼らもまた勇者

トローラー、ドリフター

Trawlers and drifters

1935年～1948年
（例としてバセット）

基準排水量：461トン
満載排水量：650トン
全長：49.0m
全幅：8.3m
喫水：4.6m
機関：蒸気レシプロ1軸、850hp
速力：12ノット
兵装：4インチ単装砲×1門
　　　7.7㎜単装機関銃×2門
（データはバセット）

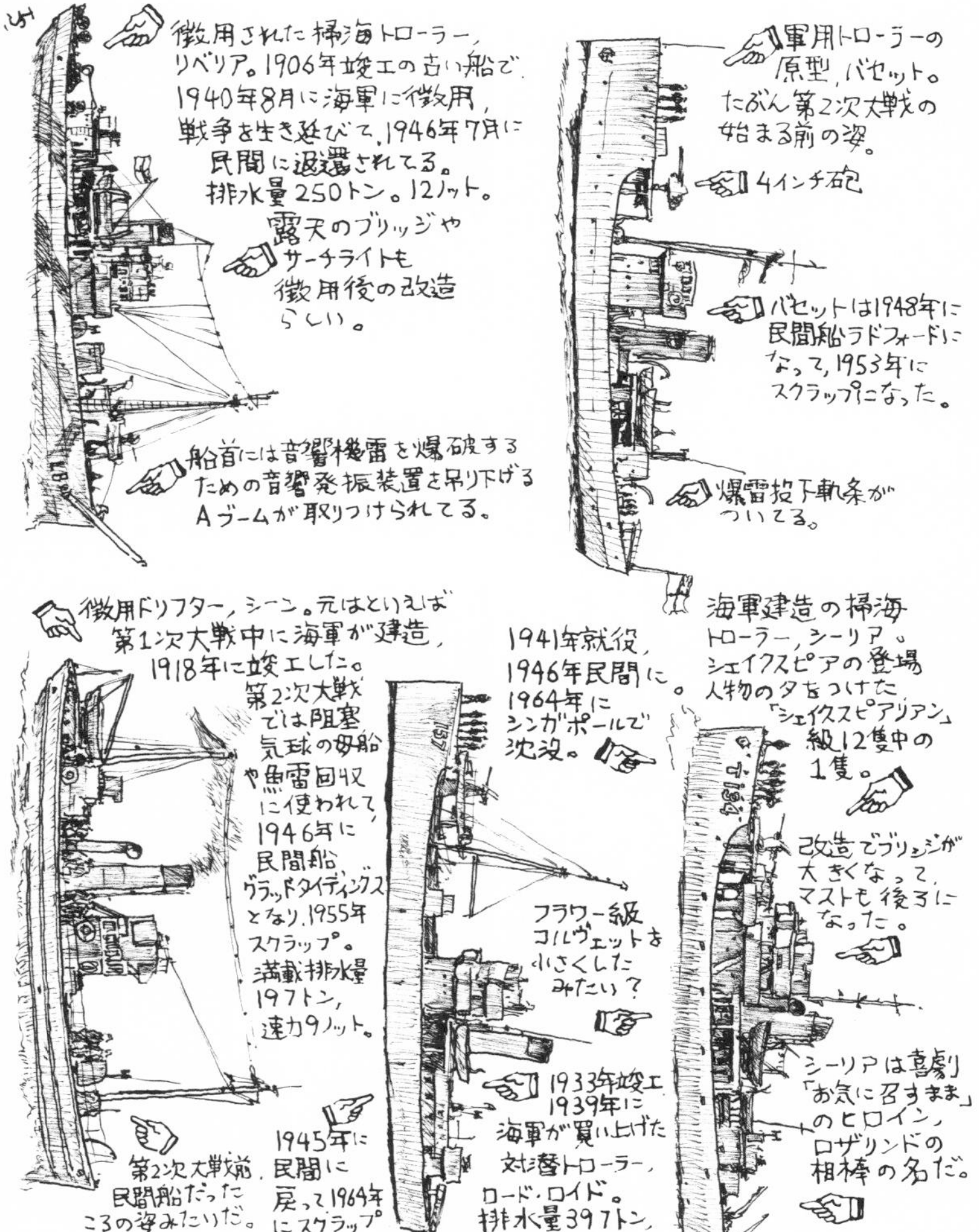
徴用された掃海トローラー、リベリア。1906年竣工の古い船で、1940年8月に海軍に徴用、戦争を生き延びて、1946年7月に民間に返還されてる。排水量250トン。12ノット。

露天のブリッジやサーチライトも徴用後の改造らしい。

船首には音響機雷を爆破するための音響発振装置を吊り下げるAブームが取りつけられてる。

軍用トローラーの原型、バセット。たぶん第2次大戦の始まる前の姿。

4インチ砲
バセットは1948年に民間船ラドフォードになって、1953年にスクラップになった。

爆雷投下軌条がついてる。

徴用ドリフター、シーン。元はといえば第1次大戦中に海軍が建造、1918年に竣工した。第2次大戦では阻塞気球の母船や魚雷回収に使われて、1946年に民間船、グラッドタイディングスとなり、1955年スクラップ。満載排水量197トン、速力9ノット。

第2次大戦前、民間船だったころの姿みたいだ。

1945年に民間に戻って1964年にスクラップになった。

1941年就役、1946年民間に。1964年にシンガポールで沈没。

フラワー級コルヴェットを小さくしたみたい？

1933年竣工 1939年に海軍が買い上げた対潜トローラー、ロード・ロイド。排水量397トン、速力12ノット。

海軍建造の掃海トローラー、シーリア。シェイクスピアの登場人物の名をつけた「シェイクスピアリアン」級12隻中の1隻。

改造でブリッジが大きくなって、マストも後ろになった。

シーリアは喜劇「お気に召すまま」のヒロイン、ロザリンドの相棒の名だ。

第２次世界大戦のイギリス海軍艦艇で地味な任務に働いたというと、この巻に収録した〝ダウン〟級のアメリカ製旧式駆逐艦や、アメリカ製〝キャプテン〟級フリゲイトがそうだし、それにフラワー級コルヴェットなどがあるけど、実はフラワー級よりももっと小さくて、もっと地味な任務を黙々とこなしたものがあった。海軍のトローラーやドリフターという種類だ。

　トローラーというのは早い話がトロール漁船、つまり底引き網漁船のことだ。ドリフターは流し網漁船のこと。これらの漁船はだいたい排水量が２５０トンぐらいから５００トンぐらい、フラワー級が約１２００トン程度だから、大きくてもその半分ぐらいだ。なにしろイギリスの漁船だから北海やノルウェー海、北大西洋でタラやヒラメ（オヒョウだな）、サバとかを獲るのが仕事で、小さいとはいえ荒海には強い。イギリス海軍はこのトローラーやドリフターを民間から徴用して、あるいは新規建造してさまざまな任務に使った。主に対潜任務と掃海だけど、他にも港湾哨戒や警備、対潜網警備、阻塞気球母船、消防、水や燃料の補給、消磁などなど、小さいフネに任せていいようなたくさんの任務に、イギリス本国近海だけじゃなくて、地中海やインド洋、その他イギリス海軍の行く幾多の海で広く働いたのだった。

　実はイギリス海軍は同じことを第１次世界大戦でもやってて、そのときに建造したトローラーやドリフターが戦争が終わった後に民間に払い下げられて、第２次世界大戦が近づいたときにそれらをまた徴用してたりする。徴用漁船の場合、船長も乗組員も漁船当時のまま海軍の指揮下に置かれたが、海軍流の規律が行き渡ったわけではなかったようだ。

しかし民間の漁船を根こそぎ徴用すると魚が獲れなくなってイギリス国民が飢えちゃうんで、第2次世界大戦前からイギリス海軍は軍用トローラーの建造に着手してる。その原型になったのが、１９３５年進水のバセットで、これがうまくいったんで、細かい改良や改設計を施して同系のトローラーが２５０隻ぐらい建造された。このバセット級（または犬の種類が名前になったんで〝ドッグ〟級ともいう）は船首楼型で、ちょっとみるとフラワー級コルヴェットを小さくしたみたいな姿。機関は漁船の乗組員が慣れてる蒸気レシプロで、速力は12ノット前後、武装は4インチ単装砲に、2ポンド機関砲か20㎜機関砲が2～4門ほど、あとは7・7㎜機関銃くらい。対潜型だとちゃんとアスディック（ソナーだな）を装備して、少しだけど爆雷も積む。後ろにはUボートの無線を傍受して発進方位を探るＲＤＦ（電波方位探知装置）も装備した。なかには、ルンバやタンゴといったダンスの種類の名前のついたクラスや、ハムレットやマクベス、ロザリンドとシェイクスピアの戯曲の登場人物の名前のついたクラスもあったりする。

対潜トローラーはもちろん本職の駆逐艦やスループ、コルヴェットに比べればたいしたもんじゃなくて、輸送船団の集合海域の警戒や、目的地近くで船団が分かれた後の近海護衛が主な働き場所だった。それでも大戦初期の護衛艦艇の足りない時期には大西洋など遠海での護衛にも就き、波に強いんで、駆逐艦が避退するような荒波でもトローラーは働けたんだそうだ。対潜トローラーはUボート3隻を単独で撃沈、さらに他の艦や飛行機（カタリナ飛行艇だ）と共同で3隻を沈めて、トローラー16隻がUボートに沈められている。

掃海トローラーになったのは徴用漁船が多かったみたいだ。網を曳いて魚を獲るフネだから、掃海具を引っ張って機雷を捕まえて処分するのは比較的似通った仕事だったのかもしれない。特に大戦初期には英仏海峡からテームズ河口海域にかけての掃海が重要な任務となって、主な相手は係維機雷だったけど、１９３９年11月にドイツ軍が磁気沈底機雷を飛行機から撒き始めると、最初の被害を受けたのも掃海トローラーだった。さらに１９４０年5月にはダンケルク撤退と、そのための掃海にも従事して、ドイツ空軍のイギリスへの攻勢が激化すると、ドイツ軍の侵攻を警戒して北海や英仏海峡で哨戒任務についていたトローラーも攻撃を受けることとなった。結局１９４０年が終わるまでに１００隻以上のトローラーが失われ、その主な原因は触雷だったという。

それでもトローラーが意外な戦果を挙げることもあった。たとえば新造トローラーの原型のバセットは、１９４２年4月、４機のメッサーシュミットＢｆ１１０双発戦闘機の攻撃を受けた。そのときのバセットの対空兵装がどんなものだったかよくわからないが、おそらくわずかな20㎜機関砲か2ポンド機関砲で反撃したのだろう。バセットの対空射撃にＢｆ１１０の1機が空中で爆発、もう1機も被弾して急上昇、イギリスに不時着しようとするも高度を失って海上に墜落、バセットには被害がなかった。

こうして第2次世界大戦が終わるまでに、２００隻近いトローラー／ドリフターが失われ、それらの乗員のほぼ半数が犠牲になったという。戦争を生き延びたトローラーやドリフターなどの徴用船は返却され、海軍建造のものも民間に払い下げられて、また黙々と漁業に従事して、イギリスの食卓に魚を、あるいはフィッシュ&チップスの材料を送り届けた。これらの小さなフネたちも、また英国軍艦の英雄だったのだ。

あとがき

『英国軍艦勇者列伝2』をお届けいたします。ご承知のことと思いますが、本書は大日本絵画の艦艇模型雑誌『ネイビーヤード』に連載しているコラム「なんだか蛇の目なフネだから」をまとめたものです。読者の皆様のおかげでこの連載も続けさせていただいて、こうして2冊目の単行本とすることができました。ありがとうございます。

艦艇模型雑誌の連載としてこのコラムを始めたとき、イギリスの軍艦はごくわずかな有名艦しかプラモデルになっていませんでした。そこで軍艦模型のファンの方々に、イギリスの軍艦もカッコ良くて面白いよ、と誘惑してみようとしたのです。それにしてはどうもあんまりぱっとしない艦やマイナーな艦について書くことが多いのは、筆者の芸風というか悪いクセのようです。第2次世界大戦ではそういう古い艦やショボい艦までも、ホワイトエンサインを翻して、必死に勇敢に戦った、というのがイギリス海軍とその軍艦の面白いところなんですけどね。

それはともかく、連載を続けているうちに、まあ、どうしたもんでしょう。いろいろなイギリスの軍艦が、第2次世界大戦を中心に次々にプラモデル化されてきたではありませんか。日本のメーカーが古いS級駆逐艦、条約型重巡、なんとフラワー級コルヴェットをキット化して（オマケですけど）、外国のメーカーも軽巡やハント級などの駆逐艦、さらには第1次世界大戦の戦艦エジンコートまで出しています。筆者はプラモデルを作る技量はもとよりありませんし、視力も資力も、製作に必要な塗装や工具のインフラストラクチュアもないので、せっかくのイギリス艦のモデルを作って楽しむことはできませんが、SNSや展示会では、入念な考証と精緻な工作で作られた素晴らしいイギリス艦の模型をたくさん目にすることができます。あー、イギリスの軍艦を好きな人がちゃんとたくさんいるじゃない、筆者なんかよりよっぽど詳しくて良く知ってる人がいるじゃない、と嬉しく思いながら安心して、同時に、じゃあもっとしっかり書かなくちゃ、と反省したりもしています。

この『英国軍艦勇者列伝2』では、ドレッドノート以降の第1次世界大戦のイギリス戦艦から、現役ばりばりのタイプ45駆逐艦までを採り上げています。だいたい１００年ぐらいの幅ですね。その間に第2次世界大戦後のコロッサス級軽空母や、冷戦時代のタイプ14フリゲイトも書いてみました。第2次世界大戦のイギリス艦も、アレスーザ級軽巡や軽巡シェフィールドと、目覚ましい戦いぶりを見せた艦を採り上げたんですが、戦艦の方ではマレーヤといいハウといい、勇名轟くクラスの中でも地味な艦になってしまいました。でも、こういう艦についてはあんまり書かれたことがないでしょ、せめてこの連載では書いてあげたいと思ったんですよ。いや、それにしても巻頭が補助対空艦というのは地味すぎじゃなかったかなあ……。

この本ではコラムとして、とてもざっくりしたイギリス海軍史を書いてみました。長い歴史の中で、ホーキンスやドレイク、アンソン、ロドニー、ハウ、ジャーヴィス、それにネルソンと、イギリスの軍艦の艦名でおなじみの人がたくさん出てきます。コラムを書いていて、本文に採り上げたさまざまな艦にも分厚い歴史の背景が感じられて、自分でも面白い経験ができました。しかし各人物の似顔絵が、出来てみると全然似てませんね、ごめんなさい。

謝る前に本当はお礼を言わなくちゃいけませんでした。本書のカバーはお馴染みの佐竹政夫さんです。第1次世界大戦の戦艦が主砲を斉射してるところを、とお願いして、こんな迫力ある絵をお描きくださいました。ありがとうございます。連載の時から毎回の文字数も絵の大きさもばらばらなのに、きちんと単行本のページにまとめてくださって、もちろんカバーや表紙、楽しい帯もデザインしてくださっているのが、井上則人デザイン事務所の皆さんです。いつもありがとうございます。そして序文は軍事情勢をメインテーマとするフォトジャーナリスト、菊池雅之さんにいただきました。菊池さんとはＤＶＤ解説やネット配信番組でご一緒させていただき、いろいろな取材でもお会いしています。とても明るく、いつもエネルギッシュで、しかも筆者より断然若くてカッコ良くて、そのうえ序文も楽しい、という方です。ありがとうございます。

実は『英国軍艦勇者列伝』の第1巻、イギリスの軍艦2隻にプレゼントしたんです。２０１９年に東京の晴海に寄港した揚陸艦ＨＭＳアルビオンと、タイプ23フリゲイトのモントローズに「ちょっと読みにくいかもしれませんが」と進呈いたしました。タイプ45駆逐艦デアリングが東京に寄港したときには、タイプ45の回が掲載された『ネイビーヤード』をアンガス・エッセンハイ艦長（当時中佐、２０２０年8月の時点で大佐として空母クイーンエリザベス艦長）に差し上げました。

跋文の『全ての提督たちよ』は、イギリスの詩人、サー・ヘンリー・ニューボルトの１８９７年の詩『Admirals All』の一節です。あまり上手く訳せていませんが、本書にはふさわしい題名と内容だと思います。書きたいイギリス軍艦はまだまだあります。お許しいただければ、これからも連載を続けて、また次の巻をお届けしたいと思います。

２０２０年8月　岡部いさく

Legend of British Fighting Ships 2
Written by Isaku OKABE

岡部いさく（おかべ・いさく）

猫好きの翻訳家にして軍事ヒョーロン家兼駄作家？ 1954年1月、さいたま市生まれ。学習院大学フランス文学科卒。航空雑誌、艦艇雑誌の編集員を経てフリーランスに。著書に『世界の駄っ作機1～9巻』（岡部ださく名義）、『世界の駄っ作機番外編・蛇の目の花園1～3巻』『英国軍艦勇者列伝』（いずれも大日本絵画刊）など。訳書に『パンツァーズ・イン・ノルマンディ』、『バルジの戦い』、『ドイツ空軍の終焉』（いずれも大日本絵画刊）などがある。軍事評論家として『モデルグラフィックス』、『スケールアヴィエーション』などに寄稿。時としてインターネット配信番組で軍事解説を行なう。

英国軍艦勇者列伝2

発　行　日　2020年10月28日　初版第1刷

著　　　者　岡部いさく

発　行　人　小川光二

発　行　所　株式会社 大日本絵画
〒101-0054 東京都千代田区神田錦町1丁目7番地
電話／03-3294-7861（代表）
http://www.kaiga.co.jp

編　　　集　株式会社 アートボックス
〒101-0054 東京都千代田区神田錦町1丁目7番地4F
電話／03-6820-7000（代表）
http://www.modelkasten.com/

装幀・割付　井上則人デザイン事務所

印　　　刷　大日本印刷 株式会社

製　　　本　株式会社 ブロケード

内容に関するお問い合わせ先：（株）アートボックス　03-6820-7000
販売に関するお問い合わせ先：（株）大日本絵画　03-3294-7861

ISBN978-4-499-23304-0

※定価はカバーに表示してあります